Produkt-Service Systeme

Jan C. Aurich • Michael H. Clement
(Hrsg.)

Produkt-Service Systeme

Gestaltung und Realisierung

Herausgeber
Prof. Jan C. Aurich
TU Kaiserslautern
LS für Fertigungstechnik und Betriebsorganisation
Gottlieb-Daimler-Straße, Geb. 42
67663 Kaiserslautern
Deutschland
aurich@cpk.uni-kl.de

Michael H. Clement †

ISBN 978-3-642-01406-2 e-ISBN 978-3-642-01407-9
DOI 10.1007/978-3-642-01407-9
Springer Heidelberg Dordrecht London New York

Die Deutsche Nationalbibliothek verzeichnet diese Publikation in der Deutschen Nationalbibliografie; detaillierte bibliografische Daten sind im Internet über http://dnb.d-nb.de abrufbar.

© Springer-Verlag Berlin Heidelberg 2010
Dieses Werk ist urheberrechtlich geschützt. Die dadurch begründeten Rechte, insbesondere die der Übersetzung, des Nachdrucks, des Vortrags, der Entnahme von Abbildungen und Tabellen, der Funksendung, der Mikroverfilmung oder der Vervielfältigung auf anderen Wegen und der Speicherung in Datenverarbeitungsanlagen, bleiben, auch bei nur auszugsweiser Verwertung, vorbehalten. Eine Vervielfältigung dieses Werkes oder von Teilen dieses Werkes ist auch im Einzelfall nur in den Grenzen der gesetzlichen Bestimmungen des Urheberrechtsgesetzes der Bundesrepublik Deutschland vom 9. September 1965 in der jeweils geltenden Fassung zulässig. Sie ist grundsätzlich vergütungspflichtig. Zuwiderhandlungen unterliegen den Strafbestimmungen des Urheberrechtsgesetzes.
Die Wiedergabe von Gebrauchsnamen, Handelsnamen, Warenbezeichnungen usw. in diesem Werk berechtigt auch ohne besondere Kennzeichnung nicht zu der Annahme, dass solche Namen im Sinne der Warenzeichen- und Markenschutz-Gesetzgebung als frei zu betrachten wären und daher von jedermann benutzt werden dürften.

Einbandentwurf: WMXDesign GmbH, Heidelberg

Gedruckt auf säurefreiem Papier

Springer ist Teil der Fachverlagsgruppe Springer Science+Business Media (www.springer.com)

Vorwort

Traditionell ausgerichtete Unternehmen der Investitionsgüterbranche konzentrierten sich bisher vornehmlich auf die Entwicklung, die Produktion und den Vertrieb qualitativ hochwertiger und kundenindividuell angepasster Sachprodukte. Die Märkte dieser Unternehmen unterliegen jedoch in den letzten Jahren einem stetigen Wandel. Dieser ist zum einen bedingt durch den Eintritt neuer Wettbewerber, die die Unternehmen zwingen, ihre Marktposition zu festigen. Zum anderen ist er bedingt durch ein geändertes Nachfrageverhalten der Kunden. Investitionsgüterhersteller müssen somit in der Lage sein, auf Marktänderungen und den steigenden Wettbewerbsdruck zu reagieren und neue Angebote systematisch entwickeln zu können. Diese Angebote können in Form von Komplettlösungen – sogenannten Produkt-Service Systemen (PSS) – die neben Sach- auch Serviceprodukte beinhalten, eine Möglichkeit bieten, Wettbewerbsvorteile zu erzielen und die geänderten Kundennachfragen zu decken. Die angebotenen Serviceprodukte sind dabei nicht nur zusätzlich zu technischen und optischen Sachprodukteigenschaften ein weiteres Alleinstellungsmerkmal, sondern tragen zur Intensivierung des Kundennutzens durch Erhöhung von Verfügbarkeit und Produktivität sowie durch die Verbesserung von Endprodukten bei. Sie stellen somit oft ein entscheidendes Qualitäts- und Wettbewerbskriterium dar. Darüber hinaus besitzen Serviceprodukte ein großes Potenzial zur Steigerung der Energie- und Ressourceneffizienz in der Sachproduktnutzung.

Das Angebot und die Bereitstellung von Produkt-Service Systemen fordern eine strategische Neuausrichtung der Unternehmen, so dass diese einen Wandel vom traditionellen Produzenten hin zu produzierenden Dienstleistern vollziehen müssen. Um diesen Wandel zu unterstützen, ist eine Integration der bestehenden Prozesse der Sach- und Serviceproduktgestaltung und -realisierung notwendig. Außerdem werden neue Anforderungen an die aufbau- und ablauforganisatorischen Strukturen innerhalb der Unternehmen sowie in deren Produktions- und Servicenetzwerken gestellt.

Im Rahmen des Forschungsverbundprojekts „GRiPSS – Gestaltung und Realisierung investiver Produkt-Service Systeme" wurde ein Konzept erarbeitet, das die Grundlage für diesen Wandel schafft und den damit verbunden Anforderungen gerecht wird. Das Konzept stellt ein praxistaugliches Managementsystem zur Unterstützung von Planung, Entwicklung und kundenindividueller Realisierung investiver Produkt-Service Systeme im erweiterten Wertschöpfungsnetzwerk bereit. Es unterstützt die Schaffung einheitlicher Qualitätsstandards für materielle und immaterielle PSS-Bestandteile und trägt damit der entscheidenden Bedeutung der von den Kunden wahrgenommenen Sach- und Serviceproduktqualität für den Unternehmenserfolg Rechnung. Im Rahmen des Managementsystems werden Vorgehensmodelle, Methoden und Werkzeuge zur anforderungsgerechten Planung, Entwicklung, Konfiguration und Realisierung bereitgestellt.

Das Forschungsverbundprojekt GRiPSS (Förderkennzeichen 02PG1030 – 02PG1034; Laufzeit 01.07.2006 bis 31.03.2009) wurde innerhalb des Rahmenkonzepts „Forschung für die Produktion von Morgen" des Bundesministeriums für Bildung und Forschung (BMBF) gefördert und vom Projektträger Forschungszentrum Karlsruhe, Bereich Produktion und Fertigungstechnologien (PTKA-PFT) betreut. Die wissenschaftliche Betreuung des Verbundvorhabens erfolgte durch den Lehrstuhl für Fertigungstechnik und Betriebsorganisation, Technische Universität Kaiserslautern (FBK) sowie durch die Professur für berufliche und betriebliche Weiterbildung (PBBW), Universität Trier. Das industrielle Konsortium bestand aus zwei Unternehmen der Baumaschinenbranche – Putzmeister Concrete Pumps GmbH und Wirtgen GmbH – sowie zwei Unternehmen der Landmaschinenbranche – Grimme Landmaschinenfabrik GmbH & Co. KG und John Deere Vertrieb, ein Unternehmen der Deere & Company.

Mit dem vorliegenden Buch sollen die Ergebnisse des Forschungsverbundprojekts einer breiten Öffentlichkeit zugänglich gemacht und an den Ergebnissen interessierten Unternehmen Möglichkeiten aufgezeigt werden, sich auch zukünftig auf den internationalen Märkten wettbewerbsfähig zu positionieren. Neben Beiträgen zur Erläuterung der theoretischen Grundlagen der einzelnen Phasen des Managementsystems umfasst dieses Buch auch Beiträge aus den am Projekt beteiligten Unternehmen. Diese sollen dem Leser einen praxisnahen und anwendungsorientierten Fokus auf die Ergebnisse bieten. Das Buch richtet sich somit gleichermaßen an Vertreter aus Wissenschaft und Industrie.

Meinen besonderen Dank möchte ich an dieser Stelle an die Autoren der Beiträge richten, die mit ihrem Engagement dieses Buch erst ermöglicht haben. Danken möchte ich auch meinem Mitherausgeber, Herrn Michael H. Clement, der die Fertigstellung dieses Buches leider nicht mehr erleben konnte.

Kaiserslautern, im Juli 2009   Jan C. Aurich

Inhalt

1 **Einleitung** 1
   Carsten Mannweiler
   Literatur 5

2 **Lebenszyklusmanagement investiver Produkt-Service Systeme** 7
   Eric Schweitzer
   2.1 Investive Produkt-Service Systeme 7
   2.2 Anforderungen an das Life Cycle Management investiver PSS 8
       2.2.1 Bestehende Ansätze des LCM 8
       2.2.2 Anforderungen im Hinblick auf
             die Unterstützung von PSS 10
   2.3 Life Cycle Management investiver PSS 10
       2.3.1 Organisationsgestaltung 11
       2.3.2 PSS-Planung 12
       2.3.3 PSS-Entwicklung 12
       2.3.4 PSS-Konfiguration 12
       2.3.5 PSS-Realisierung 12
       2.3.6 Zusammenfassung 13
   Literatur 13

3 **Planung investiver Produkt-Service Systeme** 15
   Carsten Mannweiler, Jürgen Möhrer und Christoph Fiekers
   3.1 Systematische Planung investiver Produkt-Service Systeme 15
       3.1.1 Vorbereitung der PSS-Planung: Voraussetzungen für
             die Planung investiver Produkt-Service Systeme 16
       3.1.2 Durchführung der PSS-Planung: Das House of Service 18
       3.1.3 Nachbereitung der PSS-Planung:
             Der Entwicklungsprojektantrag 22
       3.1.4 Zusammenfassung 23
   3.2 Kundenbedarfsorientierte Planung produktbegleitender
       Dienstleistungen am Beispiel eines Landmaschinenherstellers 23
       3.2.1 Das Unternehmen 23

	3.2.2	Die Modellierung des Lebenszyklus eines John Deere Traktors aus Kundensicht	25
	3.2.3	Die Erfassung von Kundenbedarfen	26
	3.2.4	Die Entwicklung innovativer Ideen für sachproduktbegleitende Dienstleistungen (Serviceprodukte)	28
	3.2.5	Zusammenfassung	29
Literatur			30

4 Entwicklung investiver Produkt-Service Systeme 31
Eric Schweitzer, Josef Willenborg, Marcus Pier, Christian Fuchs und Frank Jenne

4.1	Konzept zur Integration von Sach- und Serviceproduktentwicklung		32
	4.1.1	Übersicht	32
	4.1.2	Voraussetzung: Systematisierung der Sach- und Serviceproduktentwicklung	32
	4.1.3	Vorbereitung: Definition und Planung des PSS-Entwicklungsprojektes	38
	4.1.4	Durchführung: Integration von Sach- und Serviceproduktentwicklung	40
	4.1.5	Nachbereitung: Sicherung der gewonnenen Erkenntnisse	43
	4.1.6	Zusammenfassung	44
4.2	Systematisierung der Serviceproduktentwicklung: Erfahrungen aus der Praxis		45
	4.2.1	Ausgangslage bei der Grimme Landmaschinenfabrik GmbH & Co. KG	45
	4.2.2	Ziele der Verknüpfung von Sach- und Serviceproduktentwicklung	46
	4.2.3	Vorgehensweise	47
	4.2.4	Analysephase	48
	4.2.5	Erstellung des Serviceproduktmodells	49
	4.2.6	Skizzierung der Phasen des Serviceproduktentwicklungsprozesses	49
	4.2.7	Zusammenfassung	53
4.3	Integration der Sach- und Serviceproduktentwicklung bei der Wirtgen GmbH		54
	4.3.1	Das Unternehmen	54
	4.3.2	Aufgabenstellung und Zielsetzung im Unternehmen	54
	4.3.3	Organisationsgestaltung	55
	4.3.4	PSS-Planung	60
	4.3.5	PSS-Entwicklung	60
	4.3.6	Zusammenfassung	65
Literatur			66

5 Konfiguration investiver Produkt-Service Systeme 67
Nico Wolf, Martin Siener, Michael H. Clement, Frank Jenne und Christian Fuchs
   5.1 Lebenszyklusorientierte Konfiguration investiver
       Produkt-Service Systeme 67
       5.1.1 Theoretische Grundlagen 67
       5.1.2 Lebenszyklusorientierte Konfiguration von PSS 70
       5.1.3 Zusammenfassung 74
   5.2 Fullservice – Ein Beispiel aus der Baumaschinenbranche 75
       5.2.1 Das Unternehmen 75
       5.2.2 Putzmeister Services Organisation 75
       5.2.3 Serviceprodukte 79
       5.2.4 Zusammenfassung 83
   5.3 Kundenindividuelle Anpassung von Sach- und Serviceprodukten –
       Ein Praxisbeispiel 84
       5.3.1 Einleitung 84
       5.3.2 Voraussetzung für kundenbedarfsorientierte Angebote 85
       5.3.3 Kundenindividuell anpassbare Sachprodukte 86
       5.3.4 Für jeden Kunden individuell konfigurierbar:
             Das Dienstleistungskonzept 88
       5.3.5 Lebenszyklusorientierte Anpassung
             der Servicebestandteile 92
       5.3.6 Zusammenfassung 93
   Literatur 93

6 Realisierung investiver Produkt-Service Systeme 95
Eric Schweitzer, Christoph Fiekers und Jürgen Möhrer
   6.1 Konzept zur kontinuierlichen Verbesserung
       investiver Produkt-Service Systeme 95
       6.1.1 Einleitung 95
       6.1.2 Gestaltung des Wertschöpfungsnetzwerks 96
       6.1.3 Leistungsbewertung von PSS 100
       6.1.4 Kontinuierliche Verbesserung investiver PSS 103
       6.1.5 Zusammenfassung 107
   6.2 Erfahrungen, Nutzen und Grenzen bei der Anwendung
       eines Konzeptes zur kontinuierlichen Produktverbesserung 107
       6.2.1 Das Unternehmen 107
       6.2.2 Einleitung 108
       6.2.3 Das DTAC-System 109
       6.2.4 Erfahrungen mit dem DTAC-System 114
       6.2.5 Zusammenfassung 115
   Literatur 115

7 Arbeitsintegrierter Kompetenzaufbau 117
Brita Modrow-Thiel, Rita Meyer, Julia K. Müller und Marcus Pier

7.1 Analyse von Arbeitsanforderungen, Anforderungen an Qualifikation und Kompetenzen – der Forschungsansatz 118
    7.1.1 Projektdesign 118
    7.1.2 Theoretische Verortung 119
    7.1.3 Verfahren zur Arbeitsplatz-/Aufgaben- und Kompetenzanalyse 121

7.2 Aufgabenanforderungen und Anforderungen an Qualifikationen und Kompetenzen – eine erweiterte Funktionsbeschreibung 125
    7.2.1 Arbeitsprozesse und Aufgabenanalyse 126
    7.2.2 Aufgabenbezogene Qualifikationen 134
    7.2.3 Kompetenzen 134
    7.2.4 Integration von Sach- und Serviceprodukten – eine Funktionsbeschreibung 137
    7.2.5 Fazit 139

7.3 Arbeitsbezogene Qualifizierung und Kompetenzentwicklung zur Realisierung kundenindividueller Dienstleistungen – Erfahrungen aus der Praxis 140
    7.3.1 Ausgangslage bei der Grimme Landmaschinenfabrik GmbH & Co. KG 140
    7.3.2 Verknüpfung von Sach- und Serviceprodukten und die daraus resultierende Notwendigkeit zum zielgerichteten Qualifikationsaufbau 141
    7.3.3 Analysephase mit dem Fachbereich Pädagogik der Universität Trier 141
    7.3.4 Qualifikationsmatrix – Ein Beispiel für arbeitsbezogene Qualifizierung mit nachgewiesener Praxistauglichkeit 142
    7.3.5 Die Ist-Situation – Erstellen der Dialogmatrix 144
    7.3.6 Abbilden der Ziele für Mitarbeiter und Unternehmen 145
    7.3.7 Planen der Qualifizierungsmaßnahmen 146
    7.3.8 Entscheidung zur Detaillierung der Qualifizierung 146
    7.3.9 Umsetzung und Fördern des Qualifikationsaufbaus 148
    7.3.10 Kontrolle der durchgeführten und Ableitung weiterer Maßnahmen 148
    7.3.11 Zusammenfassung 149

7.4 Möglichkeiten des arbeitsintegrierten Kompetenzaufbaus 150
    7.4.1 Modelltypen arbeitsbezogenen Lernens 151
    7.4.2 Arbeiten und Lernen verbinden 153
    7.4.3 Möglichkeiten eines arbeitsintegrierten Kompetenzaufbaus zur Realisierung investiver Produkt-Service Systeme 154
    7.4.4 Fazit und Ausblick 159

Literatur 160

Glossar 163

Sachverzeichnis 167

Abkürzungsverzeichnis

Abb.	Abbildung
Abschn.	Abschnitt
ATAA	Instrument zur Analyse von Tätigkeiten und zur prospektiven Arbeitsgestaltung bei Automatisierung
BSC	Balanced Scorecard
bspw.	beispielsweise
bzgl.	bezüglich
bzw.	beziehungsweise
CEO	Chief Executive Officer
CSI	Customer Satisfaction Index
ca.	circa
ct	Cent
d. h.	das heißt
DSM	Design Structure Matrix
DTAC	Dealer Technical Assistance Center (weltweite Datenbank für Lösungen)
etc.	et cetera
FCS	Flexible Cutter System
ggf.	gegebenenfalls
GRiPSS	Gestaltung und Realisierung investiver Produkt-Service Systeme
i. A.	im Allgemeinen
i. d. R.	in der Regel
JDV	John Deere Vertrieb
KVP	Kontinuierlicher Verbesserungsprozess
LCA	Life Cycle Assessment
LCC	Life Cycle Costing
LCM	Life Cycle Management
LTM	Life Time Management
m	Meter
m^3	Kubikmeter
Mio.	Millionen
NCCA	Non Conformance Corrective Action

o. g.	oben genannte
PCM	Product Cycle Management
PCP	Putzmeister Concrete Pumps GmbH
PSS	Produkt-Service System
R&G	Rasen- und Grundstückspflege
SaP	Sachprodukt
SaPEP	Sachproduktentwicklungsprozess
SeP	Serviceprodukt
SePEP	Serviceproduktentwicklungsprozess
sog.	sogenannte
TBS-GA	Tätigkeitsbewertungssystem-Geistige Arbeit
TSL	Top Situation List
u. a.	und andere
usw.	und so weiter
UVV	Unfallverhütungsvorschriften
Var.	Variante
VDMA	Verband Deutscher Maschinen- und Anlagenbau e. V.
vgl.	vergleiche
WWTSL	World Wide Top Situation List
z. B.	zum Beispiel
z. T.	zum Teil

Beitragsautoren

Michael H. Clement Putzmeister Concrete Pumps GmbH, Max-Eyth-Str. 10, 72631 Aichtal, Deutschland

Christoph Fiekers John Deere Vertrieb GmbH, John-Deere-Straße 8, 76646 Bruchsal, Deutschland, e-mail: fiekerschristoph@johndeere.com

Christian Fuchs Wirtgen GmbH, Hohner Str. 2, 53578 Windhagen, Deutschland, e-mail: christian.fuchs@wirtgen.de

Frank Jenne Wirtgen GmbH, Hohner Str. 2, 53578 Windhagen, Deutschland, e-mail: frank.jenne@wirtgen.de

Carsten Mannweiler Lehrstuhl für Fertigungstechnik und Betriebsorganisation, Technische Universität Kaiserslautern, Postfach 3049, 67653 Kaiserslautern, Deutschland, e-mail: mannweiler@cpk.uni-kl.de

Rita Meyer Professur für berufliche und betriebliche Weiterbildung, Universität Trier, 54286 Trier, Deutschland, e-mail: rmeyer@uni-trier.de

Brita Modrow-Thiel Professur für berufliche und betriebliche Weiterbildung, Universität Trier, 54286 Trier, Deutschland, e-mail: modrowth@t-online.de

Jürgen Möhrer John Deere Vertrieb GmbH, John-Deere-Straße 8, 76646 Bruchsal, Deutschland, e-mail: moehrerjuergen@onlinehome.de

Julia K. Müller Professur für berufliche und betriebliche Weiterbildung, Universität Trier, 54286 Trier, Deutschland, e-mail: juliak.mueller@gmx.de

Marcus Pier Grimme Landmaschinenfabrik GmbH & Co. KG, Hunteburger Str. 32, 49401 Damme, Deutschland, e-mail: m.pier@grimme.de

Eric Schweitzer Lehrstuhl für Fertigungstechnik und Betriebsorganisation, Technische Universität Kaiserslautern, Postfach 3049, 67653 Kaiserslautern, Deutschland, e-mail: schweitzer@cpk.uni-kl.de

Martin Siener Lehrstuhl für Fertigungstechnik und Betriebsorganisation, Technische Universität Kaiserslautern, Postfach 3049, 67653 Kaiserslautern, Deutschland, e-mail: siener@cpk.uni-kl.de

Josef Willenborg Grimme Landmaschinenfabrik GmbH & Co. KG, Hunteburger Str. 32, 49401 Damme, Deutschland, e-mail: j.willenborg@grimme.de

Nico Wolf Lehrstuhl für Fertigungstechnik und Betriebsorganisation, Technische Universität Kaiserslautern, Postfach 3049, 67653 Kaiserslautern, Deutschland, e-mail: wolf@cpk.uni-kl.de

Kapitel 1
Einleitung

Carsten Mannweiler

Aufgrund der Ausweitung und Verschmelzung der internationalen Märkte in den vergangenen Jahren ist ein stetiger Wandel von Marktstrukturen und Wettbewerbssituationen sowie eine gestiegene Markt- und Innovationsdynamik zu erkennen (Bullinger u. Meiren 2001). Diese Entwicklung konnte letztendlich durch die Liberalisierung des Welthandels und den Abbau staatlich gesetzter Markteintrittsbarrieren erfolgen, die so einen erweiterten Handel mit Kapital, Waren und Dienstleistungen ermöglichen. Durch den Eintritt neuer Wettbewerber, der zu einer verschärften Wettbewerbssituation führte, sind die Unternehmen verstärkt gezwungen ihre Marktposition zu halten bzw. auszubauen (Ahler u. Evanschitzky 2003). Konnten sich deutsche sachproduktorientierte Investitionsgüterhersteller lange Zeit durch technisch und qualitativ hochwertige Produkte von den Wettbewerbern absetzten, so kommt es jetzt weltweit in vielen Branchen zu einer Anpassung dieser Merkmale. Ein entscheidender Wettbewerbsvorteil lässt sich somit nicht mehr alleine durch Technologie-, Qualität- und Kostenführerschaft erzielen (Spath u. Demuß 2003). Investitionsgüterhersteller reagieren auf diese Entwicklung vermehrt mit speziellen Angeboten an Sachprodukten, die zusätzlich durch sachproduktbegleitende Dienstleistungen (Serviceprodukte) ergänzt werden. Dabei stellen die entsprechenden Serviceprodukte oft das entscheidende Wettbewerbskriterium dar und helfen den Unternehmen sich von ihren Wettbewerbern zu differenzieren (Scheer et al. 2003).

Der im vorliegenden Buch verwendete Produktbegriff umfasst dabei alle gebrauchs- bzw. verkaufsfertigen Leistungen. Diese entstehen in industriellen Produktionsunternehmen als Ergebnisse von Produktionsprozessen (DIN 1990, 2002) und erzeugen für einen Verwender einen definierten Nutzen, der zur Befriedigung seiner Bedürfnisse führt (Senti 1994; Koppelmann 1993). Je nach Untersuchungsschwerpunkt lassen sich industrielle Produkte dabei u. a. nach ihrem Verwendungszweck und ihrem Materialitätsgrad gliedern (Abb. 1.1).

C. Mannweiler (✉)
Lehrstuhl für Fertigungstechnik und Betriebsorganisation,
Technische Universität Kaiserslautern, Postfach 3049, 67653 Kaiserslautern, Deutschland
e-mail: mannweiler@cpk.uni-kl.de

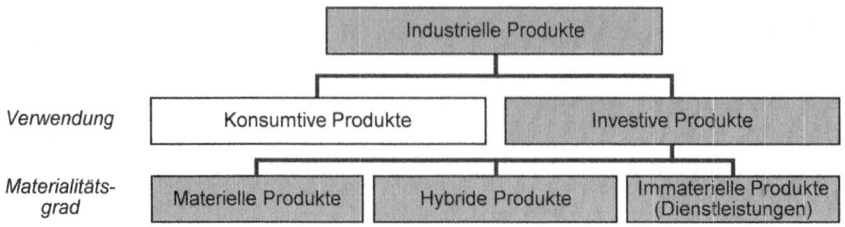

Abb. 1.1 Produktsystematik (nach Zborschil 1994; Bischof 1976)

Die Differenzierung nach dem Verwendungszweck führt zu konsumtiven und investiven Produkten. Während sich konsumtive Produkte an private Verwender richten, werden investive Produkte in Industrieunternehmen für einen längeren Zeitraum als Betriebsmittel eingesetzt, um damit weitere Produkte für die Fremdbedarfsdeckung zu erstellen (Zborschil 1994). Eine Gliederung nach dem Materialitätsgrad investiver Produkte resultiert in einer Unterscheidung materieller Sach- und immaterieller Serviceprodukte. Aufgrund des kombinierten Angebots von materieller und immaterieller Komponenten verschwimmen die Grenzen in der Praxis jedoch zunehmend (Engelhardt et al. 1993).

Unter dem Begriff investive Serviceprodukte werden nachfolgend sachproduktbegleitende Dienstleistungen subsumiert, die von einem Investitionsgüterhersteller auftragsorientiert für seine industriellen Kunden erbracht werden (Fuchs 2007). Die investiven Serviceprodukte tragen dazu bei, den vom Kunden geforderten Sachproduktnutzen entlang des gesamten Lebenszyklus zu erhalten bzw. zu erhöhen (Spath u. Demuß 2003).

Trotz der wachsenden Bedeutung von Serviceprodukten, der Potenziale, die sich für Investitionsgüterhersteller aus dem Angebot von Serviceprodukten ergeben sowie der Tatsache, dass viele produzierende Unternehmen bereits über ein umfangreiches Serviceproduktportfolio verfügen (z. B. Wartung, Teleservice, Retrofitting, Schulungen etc.) werden ihre Potenziale gegenwärtig nur unzureichend ausgeschöpft. Dies ist auf eine – verglichen mit den betrieblichen Leistungsbereichen Produktentwicklung und Produktion – unzureichende strategische Ausrichtung im Service zurückzuführen. Die heutigen Schwächen im Servicemanagement lassen sich dabei wie folgt beschreiben (Fuchs 2007):

- Mangelnde Ausschöpfung von Innovationspotenzialen infolge mangelnder Nutzung von Wechselwirkungen zwischen Sach- und Serviceprodukten,
- Mangelnde Prozessorientierung sowie weitgehende Parallelarbeit der Bereiche Produktion und Service insbesondere bei Sach- und Serviceproduktentwicklung,
- Mangelnde Zahlungsbereitschaft der Kunden durch verfehlte Kundennutzenorientierung,
- Schwächung der Wettbewerbsfähigkeit gegenüber Drittanbietern durch geringen Industrialisierungsgrad (Standardisierung, Rationalisierung und Automatisierung) sachproduktbezogener Serviceprodukte,
- Behinderung globaler Vermarktung und Leistungserbringung in Netzwerken durch geringen Standardisierungsgrad,

1 Einleitung

- Serviceprodukte als lose Zusatzleistung von Sachprodukten und nicht als integrale Bestandteile maßgeschneiderter Kundenlösungen,
- Nicht servicegerechte Konstruktion der Sachprodukte,
- Unzureichende Kundennutzensteigerung durch Serviceprodukte,
- Schwankende Qualität der Kundenbetreuung.

Viele Investitionsgüterhersteller haben die Notwendigkeit zur verbesserten Integration ihrer Sach- und Serviceproduktangebote erkannt. Infolge ihrer zumeist auf die Gestaltung, Realisierung und Distribution hochqualitativer Sachprodukte ausgelegten Abläufe und Organisationsstrukturen (Oliva u. Kallenberg 2003) sehen sie sich jedoch vielfach nur bedingt in der Lage, diese Integration umzusetzen und die hierdurch möglichen Wettbewerbsvorteile auszuschöpfen. Die Bereitschaft zum Angebot von Produkt-Service Systemen (PSS), d.h. dem Angebot kundennutzenorientierter Problemlösungen, bestehend aus einem materiellen Sachproduktkern, der über seine Nutzungsdauer (Lebenszyklus) zielgerichtet durch immaterielle Serviceprodukte ergänzt wird (Mont 2004), bedarf einer strategischen Neuausrichtung des Unternehmens (Gebauer 2004; Schuh et al. 2004). Konzentrierten sich die Unternehmen bisher vornehmlich auf die Entwicklung, die Produktion und den Vertrieb qualitativ hochwertiger Sachprodukte, so müssen zukünftig auch die Serviceprodukte in diesen Bereichen berücksichtigt werden. Darüber hinaus sind sie gezwungen auch dann Verantwortung für ihre Sachprodukte zu übernehmen, wenn diese schon längst in Lebenszyklusphasen sind, die über die traditionellen Verkäufer-Käufer-Beziehung hinausgehen (Guelere et al. 2008). Dieses Umdenken geht zudem mit einer Veränderung der herstellerseitigen Wahrnehmung der Kunden einher. Hersteller und Kunden gehen dabei im Vergleich zum traditionellen Vorgehen auch während der Sachproduktnutzung und der End-of-Life Phase eine partnerschaftliche Kooperation ein und agieren zusammen als interne und externe Produktionsfaktoren in den Wertschöpfungsprozessen. Diese gemeinsamen Prozesse müssen folglich die gleiche Effizienz und Effektivität wie die bisher bestehenden Prozesse der Sachproduktgestaltung und -realisierung aufweisen (Cunha u. Caldera Duarte 2004; Schuh et al. 2004; Schneider u. Scheer 2003).

Um die Potenziale, die Serviceprodukte und folglich auch die Angebote maßgeschneiderter Kundenlösungen – bestehend aus Sach- und Serviceprodukten – bieten, nutzen zu können, müssen Investitionsgüterhersteller einen Wandel vollziehen. Der Wandel erfolgt typischerweise in zwei Wandlungsstufen (Abb. 1.2) (Gebauer 2004; Schuh et al. 2004; Chase 1991).

- Als Produzenten werden Unternehmen bezeichnet, die sich hauptsächlich auf das Sachproduktgeschäft konzentrieren und lediglich auf die Bereitstellung qualitativ hochwertiger Sachprodukte auf Basis systematischer Gestaltungs- und Produktionsprozessen abzielen. Serviceprodukte werden meist nur aufgrund gesetzlicher Vorgaben (z.B. Gewährleistung) oder Kundenforderungen (z.B. Beratung) ergänzend angeboten (Jugel u. Zerr 1989). Erfolgreich sind Produzenten, wenn der Markt nur Sachprodukte nachfragt und Kaufentscheidungen hauptsächlich von Sachproduktmerkmalen abhängen. Die als Add-on angebotenen Serviceprodukte werden i.d.R. unsystematisch, ad hoc und ohne Kundeneinbindung

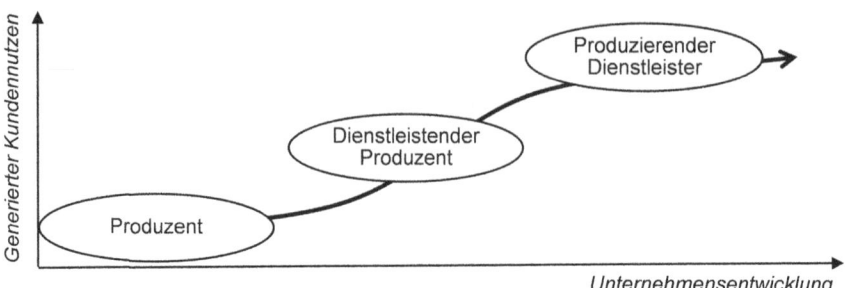

Abb. 1.2 Wandel zum produzierenden Dienstleister (nach Gebauer 2004)

gestaltet. Diese Stufe wird häufig auch als „Dienstleistungswüste" bezeichnet (Friedli u. Gebauer 2003).
- Der dienstleistende Produzent stellt eine Zwischenstufe dar. Da aufgrund von Marktverhältnissen die Sachprodukte und deren Preise vergleichbar geworden sind (Schuh et al. 2004), haben dienstleistende Produzenten das Servicegeschäft bereits ausgebaut und verfügen über systematische Serviceproduktgestaltungs- und -realisierungsprozesse. Aufbauend darauf bieten sie eine Vielzahl verschiedener Serviceprodukte mit dem Ziel an, ihre Kunden umfassend zu unterstützen und die Serviceprodukte als Differenzierungsmerkmal zu nutzen. Die bei der Serviceprodukterbringung weitgehend unsystematisch aufgenommenen Feldinformationen bilden die Grundlage zur Definition und Umsetzung kundenübergreifender Verbesserungsmaßnahmen, die sich vor allem auf die dem Leistungsangebot zugrunde liegenden Sachprodukte beziehen (Fuchs 2007). Die Prozesse der Sach- und Serviceproduktbereiche im Unternehmen werden jedoch weiterhin unabhängig voneinander betrachtet, so dass die Gefahr besteht, eine Vielzahl kundenunterstützender Serviceprodukte anzubieten und in einen „Dienstleistungsdschungel" mit ausuferndem Angebot und geringen Deckungsbeiträgen zu geraten (Friedli u. Gebauer 2003).
- Produzierende Dienstleister bzw. PSS-Hersteller bieten auf Basis integrierter Prozesse in Sach- und Serviceproduktgestaltung und -realisierung kundennutzenorientierte PSS an. Mit dem lebenszyklusorientierten Serviceproduktangebot werden die Kunden effektiv und effizient bei der Sachproduktnutzung unterstützt (Fuchs 2007). Dabei können sich Serviceprodukte sowohl auf das Sachprodukt, die Sachproduktnutzer oder die damit in Verbindung stehenden Produktionsprozesse der Kunden beziehen. Durch systematische Informationsrückgewinnungsprozesse werden kundenindividuelle und -übergreifende Verbesserungen von Sach- und Serviceprodukten ermöglicht (Fuchs 2007). Die Serviceprodukte können untereinander vernetzt werden, so dass sie sich gegenseitig ergänzen bzw. verstärken. Diese Entwicklungsstufe wird auch mit dem Begriff „Dienstleistungsgarten" umschrieben (Friedli u. Gebauer 2003).

Zusammenfassend lässt sich feststellen, dass der Wandel traditioneller Investitionsgüterhersteller zu PSS-Herstellern zum einen ein genaues Verständnis der Prozesse

1 Einleitung

der Sachproduktgestaltung und -realisierung erfordert. Zum anderen müssen die derzeit in der industriellen Praxis weitgehend unabhängig voneinander ablaufenden Prozesse der Sach- und Serviceproduktbereiche miteinander verknüpft bzw. integriert werden. Nur so ist das Angebot von Serviceprodukten, die auch den Markt- bzw. Kundenanforderungen umfassend gerecht werden, möglich.

Dieses integrierte Leistungsangebot erfordert die Betrachtung des gesamten Lebenszyklus des Sachproduktes. Nur so können die Phasen des Sachproduktnutzung und dessen End-of-Life durch die Erbringung geeigneter Serviceprodukte gezielt unterstützt werden. Hierbei muss sich der Hersteller neben dem klaren Verständnis der kundenseitigen Anforderungen an Sach- und Serviceprodukte auch ein Bild über die kundenseitig mit dem Sachprodukt durchgeführten Produktionsprozesse machen. Um diesen Herausforderungen zu begegnen, werden neue Ansätze zur methodischen Unterstützung der integrierten Planung, Entwicklung, Konfiguration und Realisierung von Sach- und Serviceprodukten benötigt.

Hierfür kann das im Rahmen des Forschungsverbundprojektes „GRiPSS – Gestaltung und Realisierung investiver Produkt-Service Systeme" entwickelte prozessorientierte PSS-Managementsystem herangezogen werden. Das Managementsystem berücksichtigt dabei den gesamten PSS-Lebenszyklus und umfasst die vier aufeinander aufbauenden Phasen der PSS-Planung, PSS-Entwicklung, PSS-Konfiguration und PSS-Realisierung. Zudem beinhaltet es einen phasenübergreifenden Bestandteil der sich mit der Organisationsgestaltung sowie dem arbeitsintegrierten Kompetenzaufbau zur Einführung des Managementsystems beschäftigt. Die einzelnen Phasen bilden das Grundgerüst des vorliegenden Buches.

Literatur

Ahler D, Evanschitzky H (2003) Dienstleistungsnetzwerke – Management, Erfolgfaktoren und Benchmarks im internationalen Vergleich. Springer, Berlin

Bischof P (1976) Produktlebenszyklen im Investitionsgüterbereich. Universität Erlangen Nürnberg

Bullinger H-J, Meiren T (2001) Service Engineering – Entwicklung und Gestaltung von Dienstleistungen. In: Bruhn M, Meffert H (Hrsg.) Handbuch Dienstleistungsmanagement, 2. Aufl. Gabler, Wiesbaden

Chase R (1991) The Service Factory: A Future Vision. International Journal of Service industry Management 2/3:61–70

Cunha P F, Caldera Duarte J A (2004) Development of a Productive Service Module Based on a Life Cycle perspective of Maintenance Issues. Annals of the CIRP 53/1:13–16

DIN e.V. (Hrsg.) (1990) DIN 6789: Dokumentationssystematik – Dokumentensätze, Technische Produktdokumentationen. Beuth, Berlin

DIN e.V. (Hrsg.) (2002) DIN 199: Technische Produktdokumentation – CAD Modelle, Zeichnungen und Stücklisten. Beuth, Berlin

Engelhardt W H, Kleinaltenkamp M, Reckenfelderbäumer M (1993) Leistungsbündel als Absatzobjekte. Schmalenbachs Zeitschrift für betriebswirtschaftliche Forschung. 45/5:395–426

Friedli T, Gebauer H (2003) Erfolgsfaktoren für professionelles Dienstleistungsmanagement in produzierenden Unternehmen. Industrie Management 19/5:74–77

Fuchs C (2007) Life Cycle Management investiver Produkt-Service Systeme – Konzept zur lebenszyklusorientierten Gestaltung und Realisierung. Technische Universität Kaiserslautern, Kaiserslautern

Gebauer H (2004) Die Transformation vom Produzenten zum produzierenden Dienstleister. Difo-Druck, Bamberg

Guelere Filho A, Pigosso D C A, Rozenfeld H (2008) A Proposal of a Framework for Product Life-Cycle Management (PLM) in the Context of Product-Service Systems (PSS). Proceedings of the 15th International Conference on Life Cycle Engineering:524–527

Jugel S, Zerr K (1989) Dienstleistungen als strategisches Element eines Technologie-Marketings. Marketing Zeitschrift für Forschung und Praxis 3:162–172

Koppelmann U (1993) Produktmarketing. Entscheidungsgrundlagen für Produktmanager. Kohlhammer, Stuttgart

Mont O K (2004) Product-Service Systems - Panacea or Myth?, Universität Lund

Oliva R, Kallenberg R (2003) Managing the Transition from Products to Services. International Journal of Service Industries Management. 14/2:160–172

Scheer A-W, Grieble O, Klein R (2003) Modellbasiertes Dienstleistungsmanagement. In: Bullinger H-J, Scheer A-W (Hrsg.) Service Engineering – Entwicklung und Gestaltung innovativer Dienstleistungen. 1. Aufl, Springer, Berlin

Schneider K, Scheer A-W (2003) Konzept zur systematischen und kundenorientierten Entwicklung von Dienstleistungen. Veröffentlichungen des Instituts für Wirtschaftsinformatik 175, Saarbrücken

Schuh G, Friedli T, Gebauer H (2004) Fit for Service: Industrie als Dienstleister. Hanser, München

Senti R (1994) Produktlebenszyklusorientiertes Kosten- und Erlösmanagement. Hochschule Sankt Gallen

Spath D, Demuß L (2003) Entwicklung hybrider Produkte – Gestaltung materieller und immaterieller Leistungsbündel. In: Bullinger H-J, Scheer A-W (Hrsg.) Service Engineering – Entwicklung und Gestaltung innovativer Dienstleistungen. 1. Aufl, Springer, Berlin

Zborschil V A (1994) Der Technische Kundendienst als eigenständiges Marketingobjekt. Universität Frankfurt

Kapitel 2
Lebenszyklusmanagement investiver Produkt-Service Systeme

Eric Schweitzer

2.1 Investive Produkt-Service Systeme

Produkt-Service Systeme (PSS) bestehen im Kern aus einem materiellen Sachprodukt, welches über die verschiedenen Phasen seiner Nutzung, d. h. seinen Lebenszyklus, zielgerichtet durch verschiedene Serviceprodukte ergänzt wird. Die Gestaltung und Realisierung von PSS finden im erweiterten Wertschöpfungsnetzwerk des PSS-Anbieters, welches sowohl das Produktions- als auch das Servicenetzwerk umfasst, statt. Das Produktionsnetzwerk beinhaltet z. B. Lieferanten für Komponenten und Teile zur Herstellung des Sachproduktkerns. Das Servicenetzwerk besteht i. d. R. aus eigenen Niederlassungen, Vertrags- und/oder Servicepartnern des PSS-Anbieters und ist unter anderem für die Erbringung der Serviceprodukte zuständig. Aufgrund der Einbindung der Kunden in die Serviceprodukterbringungsprozesse ist insbesondere die PSS-Realisierung durch die langfristige Zusammenarbeit des PSS-Anbieters bzw. seiner Partner im Servicenetzwerk mit seinen industriellen Kunden geprägt.

Angesichts dieser Kooperation können aus systemtechnischer Sicht bei der Betrachtung von Produkt-Service Systemen zwei Subsysteme unterschieden werden (Fuchs 2007):

- Das Produkt-Nutzer-Subsystem – auch als Produkt-Kunde-Subsystem bezeichnet – steht in der Verfügungsgewalt des Kunden und besteht aus dem Sachprodukt (z. B. Betonpumpe) sowie dem zugehörigen Betriebspersonal (z. B. Maschinenführer). Seine Aufgabe besteht darin, die gewünschten Funktionen bzw. Produktionsprozesse (z. B. Förderung von Beton) zu realisieren.
- Das Hersteller-Subsystem steht dagegen in der Verfügungsgewalt des Herstellers und umfasst das Servicenetzwerk mit seiner gesamten Infrastruktur (Niederlassungen, Personal, Ersatzteile, Werkzeuge etc.). Die Aufgaben des Hersteller-

E. Schweitzer (✉)
Lehrstuhl für Fertigungstechnik und Betriebsorganisation, Technische Universität Kaiserslautern, Postfach 3049, 67653 Kaiserslautern, Deutschland
e-mail: schweitzer@cpk.uni-kl.de

Subsystems bestehen in der Aufrechterhaltung und Verbesserung der kundenindividuell geforderten Funktionen durch die Realisierung von Serviceprodukten.

Die Struktur von Produkt-Service Systemen, welche auf eine kontinuierliche Wertschöpfung im Sinne einer lebenszyklusorientierten Kundenbetreuung abzielt (Bürkner 2001), erfordert eine ganzheitliche Betrachtung des kompletten Leistungsangebots, bestehend aus Sach- und Serviceprodukten. Betrachtet man den Lebenszyklus investiver PSS, so sind zwei Lebenszyklusperspektiven zu unterscheiden:

- Aus Sicht der Kunden umfasst der PSS-Lebenszyklus die Phasen Beschaffung, Gebrauch und End-of-Life.
- Aus Sicht des Herstellers beginnt der PSS-Lebenszyklus mit der PSS-Planung und -Entwicklung, gefolgt von der Produktion des Sachproduktkerns und der Erbringung der zugehörigen Serviceprodukte, insbesondere während der Phase der Sachproduktnutzung. Der Lebenszyklus endet in der Regel mit der Wieder- oder Weiterverwendung des Sachprodukts (End-of-Life).

2.2 Anforderungen an das Life Cycle Management investiver PSS

Das Life Cycle Management (LCM) stellt eine Methodik zur ganzheitlichen prozessorientierten Optimierung des Lebenszyklus aus Herstellersicht, d.h. zur Überbrückung der Schnittstellen zwischen den Phasen Sachproduktplanung, -entwicklung, -produktion, -gebrauch und End-of-Life, dar (Herrmann et al. 2005). Hierdurch wird das Ziel verfolgt, die Kunden bei der zielgerichteten (effektiven) sowie wirtschaftlichen und gleichzeitig ressourcenschonenden (ökoeffizienten) Sachproduktnutzung zu unterstützen (Westkämper et al. 2000).

2.2.1 Bestehende Ansätze des LCM

Das Life Cycle Management stellt für die Umsetzung dieses Ziels verschiedene unterstützende Ansätze zur Verfügung. Diese konzentrieren sich einerseits auf die Unterstützung einzelner Phasen im Lebenszyklus, andererseits können sie aber auch phasenübergreifenden Charakter besitzen (Abb. 2.1).

2.2.1.1 Phasenbezogene Ansätze im LCM

Folgende phasenbezogene Ansätze im Life Cycle Management können unterschieden werden:

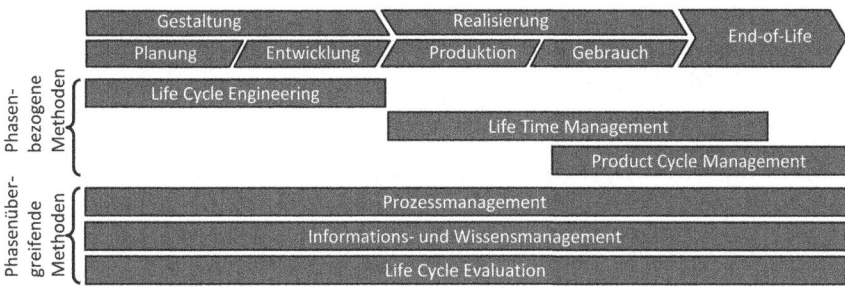

Abb. 2.1 Phasenbezogene und phasenübergreifende Ansätze im LCM

- Das Life Cycle Engineering (LCE) umfasst eine Vielzahl funktions- und zielorientierter Methoden zur lebenszyklusorientierten Sachproduktplanung und -entwicklung (Gestaltung) (Fuchs 2007).
- Als Life Time Management (LTM) wird die herstellerseitige Kundenunterstützung bei der Sachproduktnutzung bezeichnet. Hierzu werden z. B. auch Serviceprodukte eingesetzt. Mit ihrer Hilfe kann der Kundennutzen während des Sachproduktgebrauchs erhöht werden (Fuchs 2007).
- Insbesondere in der letzten Phase des Sachproduktlebenszyklus, der Phase des End-of-Life, wird das LTM durch Ansätze des Product Cycle Managements (PCM) ergänzt. Ziel des PCM ist die Schaffung geschlossener Material- und Informationsflüsse (Geelhaar 2001), welche z. B. durch die Wiederverwertung oder das Recycling des Sachproduktkerns realisiert werden.

2.2.1.2 Phasenübergreifende Ansätze im LCM

Die phasenbezogenen Ansätze des Life Cycle Engineering, Life Time Management und Product Cycle Management werden durch die folgenden phasenübergreifenden Ansätze unterstützt:

- Das lebenszyklusorientierte Wissens- und Informationsmanagement beschäftigt sich mit der Gestaltung und kontinuierlichen Verbesserung von Sachprodukten unter Einsatz von Methoden des Wissensmanagements (Herrmann et al. 2004). Grundlage hierfür bildet ein systematisierter Wissensaustausch zwischen den an der Sachproduktgestaltung und -realisierung beteiligten Handlungsträgern.
- Methoden des Life Cycle Costing (LCC) sowie des Life Cycle Assessment (LCA) ermöglichen die Evaluation des während des Sachproduktgebrauchs realisierten Kundennutzens anhand ökonomischer und ökologischer Kenngrößen. Lückenhafte Informationen aus dem Sachproduktgebrauch erschweren jedoch häufig die Ermittlung aussagekräftiger Ergebnisse.
- Mit Hilfe eines lebenszyklusorientierten Prozessmanagements sollen die vielfältigen Prozesse zur Gestaltung und Realisierung von Sachprodukten standardisiert werden. Entsprechende Prozesse zur Serviceproduktgestaltung und -realisierung

finden hierbei bislang jedoch nur wenig Beachtung, so dass vielfach keine einheitliche Kommunikationsgrundlage zwischen den entsprechenden Handlungsträgern besteht.

2.2.2 Anforderungen im Hinblick auf die Unterstützung von PSS

Die beschriebenen Ansätze stellen grundsätzlich eine geeignete Basis für das LCM investiver PSS dar. Um jedoch die Potenziale, die sich aus der Integration von Sach- und Serviceprodukten ergeben, umfassend nutzen zu können, sind verschiedene Ergänzungen der bestehenden Ansätze erforderlich:

- In den Unternehmen ist die Serviceproduktplanung und -entwicklung zu systematisieren. Hierbei können z. B. bestehende Ansätze zur Sachproduktplanung- und -entwicklung als Grundlage dienen. Die Prozesse der Sach- und Serviceproduktplanung und -entwicklung sind anschließend zu einem integrierten PSS-Planungs- und -entwicklungsprozess zu verknüpfen.
- Im Rahmen der PSS-Gestaltung sind Sach- und Serviceprodukte so zu planen und zu entwickeln, dass sie sich über ihren gesamten Lebenszyklus hinweg den Anforderungen gerecht werdend ergänzen.
- Die lebenszykluslange Unterstützung der Kunden durch – das Sachprodukt ergänzende – Serviceprodukte ermöglicht eine kontinuierliche Gewinnung von Informationen über die Sachproduktnutzung, die Kunden sowie aktuelle Marktsituationen. Um diese Informationen umfassend nutzen zu können, sind jedoch im erweiterten Wertschöpfungsnetzwerk einheitliche Standards bzgl. der Informationsgewinnung zu implementieren. Die PSS-individuelle Anpassung von Informationsgewinnungsprozessen ist im Zuge der kundenspezifischen Zusammenstellung und Anpassung der Sach- und Serviceproduktbestandteile des PSS (PSS-Konfiguration) vorzunehmen.
- Die gewonnen Informationen stellen eine wesentliche Grundlage für die kontinuierliche Evaluation des Kundennutzens dar. Um auf dieser Basis entsprechende Verbesserungen vornehmen zu können, die sowohl Sach- als auch Serviceproduktkomponenten des PSS betreffen können, sind geeignete Prozesse zur kontinuierlichen Verbesserung von PSS erforderlich.

Zusammenfassend können damit als wesentliche Handlungsfelder im LCM investiver PSS die lebenszyklusorientierte PSS-Planung, die integrierte PSS-Entwicklung, die kundenbedarfsorientierte PSS-Konfiguration sowie die kontinuierliche Verbesserung von PSS im Zuge der PSS-Realisierung identifiziert werden (Aurich et al. 2007).

2.3 Life Cycle Management investiver PSS

Ausgehend von der Lebenszyklusperspektive des Herstellers umfasst das im Rahmen des Forschungsverbundprojektes GRiPSS entwickelte Konzept für das Life Cycle Management investiver PSS die vier aufeinander aufbauenden Phasen PSS-

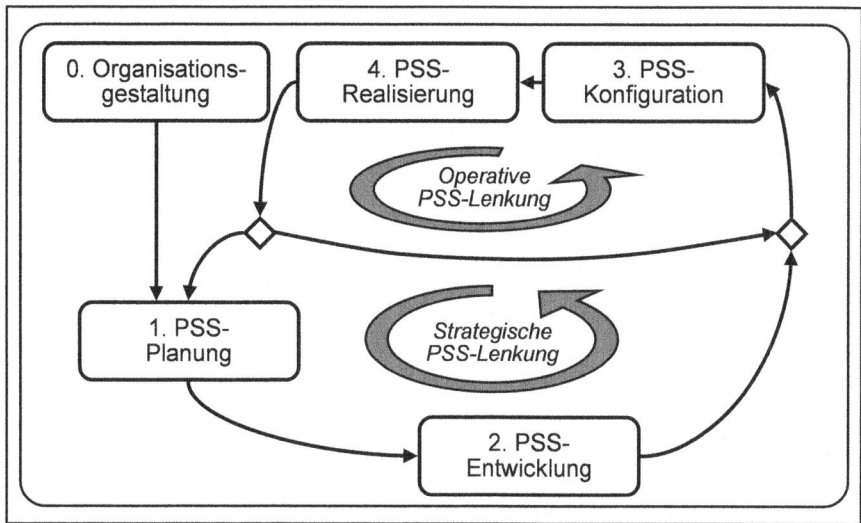

Abb. 2.2 Modell für das PSS-Lebenszyklusmanagement

Planung, PSS-Entwicklung, PSS-Konfiguration und PSS-Realisierung (Abb. 2.2) sowie die vorgelagerte Phase der Organisationsgestaltung. Zunächst werden im Rahmen der Organisationsgestaltung die benötigten ablauf- und aufbauorganisatorischen Voraussetzungen zur Implementierung des Gesamtkonzepts geschaffen. Die daran anschließende Phase der PSS-Planung zielt auf die Identifikation und Definition von Sach- und Serviceproduktkomponenten der angebotenen PSS ab. Beide Komponenten tragen gleichzeitig zur Erfüllung vorhandener Kunden- und Herstellerziele bei. Die Ausgestaltung der PSS-Komponenten ist Gegenstand der Phase PSS-Entwicklung. Anschließend erfolgen die kundenindividuelle Konfiguration der Sach- und Serviceproduktkomponenten sowie die PSS-Realisierung. Die im Zuge der PSS-Realisierung (z. B. im Rahmen der Serviceproduktserbringung) gewonnenen Feldinformationen können zur kontinuierlichen Verbesserung bestehender sowie zur Planung neuer PSS genutzt werden.

2.3.1 Organisationsgestaltung

Die Entscheidung eines Unternehmens, den strategischen Wandel zum PSS-Anbieter vollziehen zu wollen, bildet den Ausgangspunkt der Phase Organisationsgestaltung. Ziel dieser Phase ist es, die ablauf- und aufbauorganisatorischen Voraussetzungen für das LCM von PSS zu schaffen. Dazu gehört die Standardisierung und Integration der Sach- und Serviceproduktentwicklungsprozesse sowie die Verteilung von Aufgaben, Befugnissen und Verantwortlichkeiten auf die entsprechenden Handlungsträger im Unternehmen selbst sowie auf die weiteren Partner im erweiterten Wertschöpfungsnetzwerk.

2.3.2 PSS-Planung

Ziel der Phase PSS-Planung ist die Identifikation, Auswahl und Spezifikation von PSS-Ideen, welche zur Erfüllung der kunden- und herstellerseitig verfolgten Ziele beitragen. Die im Rahmen der PSS-Planung gewonnenen Ideen werden anschließend im Zuge der PSS-Entwicklung zu marktreifen Sach- und Serviceprodukten weiterentwickelt. Eine wesentliche Eingangsgröße für die Sammlung von Sach- und Serviceproduktideen bilden Feldinformationen, die (z. B. im Rahmen der Serviceproduكterbringung) bei der Realisierung vergleichbarer, bereits auf dem Markt befindlichen PSS gewonnen werden.

2.3.3 PSS-Entwicklung

Die im Rahmen der PSS-Planung gewonnenen Ideen werden nach ihrer Bewertung und Auswahl in einem Antrag zusammengefasst, der die Basis für ein PSS-Entwicklungsprojekt darstellt. Dieser Antrag bildet nach seiner Genehmigung (z. B. durch die Geschäftsführung) den Ausgangspunkt für die PSS-Entwicklung. Deren Ziel besteht darin, die definierten, kundenspezifisch kombinierbaren Sach- und Serviceproduktbestandteile eines PSS zur Marktreife zu bringen.

2.3.4 PSS-Konfiguration

Im Rahmen der PSS-Konfiguration werden die entwickelten Sach- und Serviceproduktkomponenten eines PSS entsprechend den kundenindividuellen Anforderungen (z. B. hinsichtlich des Produktionsprozesses), den spezifischen Rahmenbedingungen und den kunden- und herstellerseitigen Zielen angepasst und kombiniert. Eine wesentliche Zielgröße bei der kundenindividuellen Konfiguration von PSS stellen dabei dessen Lebenszykluskosten dar.

2.3.5 PSS-Realisierung

Die Generierung des kundenseitig geforderten Nutzens durch eine anforderungsgerechte Bereitstellung der vom Kunden im Rahmen der PSS-Konfiguration ausgewählten Sach- und Serviceprodukte stellt das Hauptziel der PSS-Realisierung dar. Dies bedingt auch die Realisierung eines kontinuierlichen Verbesserungsprozesses für PSS, welcher den Ausgangspunkt sowohl für kundenindividuelle als auch für kundenübergreifende Verbesserungsmaßnahmen darstellt.

2.3.6 Zusammenfassung

Um die Potenziale, die sich aus der Integration von Sach- und Serviceprodukten zu PSS ergeben, nutzen zu können, bedarf es einer Umstrukturierung bestehender Organisationsformen im Unternehmen. So ist es nicht mehr ausreichend, Sach- und Serviceprodukte getrennt voneinander zu gestalten und umzusetzen. Hierfür sind vielmehr integrierende Vorgehensweisen erforderlich. Das sachproduktorientierte LCM kann hierfür eine entsprechende methodische Grundlage darstellen. Dieses Kapitel beschreibt ein Rahmenkonzept für das Life Cycle Management investiver Produkt-Service Systeme, dessen einzelne Bestandteile in den nachfolgenden Beiträgen näher erläutert werden.

Literatur

Aurich J C, Schweitzer E, Siener M, Fuchs C, Jenne F, Kirsten U (2007) Life Cycle Management investiver PSS. wt Werkstattstechnik online 97/7-8:579–585

Bürkner S (2001) Internetbasierter Service im Lebenszyklus komplexer Produkte. VDI Verlag, Düsseldorf

Fuchs C (2007) Life Cycle Management investiver Produkt-Service Systeme – Konzept zur lebenszyklusorientierten Gestaltung und Realisierung. Technische Universität Kaiserslautern, Kaiserslautern

Geelhaar S (2001) Planung von Sekundärproduktion im Produktlebenszyklus. Technische Universität Kaiserslautern, Kaiserslautern

Herrmann C, Mansour M, Mateika M (2004) Concept of an Internet-Based Platform for an Efficient Technology Absorption. Conference Proceedings – Design '04, Dubrovnik

Herrmann C, Mansour M, Mateika, M (2005) Strategic and Operational Life Cycle Management – Concept, Methods and Tools. Conference Proceedings – 12th International CIRP Life Cycle Engineering Seminar, Grenoble

Westkämper E, Alting L, Arndt, G (2000) Life Cycle Management and Assessment: Approaches and Visions towards Sustainable Manufacturing. Annals of the CIRP 49/2:501–522

Kapitel 3
Planung investiver Produkt-Service Systeme

Carsten Mannweiler, Jürgen Möhrer und Christoph Fiekers

Die im vorliegenden Kapitel beschriebene Planung investiver Produkt-Service Systeme (PSS) bildet die Ausgangsbasis für das Angebot von Produkt-Service Systemen. Innerhalb der Planung sollen systematisch neue Serviceproduktideen generiert werden, die in der anschließenden Entwicklungsphase bis zur Marktreife weiterzuentwickeln sind.

In Abschn. 3.1 wird ein allgemeines Vorgehen zur systematischen Planung neuer PSS vorgestellt. Die Planungsphase lässt sich in die drei Schritte Planungsvorbereitung, -durchführung sowie -nachbereitung unterteilen und ermöglicht eine schrittweise Generierung neuer PSS-Ideen.

Am Beispiel eines Herstellers von Landmaschinen erfolgt in Abschn. 3.2 die Beschreibung des Vorgehens zur kundenbedarfsorientierten Planung sachproduktbegleitender Dienstleistungen (Serviceprodukte). Ausgangspunkte stellen dabei der Lebenszyklus des Sachprodukts sowie die Erfassung von Kunden- und Herstellerbedarfen dar. Nach Auswertung der erfassten Bedarfe erfolgt anschließend eine systematische Generierung innovativer Ideen für Serviceprodukte.

Anhand des vorgestellten Beispiels wird deutlich, dass für wettbewerbsfähige und kundenbedarfsorientierte Angebote von PSS eine systematische Ideengenerierung notwendig ist. Ohne diese Systematik sind eine umfassende Nutzung der PSS-Potenziale und die weitere Entwicklung zu marktreifen wettbewerbsfähigen PSS nur erschwert möglich.

3.1 Systematische Planung investiver Produkt-Service Systeme

Ziel der Phase PSS-Planung ist die Identifikation, Auswahl und Spezifikation kunden- und herstellerbedarfsorientierter PSS-Ideen, um diese im Rahmen der anschließenden PSS-Entwicklung zur Marktreife zu bringen. Die systematische

---

C. Mannweiler (✉)
Lehrstuhl für Fertigungstechnik und Betriebsorganisation, Technische Universität Kaiserslautern, Postfach 3049, 67653 Kaiserslautern, Deutschland
e-mail: mannweiler@cpk.uni-kl.de

PSS-Planung umfasst dabei die Planungsvorbereitung, -durchführung und -nachbereitung (Fuchs 2007).

Zur Durchführung einer systematischen PSS-Planung müssen in der Vorbereitungsphase zwei wesentlichen Voraussetzungen geschaffen werden. Die erste Voraussetzung bildet die Beschreibung des Sachprodukts, welches im Kern des PSS steht, sowie des durch das Sachprodukt bereitgestellten Grundnutzens. Die zweite Voraussetzung stellt die Erfassung der mit dem PSS zu erfüllenden Ziele dar. Diese sind dabei in externe (Kundenziele) und interne (Herstellerziele) Ziele zu unterteilen, um sowohl die Bedürfnisse des Kunden als auch die des Herstellers mit einzubeziehen.

Zur Erhaltung und Erweiterung des durch den definierten Sachproduktkern bereitgestellten Grundnutzens werden in der Phase der Planungsdurchführung entsprechende Ideen für Serviceprodukte generiert, die zur Ergänzung des Sachproduktes über seinen Lebenszyklus herangezogen werden können. Abschließend erfolgen die Bewertung ihrer Zielkonformität, die Analyse möglicher Vernetzungen untereinander sowie basierend darauf die Auswahl der weiter zu entwickelnden Ideen.

In der Nachbereitungsphase werden abschließend die Planungsergebnisse als Entwicklungsprojektantrag dokumentiert und der Unternehmensleitung als Entscheidungsgrundlage für die Freigabe des entsprechenden Entwicklungsprojekts vorgelegt. Bei einem positiven Begutachtungsergebnis bildet der Projektantrag die Basis für die anschließende Phase der PSS-Entwicklung.

3.1.1 Vorbereitung der PSS-Planung: Voraussetzungen für die Planung investiver Produkt-Service Systeme

Die Herausforderung der Hersteller bei der Planung besteht darin die Sachprodukte fertigungs-, service- und recyclinggerecht zu entwickeln sowie die Serviceprodukte an die Vielzahl individueller Produktionsaufgaben, die die Kunden innerhalb ihres Produktionsumfelds entlang des Lebenszyklus zu bewältigen haben, anzupassen. Dabei müssen im Rahmen der Planungsvorbereitung zwei Voraussetzungen geschaffen werden. Zum einen bedarf es der Definition des Sachproduktkerns, der dem Kunden den gewünschten Grundnutzen bereitstellt, zum anderen der Spezifikation von Kunden- und Herstellerzielen, zu deren Erfüllung das PSS über seinen gesamten Lebenszyklus beitragen soll.

3.1.1.1 Sachprodukt und Sachproduktlebenszyklus

Den Ausgangspunkt der PSS-Planung stellt das Sachprodukt, welches den Kern des PSS bildet, dar. Zu Beginn der Planung muss entsprechend das Sachprodukt definiert und hinsichtlich seiner Funktionen spezifiziert werden. Hierzu zählen die Merkmale des Sachproduktes (z. B. Geometrie, Werkstoffart), seine Eigenschaften (z. B. Wartungsfreundlichkeit) sowie die Ziele, die der Kunde mit dem Sachprodukt

3 Planung investiver Produkt-Service Systeme

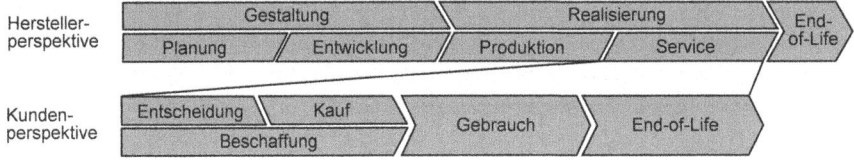

Abb. 3.1 PSS-Lebenszyklus aus Hersteller- und Kundenperspektive

verfolgt (z. B. Abernten eines Feldes), so dass ein gewünschter Nutzen erreicht werden kann. Zur genauen Spezifikation der zu erfüllenden Funktionen kann weiterhin der Lebenszyklus des Sachproduktes herangezogen werden. Als Sachproduktlebenszyklus wird dabei die Zeitspanne angesehen, die das Produkt im Laufe seiner Existenz durchläuft.

Im Rahmen der Gestaltung und Realisierung von PSS lassen sich zwei Lebenszyklusperspektiven unterscheiden (Abb. 3.1). Aus Herstellersicht beginnt der PSS-Lebenszyklus mit der Planung und Entwicklung, gefolgt von der Fertigung des Sachprodukts und der Erbringung der zugehörigen Serviceprodukte. Der Lebenszyklus endet mit der Wieder- oder Weiterverwendung des Sachproduktkerns (End-of-Life) (Brissaud u. Tichkiewitch 2001; Kölscheid 1999; Westkämper u. von der Osten-Sacken 1998). Aus Sicht des Kunden umfasst der PSS-Lebenszyklus dagegen die Phasen Beschaffung, Gebrauch und End-of-Life (Zehbold 1996).

Die Modellierung und Abbildung der beiden Perspektiven erfolgt idealerweise in interdisziplinären Projektteams, bestehend aus Mitarbeitern des Sach- und Serviceproduktbereichs. Innerhalb des Projektteams sollen auf Basis bestehender Erfahrungen die einzelnen Phasen und die dabei wesentlichen kundenseitig durchgeführten Prozesse erfasst werden, um entsprechende Serviceproduktideen generieren zu können, die den durch das Sachprodukt bereitgestellten Kundennutzen erhalten bzw. erweitern. Diese Prozesse beinhalten dabei sowohl geplante (z. B. Ernten und Lagern der Anbauprodukte) als auch ungeplante (z. B. Maschinenausfall) Ereignisse. Durch das Einbeziehen von Personen aus dem Unternehmensnetzwerk können zusätzliche Sichtweisen, Informationen und Erfahrungen mit eingebracht werden. Bei der Beschreibung ist ein möglichst hoher Detaillierungsgrad anzustreben, um somit alle vom Kunden zu bewältigenden Produktionsaufgaben innerhalb seines Produktionsumfelds zu erfassen.

3.1.1.2 Formulierung der externen und internen Ziele

Aufbauend auf der Planung des PSS-Lebenszyklus werden zur Auswahl und Bewertung entsprechender Serviceproduktideen klar formulierte Ziele benötigt. Da Kunden und Hersteller i. d. R. unterschiedliche Ziele verfolgen, bedarf es bei der Zieldefinition einer Unterscheidung in externe Ziele (Kundenziele) und interne Ziele (Herstellerziele). Interne Ziele beziehen sich bspw. auf die zu realisierenden Umsätze bzw. Renditen oder auf die Verbesserung von Gestaltungs- oder Realisierungsprozessen. Externe Ziele orientieren sich dagegen an den konkreten Erwartungen der Kunden, wie bspw. die Verringerung ihrer Produktlebenszykluskosten oder die Unterstützung bei der Sachproduktnutzung. Zur besseren Strukturierung der Zieldefinition werden hier entsprechend der „Balanced Scorecard (BSC)" (Kaplan u. Norton 1992) folgende Zielperspektiven eingeführt:

- Finanzperspektive (Welche monetären Ziele hat der Kunde bzw. Hersteller und welchen Beitrag kann das PSS zur Erreichung der Ziele beitragen?),
- Prozessperspektive (Welche Prozesse sind für den Kunden bzw. Hersteller kritisch und wie werden diese durch das PSS beeinflusst?),
- Potenzialperspektive (Wohin will sich der Kunde bzw. Hersteller entwickeln und wie unterstützt das PSS diese Entwicklung?).

Eine vollständige Erfassung dieser Ziele bildet einerseits die Voraussetzung für eine kundenspezifische Ausgestaltung des Sachprodukts im Rahmen der PSS-Entwicklung. Andererseits bildet sie auch die Grundlage für die Ideengenerierung, -auswahl und spätere Entwicklung der über den Sachproduktlebenszyklus hinweg zu erbringenden Serviceprodukte. Die beschriebenen Ziele sind anschließend noch zu priorisieren und in einem Zielkatalog zusammenzufassen.

3.1.2 Durchführung der PSS-Planung: Das House of Service

Zur Erhaltung und Erweiterung des durch den definierten Sachproduktkern bereitgestellten Nutzens in Form der Erfüllung bestimmter Funktionen werden im Rahmen der Planungsdurchführung entsprechende Ideen für die in seinem Lebenszyklus angebotenen Serviceprodukte generiert. Neben ihrer Definition und detaillierten Beschreibung bestehen weitere wesentliche Ziele in der Auswahl derjenigen Ideen, die infolge ihres Beitrags zu den formulierten externen und internen Zielen weiter zu entwickeln sind.

Das Vorgehen zur Planungsdurchführung wird durch das sog. „House of Service" (Abb. 3.2) unterstützt.

Basierend auf den Ergebnissen der Planungsvorbereitung – Definition der Kunden- und Herstellerziele, Abbildung des Sachproduktlebenszyklus sowie Modellierung der Sachproduktstruktur – erfolgen die Ableitung von Serviceproduktideen, die Bestimmung ihrer Zielkonformität sowie die Analyse potentieller Vernetzungsmöglichkeiten zwischen den Ideen. Zur Unterstützung der Ideenauswahl werden die Bewertungsergebnisse abschließend grafisch aufbereitet.

3.1.2.1 Systematische Gewinnung neuer Serviceproduktideen

Die systematische Gewinnung von Serviceproduktideen im Lebenszyklus eines Sachproduktkerns wird im House of Service durch eine Planungsmorphologie unterstützt. Aufgabe ist es, dabei Ideen für Serviceprodukte zu generieren, mit denen die identifizierten Prozesse im Lebenszyklus aus Kundensicht so beeinflusst werden

3 Planung investiver Produkt-Service Systeme

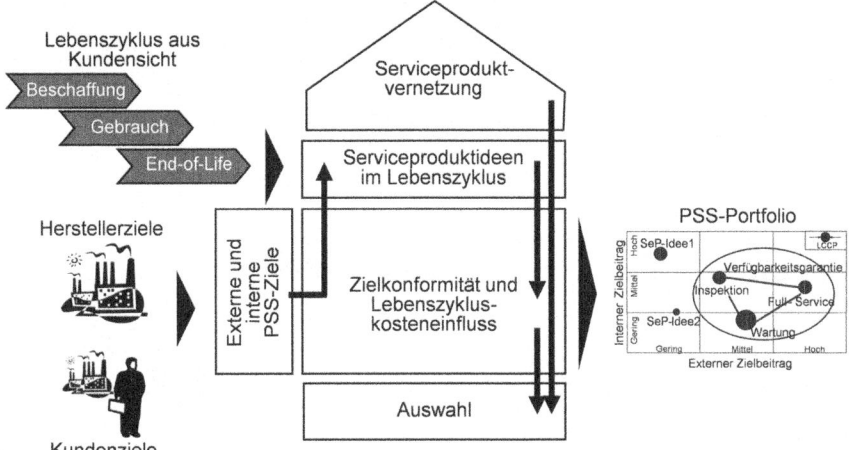

Abb. 3.2 House of Service

können, dass der Nutzen des Sachproduktkerns erhalten bzw. gesteigert wird. Um den vielfältigen Möglichkeiten an Serviceprodukten gerecht zu werden, können diese in sechs Serviceprodukttypen unterteilt werden (Abb. 3.3).

- Technische Serviceprodukte sind dadurch gekennzeichnet, dass sie direkt auf ein entsprechendes Sachprodukt einwirken. Inspektion, Wartung und Reparatur oder Upgrading stellen typische Beispiele dar.
- Qualifizierende Serviceprodukte beziehen sich auf die kundenseitig mit dem Sachprodukt in Verbindung stehenden Personen wie z. B. Sachproduktbediener oder Instandhaltungspersonal und zielen auf die Erweiterung ihrer Fach- und Methodenkompetenzen.
- Prozessbezogene Serviceprodukte steigern die Effizienz und Effektivität der mit Hilfe eines Sachproduktes durchgeführten Leistungserstellungsprozesse des

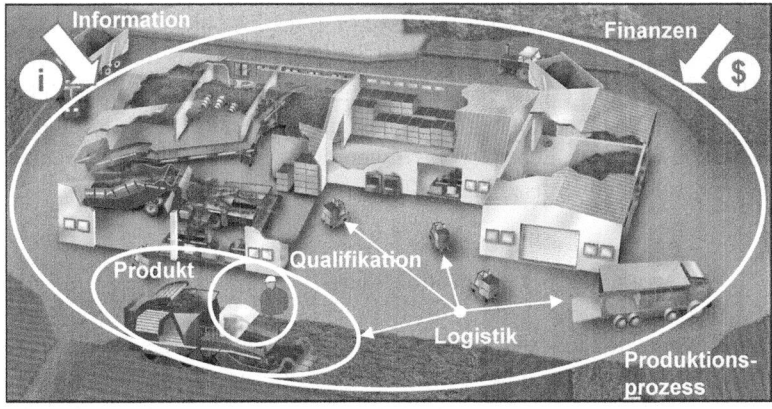

Abb. 3.3 Serviceprodukttypen

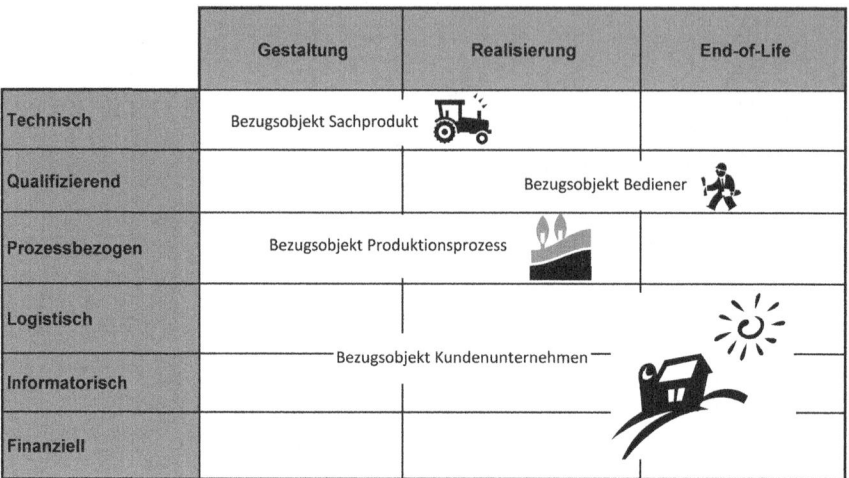

Abb. 3.4 Planungsmorphologie

Kunden durch Aufzeigen von Verbesserungspotenzialen oder neuen Anwendungsmöglichkeiten.
- Logistische Serviceprodukte zielen auf die zeitnahe Bereitstellung von Sachproduktkomponenten. Hierzu zählen bspw. Ersatzteilversorgung und Komponentenrücknahme.
- Mit Hilfe informatorischer Serviceprodukte werden den Kunden lebenszyklusorientiert Informationen z. B. hinsichtlich Lieferzeiten oder Sachproduktzuständen bereitgestellt.
- Finanzielle Serviceprodukte bieten dem Kunden z. B. die Möglichkeit auf Finanzierungs- oder Leasingmodelle zurückzugreifen.

Als Bezugsobjekte der Serviceprodukttypen können folglich das Sachprodukt, der Sachproduktbediener, die mit Hilfe des Sachprodukts durchgeführten Produktionsprozesse sowie das Kundenunternehmen gesehen werden.

Innerhalb der Planungsmorphologie (Abb. 3.4) werden die in der Vorbereitungsphase aufgenommenen Lebenszyklusphasen und die darin enthaltenen Prozesse in einer Horizontalen dargestellt. Die beschriebenen Serviceprodukttypen bilden die Vertikale dazu. Die Ideen können somit den entsprechenden Serviceprodukttypen sowie den Prozessen im Lebenszyklus zugeordnet werden. Die Ideengenerierung erfolgt wiederum im interdisziplinären Team.

3.1.2.2 Bewertung der Serviceproduktideen

Aufgrund begrenzter Ressourcen können i. d. R. nicht alle gewonnen Serviceproduktideen ausgearbeitet und angeboten werden. Um systematisch diejenigen auszuwählen, die gleichzeitig den größten Nutzen für den Kunden und den Hersteller erzeugen, erfolgt eine Bewertung des jeweiligen Beitrags hinsichtlich der formulierten externen und internen Ziele. Dieser Schritt wird durch ein tabellari-

3 Planung investiver Produkt-Service Systeme

	Ziele			Serviceproduktideen im Lebenszyklus				
Zieltyp		Bezeichnung	Gewicht	Hotline	SeP-Idee 2		SeP-Idee 3	...	SeP-Idee n
intern	Finanzen	Garantiekosten verringern	9	5	45				
	Prozess	Reaktionszeit verringern	8	9	72				
	Potenzial	Mitarbeitermotivation erh.	6	1	6				
extern	Finanzen	Anlagenkosten reduzieren	9	1	9				
	Prozess	Unterstützung Kundenpro.	7	3	21				
	Potenzial	Verringerung Arbeitsaufwand	8	1	8				
		Zielerfüllung intern Σ		123					
		Zielerfüllung extern Σ		38					
		Zielerfüllung gesamt Σ		161					

Abb. 3.5 Bewertung der Zielkonformität der Serviceproduktideen

sches Bewertungsschema, welches in Anlehnung an die Nutzwertanalyse konzipiert wurde, unterstützt (Abb. 3.5).

Die gewichteten externen und internen Ziele sind dabei in den Zeilen, die einzelnen Serviceproduktideen in den Spalten abzutragen. Zur Bewertung der einzelnen Idee hinsichtlich ihrer Zielerfüllung wird eine Skala von 1–9 herangezogen, wobei „1" einen sehr schwachen Beitrag zur Zielerfüllung und „9" einen sehr starken Beitrag bedeutet.

Zur Berechnung der Zielerfüllung werden die einzelnen Bewertungsfaktoren mit der Zielgewichtung multipliziert und die Produkte spaltenweise aufsummiert. Hierbei wird noch zwischen der internen Zielerfüllung (Σ interne Zielgruppe), der externen Zielerfüllung (Σ externe Zielgruppe) sowie der gesamten Zielerfüllung (Σ interne und externe Zielgruppe) unterschieden.

Neben der Zielkonformität wird der Beitrag der gewonnen Serviceproduktideen zur Beeinflussung der Lebenszykluskosten aus Kundensicht als Bewertungskriterium genutzt. Zur qualifizierten Abschätzung werden den Phasen des modellierten Sachproduktlebenszyklus zunächst entsprechende Kostenarten zugeordnet. Als Grundlage zur Bestimmung bzw. Identifikation der Kostenarten konnte dabei das VDMA Einheitsblatt 34160 „Prognosemodell für die Lebenszykluskosten von Maschinen und Anlagen" herangezogen werden (VDMA 2006). Darin lassen sich die Kostenarten den Lebenszyklushauptphasen „Beschaffung", „Gebrauch" und „End-of-Life" zuordnen.

Der Anteil der einzelnen Kostenarten an den gesamten Lebenszykluskosten wird auf Basis von Informationen, die aus vergleichbaren sich bereits im Einsatz befindlichen Produkten vorliegen, prozentual quantifiziert. Anschließen wird der potenzielle Einfluss jeder Serviceproduktidee auf die Kostenarten qualitativ abgeschätzt. Zur Abschätzung dient wiederum die Skala von „1" (sehr schwacher Einfluss) bis „9" (sehr starker Einfluss). Die Einzelbewertungen werden anschließend mit dem prozentualen Anteil an den gesamten Lebenszykluskosten multipliziert. Der resultierende Punktwert zeigt den Einfluss der Serviceproduktidee auf die Lebenszykluskosten anhand der gewählten Skala.

3.1.2.3 Vernetzungsanalyse

Im Hinblick auf die spätere PSS-Entwicklung, PSS-Konfiguration und PSS-Realisierung werden anschließend mögliche Vernetzungen zwischen den Serviceproduktideen untersucht. Ziel ist es dabei, Serviceproduktideen zu identifizieren, die anschließend zu Angebotspaketen zusammengefasst werden können. Bei den Vernetzungen ist zwischen internen und externen Vernetzungen zu unterscheiden. Interne Vernetzungen geben dabei an, dass sich Prozesse und Ressourcen zur Serviceerbringung verschiedener Ideen unterstützen bzw. ergänzen. Externe Vernetzungen hingegen beziehen sich auf das Ergebnis, das verschiedene Serviceprodukte generieren. Diese ergänzen bzw. unterstützen sich dabei in ihrer Wirkung. Mit Hilfe der Vernetzungsanalyse werden die folgenden Fragen beantwortet:

- Intern: Welche Serviceproduktideen sollen aus Herstellersicht kombiniert werden?
- Extern: Welche Serviceproduktideen sollen aus Kundensicht kombiniert werden?

3.1.2.4 Auswahl geeigneter Serviceproduktideen

Zur Entscheidungsunterstützung werden die Analyseergebnisse graphisch in einer sog. Visualisierungsmatrix (vgl. Abb. 3.2) aufbereitet. Der interne und der externe Zielbeitrag werden dabei an der vertikalen bzw. horizontalen Achse der Matrix abgetragen. Die Serviceproduktideen werden in der Matrix entsprechend ihres jeweiligen Zielbeitrags positioniert und durch Kreise dargestellt. Der Kreisdurchmesser symbolisiert dabei den bewerteten Einfluss der Ideen auf die Lebenszykluskosten. Die Darstellung der Synergien erfolgt durch Verbindungslinien zwischen den entsprechenden Serviceprodukten. Sich ergänzende Serviceproduktideen können somit schnell identifiziert und gruppiert werden.

Als wesentliches Ergebnis der Planungsdurchführung liegen somit bewertete Ideen für die über den Lebenszyklus des Sachproduktkerns angebotenen Serviceprodukte vor.

3.1.3 Nachbereitung der PSS-Planung: Der Entwicklungsprojektantrag

Um die nachfolgende Weiterentwicklung zu unterstützen, bedarf es einer entsprechenden Dokumentation, die sowohl eine umfangreiche Anforderungsbeschreibung für den Sachproduktkern als auch für die zusätzlich angebotenen Serviceprodukte enthält.

Der PSS-Entwicklungsprojektantrag beschreibt einen zu realisierenden PSS-Typ hinsichtlich der zu erfüllenden Ziele, des kundenseitig in Bezug auf Einsatzzweck und -umfeld im Lebenszyklus bestehenden Nutzens sowie der eigenen, monetär und nicht-monetär ausgedrückten Chancen und Risiken (z. B. Gewinnpotenzial, erwartete Betriebskosten für die Serviceprodukterbringung). Darüber hinaus wird der

Sachproduktkern textuell und graphisch beschrieben und die zu seiner Entwicklung benötigten Sach- und Personalmittel spezifiziert. Die Beschreibung der ausgewählten Serviceprodukte erfolgt analog. Zusätzlich werden hierbei der interne und externe Zielbeitrag sowie die identifizierten gegenseitigen internen und externen Vernetzungen dargestellt. Schließlich werden projektspezifische Kenndaten wie mögliche Start- und Endtermine, Meilensteine sowie benötigte Ressourcen definiert.

Der formulierte Entwicklungsprojektantrag wird der Unternehmensleitung zur Begutachtung vorgelegt. Fällt die Begutachtung positiv aus, so bildet der Entwicklungsprojektantrag den Anstoß für ein entsprechendes PSS-Entwicklungsprojekt.

3.1.4 Zusammenfassung

Traditionell sachproduktorientierte Hersteller bieten gewöhnlich zu ihren Sachprodukten Serviceprodukte nur unsystematisch an. Da jedoch mit Hilfe der Serviceprodukte der Sachproduktnutzen über seinen Lebenszyklus zielgerichtet erhalten bzw. erweitert werden soll, müssen die Serviceprodukte an den spezifischen Belangen des Sachproduktes ausgerichtet sein bzw. an diese angepasst werden. Die Serviceprodukte beziehen sich dabei neben dem Sachprodukt, auch auf den Sachproduktbediener, die durchgeführten Produktionsprozesse sowie das Kundenunternehmen. Des Weiteren sollen – aus ökonomischen Gründen – auch nur diejenigen Sach- und Serviceprodukte angeboten werden, die einen entsprechenden Beitrag zur Erfüllung der Kunden- und Herstellerziele leisten.

Die PSS-Planung zielt auf eine systematische und zielgerichtete Planung neuer PSS ab und stellt hierfür Methoden bereit, die es den Verantwortlichen ermöglichen sollen, PSS-Ideen zu generieren, zu bewerten und für die weitere Entwicklung zur Marktreife auszuwählen. Durch die Erstellung eines Entwicklungsprojektantrages, der die Planungsergebnisse dokumentiert, können die PSS-Ideen durch die Unternehmensleitung effektiv und effizient begutachtet werden. Am Ende der PSS-Entwicklung existiert ein vollständiger Entwicklungsprojektantrag, der die Grundlage für die anschließende PSS-Entwicklung bildet.

3.2 Kundenbedarfsorientierte Planung produktbegleitender Dienstleistungen am Beispiel eines Landmaschinenherstellers

3.2.1 Das Unternehmen

Das Unternehmen John Deere beschäftigt als weltweit größter Produzent von Traktoren und Landmaschinen insgesamt mehr als 50.000 Mitarbeiter in 60 Ländern der Erde. Neben der Landtechniksparte sind die Bereiche Bau- und Forstmaschinen, Kommunaltechnik, Golfplatzpflegegeräte sowie Maschinen für die Rasen- und

Grundstückspflege weitere wichtige Geschäftszweige des Unternehmens. Die Herstellung des gesamten Produktportfolios ist international auf über 50 Fertigungsstätten verteilt.

Verkaufshäuser in allen wichtigen Märkten koordinieren die länderspezifischen Geschäftsplanungen sowie die Distribution der Maschinen über unabhängige Vertriebspartnerorganisationen oder über Importeure, die ihrerseits Händlernetzwerke betreiben. Diese stellen auch die Betreuung von Kunden und Produkten flächendeckend sicher und bieten eine Vielzahl z. T. auch marktspezifischer Dienstleistungen an.

In Deutschland ist John Deere mit insgesamt fünf Produktionsstätten, der europäischen Bereichsleitung, dem deutschen Verkaufshaus und dem europäischen Zentralersatzteillager vertreten. Die beiden Letztgenannten sind zusammen mit der Finanzierungsgesellschaft John Deere Credit und dem deutschen Schulungs- und Kompetenzzentrum am Standort Bruchsal angesiedelt.

Der John Deere Vertrieb (JDV) ist als deutsches Verkaufshaus für alle Belange des nationalen Marktes zuständig und somit neben der Vermarktung von Maschinen – nicht nur aus den deutschen Werken – auch für den Absatz von Ersatzteilen und die Bereitstellung weiterer marktgerechter, produktbegleitender Serviceprodukte für Endkunden wie Finanzdienstleistungen, Full-Service Pakete, Fahrerschulungen u. a. verantwortlich. Aber auch bei der Entwicklung von Serviceprodukten, welche die Arbeit von Vertriebspartnern, deren Werkstätten und auch John Deere eigenen Mitarbeitern erleichtern und effektiver machen und somit erst indirekt dem Endkunden zugute kommen, ist der JDV mit eingebunden.

Gerade bei weltweit tätigen Unternehmen der beschriebenen Größenordnung mit einem weiten Sachproduktspektrum bestehen bei der Planung, Entwicklung und Bereitstellung neuer Serviceprodukte erhebliche Herausforderungen darin, zum einen den markt- und produktspezifischen Bedarfen zeitnah Rechnung zu tragen und zum anderen darüber hinaus marktübergreifend die richtigen Prioritäten zu setzen. Die klare Aufgabenverteilung, die zeitliche Koordination sämtlicher Aktivitäten und der strukturierte Informationsaustausch zwischen allen eingebundenen Einheiten und Abteilungen sind im Hinblick auf die kosteneffektive Umsetzung des jeweiligen Projektes und somit hinsichtlich der Profitabilität des betroffenen Serviceproduktes ebenfalls kritisch.

Anhand der vorher beschriebenen Organisationsstruktur des Unternehmens John Deere lässt sich erkennen, dass Werke, Vertriebs- und Serviceeinheiten sowie weitere firmeninterne Anbieter von Serviceprodukten nicht generell in räumlicher Gemeinschaft zusammenwirken. Trotz der damit verbundenen zusätzlichen Herausforderungen erscheint es sinnvoll, dass Nichtwerkseinheiten zur Planung von Serviceprodukten aus eigener Initiative beitragen, um dadurch einen Input aus den Markterfahrungen beizusteuern.

An einem Fallbeispiel soll hier eine solche Vorgehensweise dargestellt werden. Als besonders wirkungsvoll hat sich für das Erarbeiten von Serviceproduktideen die Form eines Workshops mit Mitarbeitern aus dem jeweiligen Werk (als Produzent von Sach- und Serviceprodukten), aus der Vertriebs- und Serviceeinheit sowie weiteren Einheiten gezeigt.

3 Planung investiver Produkt-Service Systeme

Bei der Auswahl der Teilnehmer wurden prioritär Mitarbeiter aus der Serviceproduktentwicklung des Werkes, aus dem Vertriebs- und Servicebereich mit kundennaher Tätigkeit und Markterfahrung und aus anderen Bereichen wie Kreditabteilung und Trainingszentrum, die aufgrund ihrer Aufgabenstellung im Prinzip Serviceprodukte erbringen, berücksichtigt. Nachdem die erste Hürde, die notwendigen Teilnehmer des Workshops zu einem gemeinsamen Termin zusammenzuführen, genommen ist und die organisatorischen Voraussetzungen geschaffen sind, bleibt noch die Frage der Moderation und des Veranstaltungsortes zu klären. Um eine größtmögliche Neutralität zu gewährleisten fiel in diesem Fall die Wahl auf einen externen Veranstaltungsort und einen externen Moderator. Der Zeitumfang wurde auf einen halben Tag festgelegt.

3.2.2 Die Modellierung des Lebenszyklus eines John Deere Traktors aus Kundensicht

Bei der Festlegung des Sachproduktes als Betrachtungsgegenstand wurde der Traktor – eine Schlüsselmaschine in der landwirtschaftlichen aber auch außerlandwirtschaftlichen Nutzung – zu Grunde gelegt. Voraussetzung für die weitere Vorgehensweise war zunächst eine Analyse des Lebenszyklus des Traktors aus Kundensicht. Dieser Zyklus lässt sich vereinfacht in drei Hauptphasen unterteilen (Abb. 3.6).

Folgende Prozesse, welche mit Hilfe unterschiedlicher Serviceprodukte unterstützt werden können, wurden im Lebenszyklus aus Kundenperspektive identifiziert:

- Beschaffungsphase:
  Feststellung des Bedarfs, Auswahl der zu installierenden Leistung und der notwendigen Traktorausstattung, Vergleich der Fabrikate und Modelle, Produktberatung, Angebotseinholung, Vorführung, Preisfestlegung, Kauf, Geräteanpassung, Auslieferung,
- Gebrauchsphase:
  Inbetriebnahme, Einsatzplanung (abhängig von Produktionsplanung), Beschaffung und Bereitstellung von Betriebsstoffen, Einsatz bei diversen anfallenden Arbeiten, Wartungs- und Instandhaltungsmaßnahmen,
- „End-of-Life":
  Austausch aus wirtschaftlichen Gesichtspunkten (z. B. finanzielle, steuerliche Aspekte), Veränderung der Einsatzbedingungen, Neukauf, im Extremfall Verschrottung.

Die Modellierung des Sachproduktlebenszyklus lässt sich so in einer Matrix zusammenfassen und zeigt die wesentlichen kundenseitig durchgeführten Produktions-

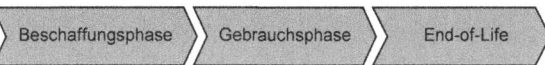

Abb. 3.6 Hauptphasen des Lebenszyklus

Sachprodukt-Lebenszyklus							
Beschaffung			Gebrauch				End-of-Life
Produktauswahl	Geräteanpassung	Auslieferung	Produktionsplanung	geplante Instandhaltung	...	Maschinenausfall	Außerbetriebnahme
Investitionsplanung		Einweisung	Fruchtfolgeplanung				
Instandhaltungsplanung			durchgängige Dokumentation				

Abb. 3.7 Prozesse im Lebenszyklus aus Kundensicht

prozesse (z. B. Aussaat) und den Produktionsprozess unterstützende Prozesse (z. B. Maschineninstandhaltung) auf (Abb. 3.7). Dabei bleibt noch die Frage zu klären, welche Aufgaben die Kunden im Produktlebenszyklus erledigen müssen.

3.2.3 Die Erfassung von Kundenbedarfen

Grundlage für das weitere Vorgehen bildet das Wissen um die Kundenbedarfe. Diese lassen sich mit unterschiedlichen systematischen aber auch unsystematischen Methoden erfassen. Eine systematische Erfassung erfolgt durch spezielle Einheiten in der übergeordneten Verwaltung und in den Werken, eine unsystematische z. B. durch die Vertriebseinheit.

Es soll hier zunächst auf die systematische Erfassung von Kundenbedarfen eingegangen werden. Im Vordergrund stehen dabei üblicherweise die Marktanalyse und der Ideenaustausch mit Kunden durch die Werke bzw. ähnliche Methoden. Kundenbefragungen durch zentral gesteuerte Prozesse (CSI = Customer Satisfaction Index) sind ebenfalls bestens dazu geeignet. Bei dieser Methode wird nach dem Kauf einer Maschine anhand eines detaillierten Fragenkataloges die Zufriedenheit des Kunden erfasst und analysiert. Als weiterer wichtiger Prozess ist die systematische Rückführung von Informationen aus dem „Feld" zu sehen, die in der „WWTSL" (World Wide Top Situation List) zusammengeführt werden.

Hinter dem Begriff „WWTSL" verbirgt sich eine Auflistung von Ereignissen, die im „Feld" auftreten und nicht dem normalen Verschleiß, Fehlern in der Handhabung oder Fehlern in der Wartung zuzuordnen sind. Es werden zum einen Ereignisse erfasst, die durch spezielle Einsatzbedingungen oder auch konstruktionsbedingt auftreten und durch die jeweilige Fabrik weiter untersucht und verarbeitet werden. Zum anderen erfolgt aber auch die Erfassung von Kundenkritiken zu bestimmten Eigenarten oder Arbeitsergebnissen des jeweiligen Produktes. Die in dieser Liste aufgenommenen Ereignisse werden durch ein „Ranking"-System klassifiziert, priorisiert und entsprechend in der laufenden Serie oder in der Entwicklung neuer Produkte berücksichtigt (Abb. 3.8).

Wie beschrieben werden in diese Liste Ereignisse nach bestimmten Kriterien aufgenommen. Dabei ist das „Ranking"-System von besonderer Bedeutung. Dieses basiert auf folgenden Fragen: Häufigkeit, Ausfallzeit und Verlust von Zutrauen und Einsatzbereitschaft, Kundenakzeptanz. Diesen Fragen sind mathematische Faktoren

3 Planung investiver Produkt-Service Systeme

Aktion	Fabrik	Produktlinie	NCCA Fall-Nr.	NCCA Fall-Beschreibung	TSL Start	Fallstatus	NCCA Ranking	DTAC Lösung	Verkaufshaus Ranking		
									a	b	c
1	x		123456	Kurztext	Datum	Text	75	98765	18	36	12
2	y		234567	Kurztext	Datum	Text	30	87654	45	18	25
3	z		345678	Kurztext	Datum	Text	40	76543	1	75	6

Abb. 3.8 „WWTSL" Liste (vereinfachte Darstellung)

zugeordnet. Durch Multiplikation der Faktoren ergibt sich dann das Ranking, das durch Zahlen und Hintergrundfarbe hervorgehoben wird.

Die Funktionalität der WWTSL-Datei ist wesentlich umfangreicher als hier in der vereinfachten Darstellung ersichtlich. So sind Sortierkriterien für ein Werk, den Status, die Produktgruppe, die Produktlinie, die Region, die Vertriebseinheit, die NCCA (Non Conformance Corrective Action) Fallnummer und das TSL (Top Situation List) Startdatum hinterlegt. Weiter ist eine Verlinkung zu der ausführlichen NCCA Fallbeschreibung und, falls vorhanden, den bekannten DTAC-Lösungen (Dealer Technical Assistance Center) gegeben.

Zur Ermittlung des Rankingwertes ist ein Rechner, wie in der folgenden Abbildung dargestellt, hinterlegt (Abb. 3.9).

Die Rankingwerte werden in vier Stufen unterteilt:

- <8   = nebensächlich (incidental),
- >8–<30   = unbedeutend (minor),
- >30–<60   = bedeutend (major),
- >60   = kritisch (critical).

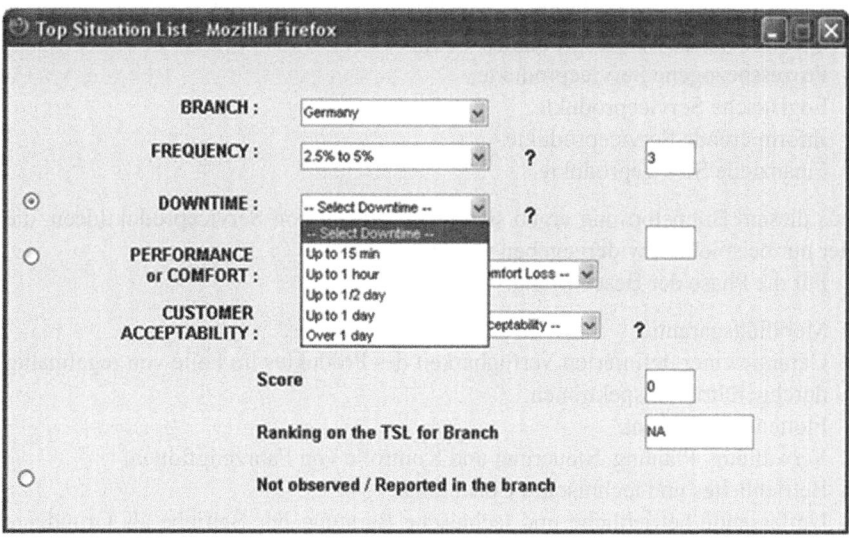

Abb. 3.9 Ranking Rechner

Den Antworten aus den Fragenkomplexen sind je nach Kriterium feste Werte zugeordnet, was an einem Ereignis als Zahlenbeispiel noch einmal sichtbar gemacht werden soll:

Für das Ereignis in Zeile 1 der „WWTSL" Liste (vgl. Abb. 3.8) wurde bei Häufigkeit der Faktor 5, bei Ausfallzeit und Verlust von Zutrauen und Einsatzbereitschaft der Faktor 3 und bei der Kundenakzeptanz der Faktor 5 zugeordnet. Das Produkt dieser drei Werte ergibt einen Rankingwert von 75 und ist damit als kritisch eingestuft. Zusätzlich wird dies durch eine rote Hintergrundfarbe deutlich gekennzeichnet.

Im Gegensatz zu diesen Prozessen der systematischen Erfassung gehen bei den Vertriebseinheiten hauptsächlich „Zuruf"-Forderungen ein, also nicht systematisch gesammelte Informationen. Für dieses Fallbeispiel waren solche Informationen der Ausgangspunkt für eine Ideensammlung, welche dann die Entscheidungsgrundlage zur Entwicklung eines Serviceproduktes bildet.

3.2.4 Die Entwicklung innovativer Ideen für sachproduktbegleitende Dienstleistungen (Serviceprodukte)

Bei der Ideensammlung durch ein gemeinsames Brainstorming (als geeignete Kreativitätstechnik) mit den einleitend angesprochenen Mitarbeitern wurden die drei Phasen des Lebenszyklus zu Grunde gelegt. Zur Diversifizierung und Kategorisierung der einzelnen Vorschläge wurde noch die Annahme getroffen, dass sich Serviceprodukte in sechs Kategorien/Typen einteilen lassen. Diese Kategorien/Typen sind im Einzelnen:

- Technische Serviceprodukte,
- Qualifizierende Serviceprodukte,
- Prozessbezogene Serviceprodukte,
- Logistische Serviceprodukte,
- Informierende Serviceprodukte,
- Finanzielle Serviceprodukte.

Aus diesem Brainstorming ergab sich eine Vielzahl von Serviceproduktideen, die hier nur beispielhaft widergegeben werden:

Für die Phase der Beschaffung:

- Mobilitätsgarantie:
  Garantie einer definierten Verfügbarkeit des Produktes im Falle von regelmäßig durchgeführten Inspektionen,
- Flottenmanagement:
  Verwaltung, Planung, Steuerung und Kontrolle von Fahrzeugflotten,
- Betriebliches und technisches Consulting:
  Umfassende betriebliche und technische Beratung der Betriebe als Grundlage für die Betriebs- und Investitionsplanung.

Für die Phase des Gebrauchs:

- Einsatzkontrolle der Maschine:
  Kontrolle der Betriebsdaten der Maschine als Basis für ein individuelles Angebot von Schulungen im Falle von unsachgemäßem bzw. ineffizientem Maschinengebrauch,
- Investitionsüberprüfung:
  Regelmäßige Überprüfungen der Investition in die Maschine nach betriebswirtschaftlichen Gesichtspunkten als Grundlage für eine Anpassung (z. B. Maschinenupgrade, Nachrüstungen, veränderte Servicepakete) aufgrund veränderter Rahmenbedingungen,
- Onboardanalyse von Betriebsstoffen:
  Analyse von Betriebsstoffen zur Erfassung des Verbrauchs und zur Früherkennung von Verschleiß oder Defekt.

Für die Phase „End-of-Life":

- Rückkaufgarantie:
  Rückkaufgarantie für Maschinen mit regelmäßig durchgeführter Wartung,
- Zertifizierung von Gebrauchtmaschinen mit Wartungsvertrag (Second-Hand-Value):
  Zertifikat für Gebrauchtmaschinen, welche regelmäßigen Wartungen durch die John Deere Vertragspartner unterzogen wurden, als wertsteigernde Maßnahme beim Weiterverkauf,
- Risikoabschätzung für den Weiterverkauf:
  Überprüfung von Maschinen, welche der Kunde weiterverkaufen will, hinsichtlich zu erwartender Defekte und Verschleiß.

Die Ideen wurden den einzelnen Kategorien/Typen sowie den entsprechenden Prozessen im Lebenszyklus zugeordnet. Dabei zeigte sich, dass die Matrix aus dem ersten Ansatz „Prozesse im Lebenszyklus aus Kundensicht" (vgl. Abb. 3.7) darzustellen, sehr gut durch die sechs Kategorien erweiterbar ist und so eine wertvolle Hilfe für die Zuordnung der Ideen darstellt (Abb. 3.10).

Anschließend wurden die gesammelten Ideen von den Teilnehmern im Hinblick auf die Priorität der Weiterverfolgung bewertet und bilden nun die Grundlage für die Entscheidung zur Entwicklung eines Serviceproduktes.

3.2.5 Zusammenfassung

Die Zusammensetzung des Workshops als organisationsübergreifende „Diskussionsrunde" mit Mitarbeitern aus verschiedenen Einheiten beflügelt eine realistische Kreativität und führt durch den Gedankenaustausch zu interessanten Verknüpfungen für Serviceproduktideen. Durch geschickte Moderation lassen sich die unterschiedlichen Betrachtungsweisen der Ideen für alle Teilnehmer „verträglich" koordinieren und als konstruktive Vorschläge zur Entscheidungsfindung formen. Ist

		Sachprodukt-Lebenszyklus					
		Beschaffung		Gebrauch			End-of-Life
Serviceprodukttyp	technisch	Produktauswahl / Investitionsplanung / Instandhaltungsplanung	Geräteanpassung	Auslieferung / Einweisung	Produktionsplanung / Fruchtfolgeplanung / durchgängige Dokumentation	geplante Instandhaltung	...	Maschinenausfall	Außerbetriebnahme
^	^	Mobilitätsgarantie/ Maschinenempfehlung		100h-Check	Saisoncheck/ Power on Demand/ Einsatzkontrolle der Maschine/ wiederkehrende Inbetriebnahme	Onboardanalyse von Betriebsstoffen/ Gebrauchtmaschinen-Upgrade/ Rundumservice (tägliche Wartung individuell pro Betrieb)		Umrüstung für außerlandwirtschaftliche Nutzung	Gebrauchtmaschinen-Downgrade für Export/ Wiederaufbereitung
^	qualifizierend		Schulung "Geräteanpassung"	"Übergabeschulung"					
^	prozessbezogen	Pre-Sales Produktionsberatung				Koordination der Wartungsarbeiten (keine Wartungsarbeiten während Produktionszeiten)			
^	logistisch	Flottenmanagement				24h-7d-Service/ 24h-7d-Service bei JD-Parts		Bereitstellung von Ersatzmaschinen/ bundesweite 0800-Ersatzteil-Hotline	Gebrauchtmaschinenbörse

Abb. 3.10 Ideensammlung

die Entscheidung für ein Serviceprodukt oder mehrere Serviceprodukte aus diesen Vorschlägen getroffen, so bietet es sich an, den Prozess der Sachproduktentwicklung um die Serviceproduktentwicklung zu ergänzen und zu einem gemeinsamen Prozess zu verknüpfen.

Literatur

Brissaud D, Tichkiewitch S (2001) Product Models for Life-Cycle. Annals of the CIRP 50/1:105–108

Fuchs C (2007) Life Cycle Management investiver Produkt-Service Systeme – Konzept zur lebenszyklusorientierten Gestaltung und Realisierung. Technische Universität Kaiserslautern, Kaiserslautern

Kaplan R S, Norton D P (1992) The Balanced Scorecard. Harvard Business Review 70/1:71–79

Kölscheid W (1999) Methodik zur lebenszyklusorientierten Produktgestaltung – Ein Beitrag zum Life Cycle Design. Shaker, Aachen

VDMA (2006) VDMA-Einheitsblatt 34160 – Prognosemodell für die Lebenszykluskosten von Maschinen und Anlagen. Beuth Verlag, Berlin

Westkämper E, von der Osten-Sacken D (1998) Product Life Cycle Costing Applied to Manufacturing Systems. Annals of the CIRP 47/1:353–356

Zehbold C (1996) Lebenszykluskostenrechnung. Gabler, Wiesbaden

Kapitel 4
Entwicklung investiver Produkt-Service Systeme

Eric Schweitzer, Josef Willenborg, Marcus Pier, Christian Fuchs und Frank Jenne

Das vorliegende Kapitel behandelt die integrierte Entwicklung investiver Produkt-Service Systeme (PSS). Ziel der PSS-Entwicklung ist es, die in der PSS-Planung (vgl. Kap. 3) gesammelten und ausgewählten Ideen im Rahmen eines PSS-Entwicklungsprojektes systematisch zur Marktreife zu bringen.

In Abschn. 4.1 wird ein Konzept zur integrierten Entwicklung von Sach- und Serviceprodukten auf theoretischer Ebene beschrieben. Das Konzept zur PSS-Entwicklung lässt sich dabei in die drei Hauptphasen Vorbereitung, Durchführung und Nachbereitung unterteilen.

Die im Rahmen der Vorbereitungsphase beschriebene Systematisierung der Serviceproduktentwicklung wird in Abschn. 4.2 anhand eines Praxisbeispiels aus der Landmaschinenindustrie näher erläutert. Hierbei wird aufgezeigt, wie es Unternehmen möglich ist, auf Basis einer Analyse des bestehenden Serviceproduktangebots, bestehender Prozesse in der Sachproduktentwicklung sowie existierender Mechanismen des Informationsaustauschs zwischen Kunde und Servicetechniker bzw. Hersteller, die Prozesse der Serviceproduktentwicklung zu systematisieren.

Praktische Erfahrungen aus der anschließenden Integration von Prozessen der Sach- und Serviceproduktentwicklung werden in Abschn. 4.3 geschildert. Dabei wird aus der Sicht eines Baumaschinenherstellers erläutert, wie die Prozesse in der Sach- und Serviceproduktentwicklung gezielt auf Anknüpfungspunkte hin untersucht werden können und wie in einem weiteren Schritt die Integration der Sach- und Serviceproduktentwicklung vollzogen werden kann.

E. Schweitzer (✉)
Lehrstuhl für Fertigungstechnik und Betriebsorganisation, Technische Universität Kaiserslautern, Postfach 3049, 67653 Kaiserslautern, Deutschland
e-mail: schweitzer@cpk.uni-kl.de

4.1 Konzept zur Integration von Sach- und Serviceproduktentwicklung

4.1.1 Übersicht

Aufbauend auf den Ergebnissen der PSS-Planung, welche die systematische Generierung und Auswahl von Ideen für die Sach- und Serviceproduktkomponenten eines PSS zum Ziel hat, werden im Rahmen der PSS-Entwicklung die ausgewählten PSS-Ideen bis zur Marktreife weiterentwickelt (Fuchs 2007; Aurich et al. 2007). Dies bedeutet, dass am Ende der PSS-Entwicklung eine modellhafte Beschreibung sowohl der Sachproduktkomponenten eines PSS (z. B. in Form von Konstruktionszeichnungen) als auch der ergänzenden Serviceprodukte (z. B. Beschreibung des angestrebten Ergebnisses, der geplanten Prozesse, des angestrebten Informationsflusses sowie der benötigten Ressourcen) vorliegen. Die Ziele des Entwicklungsprojekts werden durch den zum Ende der PSS-Planungsphase (vgl. Kap. 3) generierten Entwicklungsprojektantrag abgebildet.

Die PSS-Entwicklung lässt sich in drei Hauptphasen unterteilen:

- Im Rahmen der Vorbereitung wird das Entwicklungsprojekt definiert. Des Weiteren erfolgt eine Strukturierung der Projektinhalte, d. h. der Arbeitsaufgaben, sowie der Arbeitsabläufe.
- Die Phase der Durchführung beinhaltet die eigentliche Entwicklung der definierten PSS-Komponenten. Hierbei erfolgt eine systematische Verknüpfung von Prozessen der Sach- und Serviceproduktentwicklung.
- Im Rahmen der Nachbereitung werden abschließend die gesammelten Erkenntnisse aus dem Entwicklungsprojekt dokumentiert sowie die Voraussetzungen für die Markteinführung des PSS geschaffen.

Wesentliches Ergebnis der PSS-Entwicklung ist ein neues PSS, welches zum einen durch seinen Sachproduktkern und dessen Varianten beschrieben wird. Zum anderen enthält das PSS ein Portfolio kundenindividuell kombinierbarer Serviceprodukte. Dieses Serviceproduktportfolio kann zu einem späteren Zeitpunkt noch durch die Vertriebs- und Servicepartner des PSS-Anbieters marktspezifisch angepasst werden.

Grundlegende Voraussetzung für die integrierte Entwicklung von Sach- und Serviceprodukten bildet die unternehmensspezifische Systematisierung beider Entwicklungsprozesse. Aus diesem Grund wird auf diese Punkte zunächst noch einmal gesondert eingegangen.

4.1.2 Voraussetzung: Systematisierung der Sach- und Serviceproduktentwicklung

Mit den in den kommenden Abschnitten geschilderten Maßnahmen zur Systematisierung der Sach- und Serviceproduktentwicklung werden zwei Teilziele verfolgt.

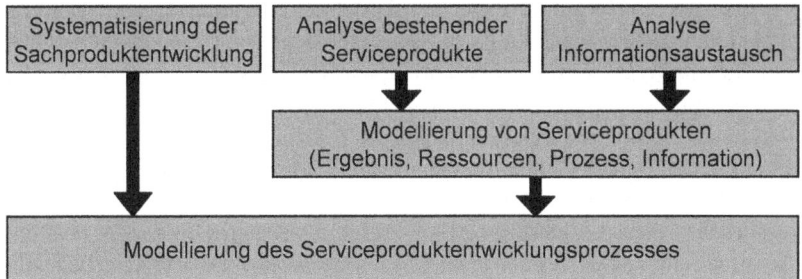

Abb. 4.1 Vorgehen zur Systematisierung der Serviceproduktentwicklung

Zum einen soll durch die standardisierte Dokumentation des existierenden Sachproduktentwicklungsprozesses eine Grundlage zur Bildung eines entsprechenden Serviceproduktentwicklungsprozesses geschaffen werden. Zum anderen zielt die Analyse der Merkmale von Serviceprodukten, welche vom Unternehmen bereits am Markt angeboten werden, auf die Entwicklung eines einheitlichen Serviceproduktmodells ab. Die Beschreibung von Serviceprodukten gemäß der durch dieses Modell festgelegten Struktur stellt das angestrebte Ergebnis eines Serviceproduktentwicklungsprozesses dar, dessen Systematisierung den abschließenden Schritt bei der Schaffung der organisatorischen Voraussetzungen für eine integrierte PSS-Entwicklung darstellt. Die im Folgenden geschilderten Schritte werden i. d. R. in jedem Unternehmen nur einmal durchlaufen (Abb. 4.1).

4.1.2.1 Systematisierung der Sachproduktentwicklung

Der Schwerpunkt bei der Systematisierung der Sachproduktentwicklung liegt auf der Analyse der in einem Unternehmen vorhandenen Ansätze zur Sachproduktentwicklung, insbesondere auf der Analyse des existierenden Entwicklungsprozesses. Ziel ist es, durch eine anschließend entwickelte, einheitliche Beschreibung des existierenden Sachproduktentwicklungsprozesses (z. B. bzgl. der Abfolge und der zu durchlaufenden Phasen), die auch für den angestrebten Serviceproduktentwicklungsprozess Anwendung findet, ein hohes Maß an Kompatibilität zwischen beiden Prozessen zu erreichen und damit die Verknüpfung beider Prozesse im Rahmen der PSS-Entwicklung zu erleichtern.

Die Analyse umfasst die Aufbau- und Ablauforganisation der Sachproduktentwicklung. Im Bezug auf die Aufbauorganisation werden die Organisationsform der Sachproduktentwicklung, die an der Sachproduktentwicklung beteiligten Organisationseinheiten sowie die entsprechenden Handlungsträger aufgenommen. Die Analyse der Ablauforganisation betrifft den Entwicklungsprozess mit allen vor- und nachbereitenden sowie unterstützenden Aufgaben (z. B. Projektdefinition, -planung, -durchführung, -überwachung, -steuerung und -abschluss). Zum Abschluss der Analyse wird eine Beschreibung zusammenhängender Teilprozesse mit klar definierten Ein- und Ausgangsinformationen, benötigten Ressourcen sowie den eingesetzten Methoden angestrebt. Die im Rahmen der Analyse ebenfalls ermittelten Handlungsträger werden den Teilprozessen zugeordnet und deren Aufgaben, Befugnisse und Verantwortungen beschrieben. Zur Unterstützung der Analyse kann z. B. das in Abb. 4.2 dargestellte Schema herangezogen werden.

Den ersten Schritt der Analyse bildet die Modularisierung des systematisch aufgenommenen Sachproduktentwicklungsprozesses. Hierbei wird der Sachproduktentwicklungsprozess unter Zuhilfenahme des entsprechenden Schemas zur Prozessbeschreibung (vgl. Abb. 4.2) hierarchisch zerlegt. Die daraus entstehenden Teilprozesse werden auf der untersten Ebene als Prozessbausteine bezeichnet (Abb. 4.3).

Teilprozessbezeichnung Sachproduktentwicklung		
Analyseobjekt	Inhalt	Beispiel
Input	Zur Durchführung benötigte Informationen und Ressourcen	• Projektziele • Lösungsprinzipien
Aktivitäten	Abfolge der Arbeitsschritte im Teilprozess	• Lösungsprinzipien kombinieren • Sachprodukt geometrisch strukturieren
Output	Ergebnisse des Teilprozesses	• Sachproduktstruktur • Bauräume
Methoden und Werkzeuge	Eingesetzte Methoden und Werkzeuge	• CAD
Handlungsträger	Aufgaben, Befugnisse und Verantwortungen der Handlungsträger	• Projektteam • Schlüsselkunden

Abb. 4.2 Schema zur Analyse von Entwicklungsprozessen

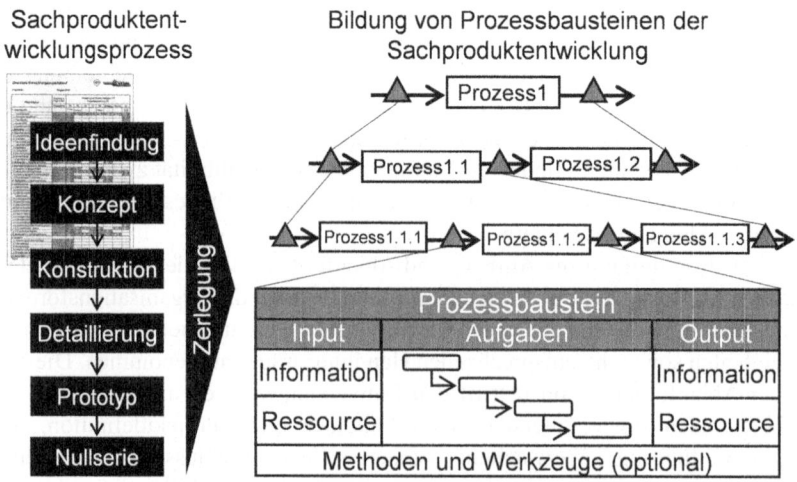

Abb. 4.3 Modularisierung des Sachproduktentwicklungsprozesses

Ein Prozessbaustein zeichnet sich dadurch aus, dass er über genau definierbare Schnittstellen in Form von ein- und ausgehenden Informationen (In- und Output) sowie Ressourcen verfügt. Durch die beschriebene Vorgehensweise bei der Modularisierung des Sachproduktentwicklungsprozesses sind die ermittelten Prozessbausteine bereits vollständig miteinander vernetzt, da bspw. ein Teil des Outputs eines Prozessbausteins jeweils einen Input für den nachfolgenden Prozessbaustein darstellt.

Die aus der Zerlegung des Sachproduktentwicklungsprozesses resultierenden Prozessbausteine bilden zu einem späteren Zeitpunkt gemeinsam mit dem Serviceproduktmodell die Grundlage für die Gestaltung entsprechender Prozessbausteine der Serviceproduktentwicklung.

Als wesentliches Ergebnis der Systematisierung des Sachproduktentwicklungsprozesses liegen, mit standardisierten Beschreibungselementen dokumentierte, Prozessbausteine der Sachproduktentwicklung vor.

4.1.2.2 Eigenschaften von Serviceprodukten

Der Begriff „investives Serviceprodukt" beschreibt eine Dienstleistung, die in Ergänzung eines Sachproduktes erbracht wird (Muser 1988). Dienstleistungen lassen sich allgemein durch die Dimensionen Ergebnis, Prozess und Potenzial beschreiben (Engelhardt et al. 1993):

- Die Ergebnisdimension fokussiert auf die Immaterialität des Dienstleistungsergebnisses, das sich an einem so genannten externen Faktor (z. B. Sachprodukt, Sachproduktnutzer, Produktionsprozess) mit dem Ziel konkretisiert, bestimmte Zustandsänderungen zu erreichen (Meyer 1991). Mit der Immaterialität ist die fehlende Transport- und Lagerfähigkeit von Dienstleistungen verbunden (Meffert u. Bruhn 2000).
- Die Prozessdimension bezieht sich auf die Erbringung von Dienstleistungen. Wesentlich ist hierbei die als „uno actu Prinzip" bezeichnete Simultanität von Leistungserbringung und Verbrauch (Meffert u. Bruhn 2000).
- Die Potenzialdimension beschreibt die Fähigkeit und die Bereitschaft zur Dienstleistungserbringung (Meyer 1991), indem seitens des Dienstleistungserbringers Ressourcen, wie z. B. Personal oder Betriebsmittel, vorgehalten werden. Dienstleistungen stellen damit ein Leistungsversprechen dar, das Gegenstand eines Leistungsvertrages zwischen Hersteller und Kunden ist.

Aufgrund ihrer charakteristischen Eigenschaften können Serviceprodukte zur Erfüllung unterschiedlicher Funktionen beitragen. Während die Betreuungsfunktion auf die Aufrechterhaltung des vom Kunden erwarteten Sachproduktnutzens (z. B. durch Inspektion, Wartung, Instandsetzung oder Verbesserung des Sachprodukts) abzielt (Müller 1996), fokussiert die Bedarfsdeckungsfunktion auf die Erhöhung des Sachproduktnutzens für den Kunden durch ergänzende Angebote (z. B. Upgrading, Schulung, Anwendungsberatung etc.) (Fuchs 2007). Mit Hilfe der Informationsgewinnungsfunktion werden die Informationsbedarfe des Herstellers gedeckt.

Der hierzu notwendige Informationsaustausch erfolgt hauptsächlich während der Erbringung der Serviceprodukte und zielt auf die Versorgung des Herstellers mit Produkt-, Markt- und Kundeninformationen ab. Somit stellt die Informationsrückgewinnung die Basis für eine kontinuierliche Verbesserung der Sach- und Serviceproduktbestandteile eines Produkt-Service Systems (vgl. Kap. 6) dar, da durch sie das schon vorhandene Wissen des Herstellers um wichtige Aspekte erweitert wird (Brissaud u. Tichkiewitch 2001).

4.1.2.3 Modellierung von Serviceprodukten

Aufgrund der beschriebenen Dimensionen von Serviceprodukten (Ergebnis-, Prozess- und Potenzialdimension) ist es erforderlich, zur systematischen Beschreibung von Serviceprodukten Teilmodelle zur Ergebnis-, Prozess und Ressourcenbeschreibung einzuführen. Zur Berücksichtigung der Informationsgewinnungsfunktion kann zudem ein Informationsaustauschmodell definiert werden, das die Gewinnung von Feldinformationen sowie die Information selbst beschreibt (Fuchs 2007). Die Modelle müssen jeweils zur Abbildung der Serviceprodukteigenschaften sowie zur Beschreibung der Informationsgewinnung geeignet sein. Ein entsprechender Standard ist unternehmensspezifisch festzulegen.

- Im Ergebnismodell werden die mit der Serviceprodukterbringung angestrebten Ergebnisse zusammengefasst (Was soll erreicht werden?). Zunächst ist das entsprechende Bezugsobjekt des Serviceproduktes zu beschreiben. Hierbei kann es sich um ein Sachprodukt, eine mit diesem in Verbindung stehende Person (z. B. Maschinenbesitzer oder -bediener) oder einen Produktionsprozess handeln. Des Weiteren ist die Funktion des Serviceproduktes hinsichtlich der am Bezugsobjekt zu realisierenden Wirkung festzulegen (z. B. Instandsetzung einer Maschine).
- Das Prozessmodell beschreibt alle zur Ergebnisrealisierung durchzuführenden Teilprozesse und Aktivitäten von der Vorbereitung über die Durchführung bis zum Abschluss (Wie soll das Ergebnis realisiert werden?). Die Dokumentation des Erbringungsprozesses kann z. B. in Form einer detaillierten Wartungsanleitung erfolgen.
- Das Ressourcenmodell beschreibt die im Rahmen der Serviceprodukterbringung zur Realisierung der angestrebten Ergebnisse benötigten Ressourcen, wie z. B. Personal, Werkzeug, Ersatzteile, Betriebsstoffe oder Informationssysteme (Welche Mittel werden zur Ergebnisrealisierung benötigt?). Sie können bspw. im Prozessmodell den entsprechenden Teilprozessen bzw. Aktivitäten zugeordnet werden (z. B. Auslesen des Maschinendatenspeichers durch einen qualifizierten Servicetechniker unter Einsatz eines Servicelaptops).
- Das Informationsaustauschmodell detailliert das Ergebnismodell hinsichtlich Art und Umfang der zu generierenden Informationen (z. B. Betriebsstunden, Maschinenverfügbarkeit). Hierfür wird zunächst die Erbringungssituation (Unter welchen Umständen soll das Ergebnis erreicht werden?) durch Benennung der beteiligten Handlungsträger sowie ihrer Aufgaben eingegrenzt. Anschließend

werden Standards für die Informationsgewinnung, z. B. in Form von Serviceberichten, festgelegt. Beispiel hierfür ist das Auslesen des Maschinendatenspeichers durch einen Servicetechniker im Falle einer Werkstattreparatur der Maschine.

Charakteristische Eigenschaften von Serviceprodukten, welche von einem (PSS-)-Anbieter am Markt angeboten werden, bilden die Grundlage zur unternehmensindividuellen Beschreibung eines Serviceproduktes im Rahmen des entsprechenden Serviceproduktmodells bzw. der darin eingehenden Teilmodelle. Zur einheitlichen Definition des Serviceproduktmodells im Unternehmensnetzwerk ist es deshalb erforderlich, die bereits vorhandenen Serviceprodukte hinsichtlich der ihnen zugrunde liegenden Eigenschaften, ihrer jeweiligen Dokumentation sowie ihrer Erbringung zu analysieren und darauf aufbauend ein unternehmensindividuelles Serviceproduktmodell zu definieren.

4.1.2.4 Modellierung des Serviceproduktentwicklungsprozesses

Mit der unternehmensspezifischen Entwicklung des Serviceproduktmodells und seiner Teilmodelle werden gleichzeitig die im Rahmen des Serviceproduktentwicklungsprozesses auszuarbeitenden Eigenschaften eines Serviceproduktes festgelegt. I. d. R. sind in Unternehmen die Prozesse zur Gestaltung von Serviceprodukten jedoch nur wenig systematisiert. Aus diesem Grund stellt die Modellierung des Serviceproduktentwicklungsprozesses einen wichtigen Schritt für die spätere Integration von Sach- und Serviceproduktentwicklung dar. Ein ähnlicher Dokumentationsstandard für die Prozesse in der Sach- und Serviceproduktentwicklung erleichtert dabei die später angestrebte Integration. Die Systematisierung des Serviceproduktentwicklungsprozesses baut auf den Analysen der Prozesse in der Sachproduktentwicklung, der bestehenden Serviceprodukte sowie der Festlegung des Serviceproduktmodells, welches das Ergebnis der Serviceproduktentwicklung beschreibt, auf.

In einem ersten Schritt werden die grundlegenden Abschnitte der Serviceproduktentwicklung (Hauptphasen) definiert. Hierbei können bereits existierende Referenz(phasen)modelle für Serviceproduktentwicklungsprozesse zu Hilfe genommen werden.

In einem weiteren Schritt werden die Tätigkeiten in den Hauptphasen detailliert. Bei der Bildung von Teilprozessen sollten – analog zu den Prozessbausteinen der Sachproduktentwicklung – zusammenhängende Aktivitäten mit klar definierten Ein- und Ausgangsinformationen, benötigte Ressourcen sowie eingesetzte Methoden herausgearbeitet werden. Die aus der Modularisierung eines bestehenden Sachproduktentwicklungsprozesses resultierenden Prozessbausteine bilden gemeinsam mit dem definierten Serviceproduktmodell die Grundlage zur Gestaltung entsprechender Prozessbausteine der Serviceproduktentwicklung. Hierzu werden die Prozessbausteine der Sachproduktentwicklung einzeln hinsichtlich ihrer Anwendbarkeit für die Serviceproduktentwicklung untersucht. So tragen bspw. einzelne

Prozessbausteine der Sachproduktentwicklung auch zur Ausarbeitung des Serviceproduktmodells bzw. seiner Teilmodelle bei und können somit auf die Serviceproduktentwicklung übertragen werden. Abschließend erfolgt die systematische Beschreibung derjenigen Prozessbausteine der Serviceproduktentwicklung, welche nicht durch Analogienbildung mit Prozessbausteinen der Sachproduktentwicklung näher charakterisiert werden konnten.

Somit liegen als wesentliches Ergebnis der Systematisierung von Sach- und Serviceproduktentwicklung nach einem einheitlichen Schema und mit standardisierten Beschreibungselementen dokumentierte Prozessbausteine der Sach- und Serviceproduktentwicklung vor, mit denen strukturell ähnliche Sach- und Serviceproduktentwicklungsprozesse gebildet werden können.

4.1.3 Vorbereitung: Definition und Planung des PSS-Entwicklungsprojektes

Die Entwicklung investiver PSS wird als unternehmensübergreifendes Projekt gemeinsam mit den Partnern im erweiterten Wertschöpfungsnetzwerk des PSS-Anbieters realisiert. Dabei findet die Entwicklung des Sachproduktes inklusive dessen marktspezifischer Varianten zentral beim PSS-Anbieter statt. Hierzu wird im Stammwerk des PSS-Anbieters ein Projektteam, bestehend aus Mitarbeitern unterschiedlicher Unternehmensbereiche, wie z. B. Sachproduktentwicklung, Service und Produktion, zusammengestellt. Ebenfalls im Stammwerk des PSS-Anbieters erfolgt die grundlegende Entwicklung der Serviceprodukte, welche in Verbindung mit dem Sachprodukt als PSS angeboten werden. Die Bildung marktspezifischer Varianten von Serviceprodukten erfolgt jedoch bei den jeweiligen Servicepartnern, i. d. R. in enger Absprache mit dem Marktverantwortlichen des PSS-Anbieters (Fuchs 2007). Die Ziele der Vorbereitung der PSS-Entwicklung liegen in der Schaffung der für die Projektdurchführung erforderlichen Grundlagen. Hierbei sind insbesondere die Ziele des Entwicklungsprojektes festzulegen sowie die aufbau- und ablauforganisatorische Grobplanung des Projektes durchzuführen.

4.1.3.1 Entwicklungsprojekt definieren

Die Detaillierung und Konkretisierung von Sach- und Formalzielen, die mit dem Entwicklungsprojekt verfolgt werden, stellt den ersten Teilschritt der Projektdefinition dar. Ein PSS-Lastenheft unterstützt die Dokumentation der zu realisierenden Eigenschaften von Sach- und Serviceproduktkomponenten des PSS. Im Rahmen der Erstellung des Lastenheftes können auch bereits erste marktspezifische Varianten des PSS festgelegt werden.

Darüber hinaus werden die aufbauorganisatorischen Rahmenbedingungen für das Entwicklungsprojekt festgelegt.

4 Entwicklung investiver Produkt-Service Systeme 39

- Für die erfolgreiche Projektdurchführung wird ein interdisziplinäres Projektteam gebildet, das im Kern aus Mitarbeitern der Sach- und der Serviceproduktentwicklung besteht. Erstere sind für die Entwicklung des Sachproduktes, letztere für die Entwicklung der Serviceprodukte zuständig. Mitarbeiter aus dem Bereich Produktion und Personal sowie ausgesuchte Pilotkunden können, je nach Bedarf, zur Unterstützung eingebunden werden.
- Die Projektleitung wird i. d. R. einem Mitarbeiter aus dem Bereich der Sachproduktentwicklung zugeordnet, da dieser durch die im Normalfall stärker ausgeprägte Professionalisierung der Geschäftsprozesse im Sachproduktbereich über entsprechende Kompetenzen bei der Gestaltung von Entwicklungsprojekten verfügt.
- Der Projektleiter sollte im Hinblick auf die angestrebte Integration von Sach- und Serviceproduktentwicklung fachlich durch einen erfahrenen Mitarbeiter aus dem Servicebereich unterstützt werden.
- Zur Überwachung des Projektfortschritts sowie zur Unterstützung der Projektleitung bei der Entscheidungsfindung, z. B. im Falle schwerwiegender Zielabweichungen, wird ein Lenkungskreis definiert. Dieser umfasst i. d. R. neben Vertretern der Unternehmensleitung auch Mitarbeiter aus der Leitung von sach- und serviceproduktspezifischen Bereichen.

In der Folge wird die Ablauforganisation des Entwicklungsprojektes festgelegt. Sie beinhaltet u. a. die Festlegung einer Phasengliederung des Entwicklungsprojektes (z. B. Anforderungsermittlung, Konzeption, Detaillierung und Anpassung bzw. Umsetzung) mit entsprechend zu realisierenden Zwischenergebnissen (Meilensteine). Darauf aufbauend erfolgt die Planung der Struktur und des Ablaufs des Entwicklungsprojektes.

4.1.3.2 Grobplanung des PSS-Entwicklungsprojektes

Die Grobplanung des Projektes umfasst sämtliche im Rahmen der Entwicklung durchzuführende Aufgaben. In einem ersten Schritt erfolgt die grobe Planung der Projektstruktur sowie des zeitlichen Ablaufs. Hierbei werden die definierten, zu entwickelnden Sach- und Serviceprodukte näher strukturiert und Teilprojekte bzw. Aufgaben, welche zu deren Entwicklung durchgeführt werden müssen (z. B. die Entwicklung einzelner Komponenten des Sachprodukts bzw. der ergänzenden Serviceprodukte), festgelegt.

Anschließend erfolgt, auf Basis der Projektstrukturplanung, die zeitliche Planung des Entwicklungsprojektes. Dabei werden, z. B. mit Hilfe eines Balkendiagramms, die einzelnen Ablaufpläne der Teilprojekte aus dem Sach- und Serviceproduktbereich festgehalten (Projektablaufplan) (Abb. 4.4). Sie werden zu einem späteren Zeitpunkt im Rahmen der Projektdurchführung miteinander vernetzt, wodurch ein systematischer Wissensaustausch zwischen den für die Entwicklung des Sachprodukts bzw. der Serviceprodukte zuständigen Handlungsträgern gewährleistet ist.

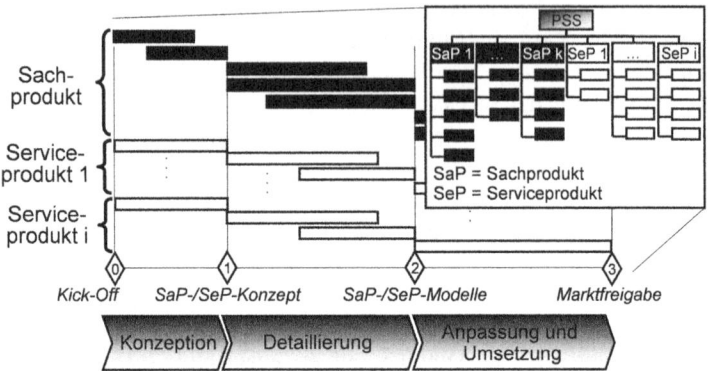

Abb. 4.4 Grobplanung: Struktur- und Ablaufplan des PSS-Entwicklungsprojektes

4.1.4 Durchführung: Integration von Sach- und Serviceproduktentwicklung

Ziel der Durchführung ist die eigentliche Entwicklung der Sach- und Serviceproduktkomponenten eines PSS sowie deren modellhafte Beschreibung. Die im Projektablaufplan zunächst nur grob beschriebenen Teilprozesse der Sach- und Serviceproduktentwicklung werden nun nach und nach detailliert und miteinander vernetzt. Zur Erleichterung der Vernetzung der aus der Detaillierung resultierenden Prozessbausteine dient deren Beschreibung mit Hilfe des zuvor beschriebenen Analyseschemas (vgl. Abb. 4.2). Anschließend findet die Bearbeitung der entsprechenden Aufgaben statt.

4.1.4.1 Modularisierung der Entwicklungsprozesse

Die Feinplanung des Entwicklungsprozesses beginnt mit der Zerlegung der geplanten Sach- und Serviceproduktentwicklungsprozesse in einzelne Teilprozesse mit klar definierten Zwischenergebnissen. Da nach der Analyse von Sach- und Serviceproduktentwicklungsprozessen (vgl. Abschn. 4.1.2) noch nicht für alle Teilprozesse der Sach- oder Serviceproduktentwicklung entsprechende Prozessbausteine zu deren Beschreibung vorliegen, müssen ähnliche Bausteine gesucht und modifiziert oder neu definiert werden. Anschließend werden den Prozessbausteinen geeignete Handlungsträger für deren Bearbeitung zugewiesen.

4.1.4.2 Feinplanung des Projektverlaufs

Im Anschluss an die standardisierte Beschreibung der Entwicklungsprozesse werden – zur Gewährleistung eines systematischen Wissensaustauschs zwischen den

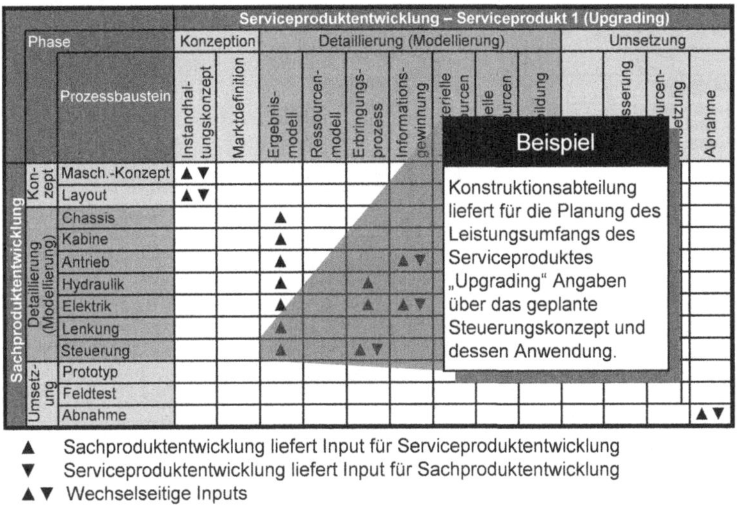

4 Entwicklung investiver Produkt-Service Systeme

Abb. 4.5 Design Structure Matrix (DSM)

Handlungsträgern in der Sach- und Serviceproduktentwicklung – die Schnittstellen zwischen den einzelnen Prozessbausteinen gestaltet. Hierzu wird eine Vernetzungsanalyse durchgeführt, welche durch eine modifizierte Design Structure Matrix (DSM) (Eppinger 1994) unterstützt wird (Abb. 4.5).

Vertikal stellt die DSM die einzelnen Phasen der Sachproduktentwicklung bzw. die zu deren Beschreibung verwendeten Prozessbausteine dar. In der Horizontalen erfolgt analog hierzu die Beschreibung des Serviceproduktentwicklungsprozesses.

Die DSM wird von links oben nach rechts unten ausgefüllt:

- Abhängigkeiten zwischen den Entwicklungsprozessen werden so abgebildet, dass für jeden Prozessbaustein der Sach- und Serviceproduktentwicklung hinterfragt wird, ob die durch ihn generierten Ergebnisse Informationen aus dem anderen Entwicklungsprozess voraussetzen. Identifizierte Vernetzungen werden durch einen (unidirektionale Vernetzung) bzw. zwei (bidirektionale Vernetzungen) Pfeile symbolisiert (vgl. Abb. 4.5).
- Zur Unterstützung der anschließenden Schnittstellengestaltung werden die identifizierten Vernetzungen noch einmal gesondert durch Text bzw. Grafiken detaillierter beschrieben.

Aufbauend auf der Identifikation von Vernetzungen zwischen Sach- und Serviceproduktentwicklungsprozess werden die Schnittstellen zwischen beiden Prozessen wie folgt weiter gestaltet:

- Prozessbausteine, die unidirektional voneinander abhängig sind, müssen im Projektablaufplan sequenziert werden, da die aus einem Prozessbaustein resultierenden Ergebnisse an die Bearbeiter eines nachgeschalteten Prozessbausteins

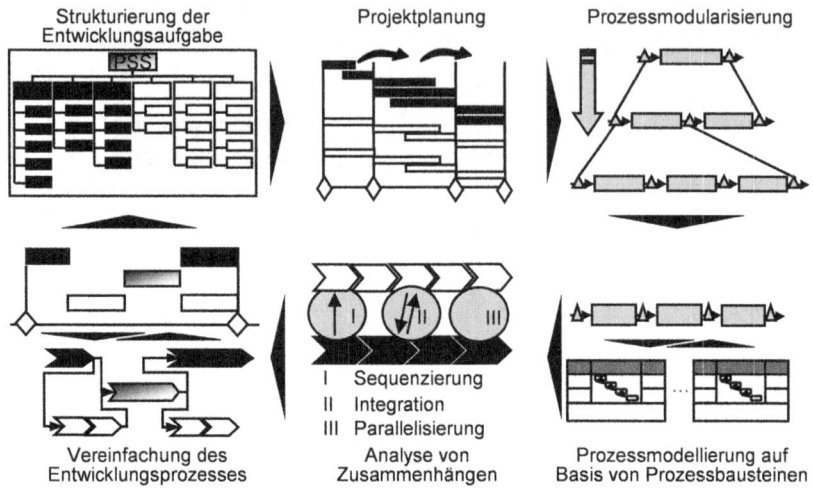

Abb. 4.6 Feinplanung des PSS-Entwicklungsprojektes

übergeben werden müssen. Als Beispiel können Stücklisten genannt werden, die für die Erstellung von Ersatzteilkatalogen erforderlich sind.
- Bidirektional abhängige Prozessbausteine, wie z. B. die Entwicklung des Maschinen- und Instandhaltungs-Grobkonzepts, erfordern dagegen i. d. R. eine mehrfache Abstimmung der an Sach- und Serviceproduktentwicklung beteiligten Handlungsträger. Aus diesem Grund müssen diese Teilaufgaben aus der Sach- und Serviceproduktentwicklung integriert werden.
- Voneinander unabhängige Prozessbausteine können parallel bearbeitet werden.

Die einzelnen Schritte der Projektgrob- und -feinplanung sind noch einmal in Abb. 4.6 zusammengefasst. Anschließend an die Projektplanung findet die eigentliche Entwicklung der PSS-Komponenten, d. h. die Bearbeitung der Entwicklungsaufgaben, statt.

4.1.4.3 Durchführung des Entwicklungsprojektes

Im Anschluss an die Identifikation und Gestaltung der zur Gewährleistung der definierten Entwicklungsergebnisse erforderlichen Verknüpfungen zwischen Sach- und Serviceproduktentwicklung werden sowohl der Projektablauf- als auch der Projektstrukturplan aktualisiert. Zur Vereinfachung können hierbei mehrere Prozessbausteine zu Arbeitspaketen zusammengefasst werden. Danach erfolgt die Bearbeitung der in den Arbeitspaketen zusammengefassten Prozessbausteine. Die Koordination obliegt dabei der Projektleitung, die bei der fortlaufenden Überwachung des Projektfortschritts durch den Lenkungskreis des Projektes unterstützt werden kann.

4.1.5 Nachbereitung: Sicherung der gewonnenen Erkenntnisse

Die Ziele der Nachbereitung liegen im systematischen Abschluss des Entwicklungsprojektes sowie in der Vorbereitung der anschließenden Markteinführung des neuen PSS.

4.1.5.1 Abschluss der Entwicklung

Zum Abschluss der PSS-Entwicklung wird zur Datensicherung eine PSS-Akte angelegt. Diese beinhaltet neben einer detaillierten Beschreibung der Sach- und Serviceproduktbestandteile eines PSS auch die Beschreibung von deren Varianten. Zu einem späteren Zeitpunkt können diese Daten noch um Informationen bzgl. Änderungen von Sach- bzw. Serviceproduktbestandteilen im Rahmen der kontinuierlichen Verbesserung des PSS (vgl. Kap. 6) ergänzt werden. Das neue PSS und seine entsprechenden Varianten werden anschließend durch die Projektverantwortlichen zur Realisierung in den weltweiten Märkten freigegeben.

4.1.5.2 Dokumentation des gesammelten Wissens

Nach der erfolgreichen Durchführung der PSS-Entwicklung können durch den für das Entwicklungsprojekt verantwortlichen Mitarbeiter Workshops zur Sicherung des gesammelten Wissens durchgeführt werden. Hierbei sind auch die für die Durchführung der entsprechenden Prozessbausteine im Entwicklungsprojekt verantwortlichen Mitarbeiter einzubinden. Ziel ist es, den Aufwand zur Identifikation notwendiger Verknüpfungen zwischen den Prozessbausteinen der Sach- und Serviceproduktentwicklung im Hinblick auf zukünftige Entwicklungsprojekte kontinuierlich zu reduzieren.

Die mit Hilfe der DSM identifizierten Vernetzungen werden hierfür in den von der Vernetzung betroffenen Prozessbausteinen vermerkt. Darüber hinaus werden sämtliche im Rahmen des Entwicklungsprojekts neu definierten Prozessbausteine entsprechend dem eingeführten Standard dokumentiert. Abschließend werden die durchgeführten Prozessbausteine in Form einer Checkliste für das PSS-Entwicklungsprojekt dokumentiert (Abb. 4.7). Hierbei werden für jede Phase des Entwicklungsprojektes neben den bearbeiteten spezifischen Prozessbausteinen der Sach- und Serviceproduktentwicklung auch die vernetzten Prozessbausteine (z. B. die Festlegung der Hauptentwicklungsziele) skizziert. Die Beschreibung der an der Bearbeitung der Prozessbausteine beteiligten Handlungsträger sowie der Meilensteine des Entwicklungsprojektes vervollständigen die Checkliste.

4.1.5.3 Bildung marktspezifischer PSS-Varianten

Nach Abschluss der PSS-Entwicklung im Stammwerk des PSS-Anbieters liegen alle zur vollständigen Beschreibung eines neuen PSS benötigten Dokumente vor.

Phase	Sachprodukt-entwicklung		Serviceprodukt-entwicklung	Abteilung 1	...	Abteilung n
Projekt-studie	Hauptentwicklungsziele festlegen			x		x
	...	...	...			
	Klärung Patentsituation			x		
			Marktbeobachtung Service		x	
	...	...	...			
	Grobplanung PSS-Entwicklungsprojekt			x	x	x
Meilenstein 1: Freigabe Entwicklungsprojekt						

Abb. 4.7 Schema einer Checkliste für ein PSS-Entwicklungsprojekt

Da sich diese jedoch i. d. R. nur auf einen repräsentativen Schlüsselmarkt (z. B. Mitteleuropa) beziehen, ist eine marktspezifische Ausgestaltung des PSS, d. h. eine Bildung weiterer, marktspezifischer Varianten vonnöten. Die Anpassung des Sachprodukts erfolgt dabei zentral in der Verantwortung des Stammwerks. Hier werden die lokalen Varianten entwickelt sowie die benötigten Homologationsunterlagen erstellt.

Die Anpassung der Serviceprodukte erfolgt parallel in den lokalen Niederlassungen bzw. bei den Vertragspartnern. Aufbauend auf deren jeweiligen Zielen definieren diese zunächst, welche Serviceprodukte im jeweiligen Markt in welcher Form angeboten werden sollen. Die Ergebnisse werden mit den Marktverantwortlichen im Stammwerk abgestimmt. Ggf. kann eine Anpassung bzw. Weiterentwicklung der Serviceprodukte durch die lokalen Niederlassungen bzw. die Vertragspartner durchgeführt werden. Im Gegensatz zur oben beschriebenen, integrierten PSS-Entwicklung betrifft diese Weiterentwicklung jedoch ausschließlich die Serviceproduktbestandteile des PSS. Vernetzungen zur Sachproduktentwicklung müssen deshalb nicht berücksichtigt werden.

4.1.6 Zusammenfassung

Um die Potenziale, die sich aus der Integration von Sach- und Serviceprodukten zu PSS ergeben, nutzen zu können, bedarf es der Integration der Prozesse der Sach- und Serviceproduktentwicklung im Rahmen der PSS-Entwicklung. Hierzu sind jedoch zunächst die notwendigen Voraussetzungen für die Integration in Form systematisierter Sach- und Serviceproduktentwicklungsprozesse zu schaffen. Als wesentliches Ergebnis der eigentlichen PSS-Entwicklung liegt ein marktreifes PSS inklusive seiner möglichen Sach- und Serviceproduktvarianten vor, welches anschließend kundenindividuell angepasst werden kann. Darüber hinaus erfolgt aus unternehmensinterner Sicht die Dokumentation des gesammelten Wissens bzgl. möglicher Formen der Integration von Sach- und Serviceproduktentwicklung.

4.2 Systematisierung der Serviceproduktentwicklung: Erfahrungen aus der Praxis

4.2.1 Ausgangslage bei der Grimme Landmaschinenfabrik GmbH & Co. KG

Im Jahre 1861 entstand im niedersächsischen Damme die Keimzelle des Familienunternehmens Grimme. Im Laufe der Jahrzehnte entwickelte sich Grimme vom Spezialisten in der Kartoffeltechnik für Feld und Halle zum weltweit agierenden Anbieter innovativer Kartoffel- und Zuckerrübentechnik.

Das mittelständische Unternehmen beschäftigt weltweit ca. 1.500 Mitarbeiter, wovon 1.100 in Damme bei der Landmaschinenfabrik sowie in weiteren ortsansässigen Tochterfirmen tätig sind. Darüber hinaus ist das Unternehmen in mehr als 80 Ländern der Welt, teils mit eigenen Vertriebs- und Servicetöchtern, vertreten. In den USA fertigt das Tochterunternehmen Spudnik LLC modernste Kartoffeltechnik für den amerikanischen Markt.

Grimme arbeitet seit Jahrzehnten eng mit dem Fachhandel zusammen. So erfolgen Maschinenverkauf und Service größtenteils durch Vertragshändler. Unterstützung erhalten diese Händler sowohl im Vertrieb durch die Werksbeauftragten als auch im Service durch die 30 weltweit reisenden Servicetechniker. Die Einsatz- und Ressourcenplanung der Servicetechniker wird von fünf Produktverantwortlichen im Serviceinnendienst übernommen.

Ein erstklassiger auf den Kunden zugeschnittener Service ist für die Grimme Landmaschinenfabrik als Hersteller hochkomplexe Investitionsgüter, die überwiegend im harten Feldeinsatz arbeiten, unabdingbar. So finden regelmäßig Händlerschulungen sowohl in Damme als auch extern bei den Händlern statt. Diese werden durch direktes Praxistraining auf dem Feld ergänzt. Ferner erhält der Händler jederzeit (z. B. beim Maschinenersteinsatz, bei einer allgemeinen Maschinendurchsicht oder bei technischen Fragen) Unterstützung durch die kostenlose Servicehotline. Über die 24-h Hotline kann jederzeit mit einem Produktspezialisten gesprochen und bei Bedarf ein Servicetechniker angefordert werden.

Aufgrund der ständig steigenden Produktkomplexität und des im Zuge der Globalisierung wachsenden Wettbewerbsdrucks, ist der Erhalt und Ausbau des Serviceproduktangebots für die Firma Grimme sehr wichtig. Hierbei bedarf es jedoch einer Systematisierung der Serviceprodukte, da nur diese die Entwicklung eines qualitativ hochwertigen Serviceproduktspektrums ermöglicht. Hierfür können die jahrelange Erfahrung und das Wissen im Bezug auf die systematische Entwicklung der Sachprodukte herangezogen werden.

4.2.2 Ziele der Verknüpfung von Sach- und Serviceproduktentwicklung

Der Grimme Service stellt sich derzeit einer Vielzahl von Herausforderungen, die bspw. durch neu erschlossene Märkte oder geänderten Kundenforderungen entstehen. Um den geänderten Kundenanforderungen gerecht zu werden und den Service optimal an die vorhandenen Bedarfe anpassen zu können, müssen die Anforderungen an das Serviceproduktangebot im Vorfeld erfasst werden. Hierbei ist die Erfassung entsprechender kunden- und herstellerspezifischer Informationen durch das Unternehmen erforderlich.

Die benötigten Informationen gelangen auf unterschiedlichsten Wegen in das Unternehmen. Typische Informationsquellen wie sie z. B. bei der Grimme Landmaschinenfabrik identifiziert werden können, sind dabei (Abb. 4.8):

- Servicehotline,
- E-Mail/Fax vom Händler oder Endkunden,
- Händlerschulungen,
- Gespräche vom Servicetechniker, dem Vertrieb oder der Technik,
- Montageberichte bzw.,
- Online gestellte Gewährleistungsanträge.

Die systematische Identifikation vorhandener Bedarfe erfordert eine kontinuierliche Erfassung und Analyse der vorhandenen Informationen. Diese gestaltet sich jedoch aufgrund der Heterogenität der Informationsquellen sowie der prioritären Kundenbetreuung im Tagesgeschäft oftmals als sehr schwierig. Zurzeit erfolgt eine Erweiterung des Serviceangebots, wie bspw. zusätzlicher Schulungen oder die

Abb. 4.8 Interne und externe Informationsquellen

Bereitstellung von Spezialwerkzeug, erst dann, wenn Wünsche bzw. Mängel von externen Quellen geäußert werden. Informationen werden somit noch nicht systematisch erfasst und die interne Informationsverarbeitung bzw. -weitergabe folgt keinem festgelegten Standard.

Aufgrund der geschilderten Gegebenheiten ist die Bündelung von Informationen und die Standardisierung der Informationsflüsse sowie der Informationsverarbeitung und -weitergabe ein wichtiger Aspekt, da diese die Grundlage für eine bedarfsgerechte und systematische Entwicklung des Serviceproduktangebots bilden. Ein erster Ansatz im Unternehmen stellt das im Service entwickelte Werkzeug zur Problemschnellerfassung dar, das jedem Servicemitarbeiter eine standardisierte Eingabemaske bereitstellt, in der u. a. neben den Kundendaten auch die Problembeschreibungen sowie weitere relevanten Daten erfasst werden.

Durch die systematischen Informationsgewinnung aus dem Feld sowie die enge Zusammenarbeit von Sach- und Serviceproduktentwicklung bietet sich der Grimme Landmaschinenfabrik die Möglichkeit, den Service optimal auf die Kundenbedürfnisse anzupassen. Durch die systematische Verknüpfung von Sach- und Serviceproduktentwicklung kann bereits in frühen Phasen des Entwicklungsprozesses mit der Entwicklung von Serviceprodukten zur Steigerung des Produkt- und somit auch des Kundennutzens begonnen werden. Zudem fördert diese Verknüpfung die gezielte Kundeninteraktion und hilft somit bei der weiteren Strukturierung der Informationsgewinnung. Nicht zuletzt ermöglicht die Verknüpfung mit einem bereits strukturierten Sachproduktentwicklungsprozess eine wesentlich einfachere systematische Gestaltung von Serviceprodukten.

Neben diesen Punkten wurden mit der Verknüpfung von Sach- und Serviceproduktentwicklung außerdem die folgenden Ziele angestrebt:

- Bessere Ressourcenplanung durch frühzeitige Identifikation von Bedarfen,
- Verbesserung der Mitarbeiterqualifikation,
- Verstärkung des Fokus auf eine kundenorientierte Sachproduktentwicklung,
- Ausbau der Wettbewerbsfähigkeit durch Entwicklung von schwer zu kopierenden Serviceprodukten.

4.2.3 Vorgehensweise

Um sowohl mögliche Anknüpfungspunkte als auch eine geeignete Form der Einbindung des Service in die Sachproduktentwicklungsprozesse zu finden, erfolgte zunächst die genaue Betrachtung der Gestaltung der Sachproduktentwicklungsprozesse im Unternehmen. Des Weiteren wurden die bestehenden Serviceprodukte sowie die bestehenden Informationsaustauschmechanismen analysiert. Der Fokus lag hierbei insbesondere auf der Analyse der einzelnen Prozesse der Serviceerbringung, deren Abfolge mittels Flussdiagrammen abgebildet wurde. Zum Schluss erfolgte die Ableitung eines Serviceproduktentwicklungsprozesses in Anlehnung an die Darstellung des vorhandenen Sachproduktentwicklungsprozesses.

4.2.4 Analysephase

Die Analyse des bestehenden Sachproduktenwicklungsprozess geschah abteilungsübergreifend in mehreren Workshops, wobei die Teilnehmer aus den Abteilungen Technik, Normung/Dokumentation und Service stammten.

Bei der Analyse wurde der Entwicklungsprozess hinsichtlich seiner Hauptphasen und den darin enthaltenen Prozessschritte sowie deren Meilensteine untersucht. Außerdem erfolgte die Zuordnung der verantwortlichen Organisationseinheiten zu den einzelnen Prozessschritten.

Als Ergebnis der Analyse wurde – basierend auf den neu gewonnen Erkenntnissen – ein neuer Referenz-Sachproduktenwicklungsprozess erarbeitet und in einer Exceltabelle abgebildet. Insbesondere die Einbeziehung des Service hat sich bei der Analyse als sinnvoll erwiesen, da hierdurch Punkte wie die Erstellung von Ersatzteillisten und Betriebsanleitungen besser in den Entwicklungsprozess eingebunden werden konnten. Auch die Gliederung der Testphase konnte genauer ausgearbeitet werden, da diese in der Praxis vom Service begleitet wird.

Der neue Referenz-Sachproduktenwicklungsprozess der Grimme Landmaschinenfabrik gliedert sich in sechs Phasen:

- Anforderungsdefinition (Leitfaden) – Meilenstein I: Projektfreigabe/Strategiekonformität,
- Entwicklung – Meilenstein II: Freigabe Prototypenbau,
- Prototyp – Meilenstein III: Freigabe Prototyp für Feldtest,
- Feldversuch – Meilenstein IV: Freigabe zur Vorserie und Festlegung der Produktionsmenge,
- Erstellung von Fertigungs- und Montageunterlagen – Meilenstein V: Serienfreigabe,
- Serienreife – Meilenstein VI: Serienproduktion und Start KVP.

Zusätzlich wurde der Entwicklungsprozess in einem Prozessflussdiagramm dargestellt. Dieses bildete die Prozessschritte der Sachproduktentwicklung beginnend mit der Erfassung der Kundenanforderungen bis hin zur Markteinführung und des anschließenden kontinuierlichen Verbesserungsprozesses (KVP) ab. Um die spätere Ableitung des Serviceproduktentwicklungsprozesses weiter zu vereinfachen, wurden außerdem die derzeit im Rahmen der Sachproduktentwicklung erstellten Dokumente ermittelt.

Nach der Analyse des Sachproduktentwicklungsprozesses wurden in einem weiteren Schritt Informationen über die bereits im Unternehmen bestehenden Serviceprodukte gesammelt. Die nachfolgende Auflistung zeigt einen Ausschnitt der bisher von Grimme angebotenen Serviceprodukte:

- Werkzeugkatalog,
- Schulungsunterlagen,
- Online-Service-Portal,
- Maschinencheck,
- Ausführliche Betriebsanleitungen,
- Wartungshefte.

Im Anschluss an der Serviceproduktsichtung wurden – analog zur Sachproduktwicklung – die bisher verfügbaren Dokumentationen von Serviceprodukten aufgelistet. Da beim Service der Grimme Landmaschinenfabrik die Kommunikation zwischen Hersteller, Händler und Kunde von großer Wichtigkeit ist, wurde der Informationsaustausch als direkt zu entwickelnder Bestandteil des Serviceproduktes mit aufgenommen. Die Analyse des Informationsaustausches erfolgte in Rahmen von Workshops, in denen Mitarbeiter aus den verschiedenen Abteilungen beteiligt waren. Grundlage hierfür stellten Prozesse der Serviceabteilung, wie z. B. „Ersatzteilbestellung" oder „Behebung eines weitreichenden technischen Problems", dar. Abbildung 4.9 zeigt einen Ausschnitt dieser Erfassung (hier: für die Behebung eines weitreichenden technischen Problems). In der Vertikalen sind dabei die Prozessschritte sowie in der Horizontalen der Informationsfluss – aufgeteilt in Handlungsträger, Informationsweg, Information und Empfänger – abgebildet.

4.2.5 Erstellung des Serviceproduktmodells

Das Serviceproduktmodell basiert auf den in der Analysephase gewonnenen Erkenntnissen bzgl. der Struktur vorhandener Serviceprodukte. So stellte sich bei der Dokumentensichtung des Sachproduktentwicklungsprozesses heraus, dass der bereits bestehende Leitfaden zur Entwicklung von Maschinen und Optionen eine ideale Vorlage für die Erstellung des Serviceproduktmodells war. Weiterhin konnten die bereits bestehenden Serviceprodukte als Beispiele für die Erstellung des Serviceproduktmodells genutzt werden. Zur Erstellung des Modells sollte nun ein Standard entwickelt werden mit dessen Hilfe zukünftig Serviceprodukte definiert, vollständig beschrieben und entwickelt werden können. Dieser Standard schließt dabei u. a. Beschreibungen eines Serviceproduktes hinsichtlich des angestrebten Ergebnisses, die zur Erreichung des Ergebnisses durchzuführenden Prozesse, die dabei benötigten Ressourcen, den im Rahmen der Serviceprodukterbringung angestrebten Informationsaustausch sowie die ergänzenden Konzepte zur Vermarktung des Serviceproduktes ein. Diese Bestandteile wurden in mehrere Unterpunkte gegliedert und in einem Formblatt festgehalten. Abbildung 4.10 zeigt einen Ausschnitt aus dem erarbeiteten Formblatt. Hierbei dokumentiert die Ergebnisbeschreibung bspw. bereits konkrete Ziele des Serviceproduktes aus Unternehmens- und Kundensicht oder gibt Angaben über Regularien und Kostenverteilungen an.

4.2.6 Skizzierung der Phasen des Serviceproduktentwicklungsprozesses

Basierend auf dem neuen Referenz-Sachproduktentwicklungsprozess und unter Berücksichtigung des Serviceproduktmodells erfolgte in einem mehrtägigen Workshop

	Prozess	Handlungsträger	Informationsweg	Information	Empfänger
ET-Bestellung bei Serviceabteilung	Anfrage ET-Bestellung	Kunde	telefonisch (selten auch Mail, Fax, Formulare)	ET-Bedarf (Menge, Art), Kundendaten, Maschinendaten	Mitarbeiter der Serviceabteilung
	Zuordnung ET-Bestellung nach Regionen	Mitarbeiter der Serviceabteilung			intern
	Zuordnung eines Ansprechpartners	Mitarbeiter der Serviceabteilung			intern
	Weiterleitung ET-Bestellung	Mitarbeiter der Serviceabteilung	telefonisch (selten auch Mail, Fax, Formulare)	ET-Bedarf (Menge, Art), Kundendaten, Maschinendaten	Ersatzteilvertrieb
weitreichendes technisches Problem mit Maschine bei Vertrieb	Aufnahme des Problems	Kunde	telefonisch, Fax, direktes Gespräch, eMail (informell)	Beschreibung der Beanstandung, Maschinendaten, etc.	Mitarbeiter des Vertriebs
	Zuordnung zu Servicepartner	Mitarbeiter des Vertriebs			intern
	Genauere Definition des Problems	Mitarbeiter des Vertriebs in Zusammenarbeit mit Kunde	telefonisch, direktes Gespräch > evtl. Gesprächsnotiz (informell)	Details zu o.g. Punkten	Mitarbeiter des Vertriebs
	Telefonberatung	Mitarbeiter des Vertriebs	telefonisch	Handlungsanweisungen bzw. -vorschläge, Hinweise auf zuständigen Händler	Kunde
	Weiterleitung an Servicepartner	Mitarbeiter des Vertriebs	telefonisch, Fax, eMail direktes Gespräch mit dem Servicepartner (Übergabe bisher erstellter Dokumentationen bzw. Notizen)	Beschreibung der Beanstandung, Maschinendaten, Kundendaten, etc.	Händler

Abb. 4.9 Auszug aus der Matrix Informationsbedarfe

Serviceproduktentwicklung
Ergebnisbeschreibung

Serviceprodukt	Wintercheck
Artikelnummer	XXX.XXXXX

Datum	21.05.07
Ersteller	J. Willenborg / M. Pier

Ziele - Grimme	Ziele - Kunden
Steigerung der Kundenzufriedenheit.	Sichern der Maschinenverfügbarkeit.
Reduzierung von Kulanzleistungen.	Verbesserung der Erntequalität.
	Senkung der LCC.

Bestandteile
Durchsicht der Maschine in folgenden Punkten: siehe Maschinencheck.pdf.
Rabatte auf benötigte Ersatzteile.

Regularien
Kann nur von Grimme-Händler, Eurodealer oder Werksmonteuren durchgeführt werden.

Kostenverteilung
Pauschale wird vom Kunden bezahlt, die dann bei einem Ersatzteilauftrag verrechnet wird
Zeitlich befristet durch Frühbestellaufträge
und lohnend für den Endkunden durch geringe Ausfallzeiten während der Nutzung

Abb. 4.10 Ausschnitt Formblatt zur Serviceproduktmodellierung (Ergebnisbeschreibung)

die Modellierung einer systematischen Vorgehensweise zur Entwicklung eines Serviceproduktes. Hierzu wurden die im Unternehmen existierenden (bisher unsystematischen) Prozesse analysiert und abgebildet. Anschließend wurde unter Einbindung verschiedener in die Serviceproduktentwicklung involvierter Abteilungen ein im Unternehmen denkbarer Serviceproduktentwicklungsprozess prototypisch modelliert und entsprechend dem für die Sachproduktentwicklung definierten

Checkliste Serviceproduktentwicklung

Projektnummer:		Datum:
Projekttitel:		Projektstart:
Projektleiter:		Projektende:
Projektbeschreibung:		

SePE-Phasen	Verantwortung	Vertrieb	Service Innendienst	Service Außendienst	Marketing	Geschäftsführung	Technik	Controlling	Dokumentation	Einkauf	Personal	Materialwirtschaft	Start	Ende	Status	Bemerkung	Dokumentation
1. Projektanstoss																	
1.1 Kundenanforderungen ermitteln		x	x	x	x												
1.2 Herstellerforderungen ermitteln		x	x				x										
1.3 Bedarfsanalyse		x	x				x										
Meilenstein I: Freigabe Serviceproduktentwicklungsprojekt		x	x			x	x										
2. Grobplanung																	
2.1 Zieldefinition		x	x		x		x	x	x								
2.2 Ideenfindung / Ideensammlung		x	x				x	x		x							
2.3 Ideenauswahl		x	x				x	x									
2.4 Festlegung der Bestandteile		x	x														
2.5 Festlegung der Regularien		x	x					x									
2.6 Festlegung der Kostenverteilung		x	x					x									
Meilenstein II: Freigabe Lösungsmöglichkeit		x	x			x	x										
3. Feinplanung																	
3.1 Informationsziele		x	x		x		x	x		x							
3.2 Festlegung des Informationsflusses		x	x				x										
3.3 Ablauf / Prozess planen		x	x				x										
3.4 Festlegung des Ressourcenbedarfs		x	x														
3.5 Verfügbarkeit der Ressourcen für Erprobung überprüfen		x							x	x	x	x					
Meilenstein III: Freigabe für Piloteinsatz und ggf. Ressourcenaufbau		x	x			x											

Abb. 4.11 Auszug aus der Checkliste für die Serviceproduktentwicklung

Standard sowie in Form einer Checkliste abgebildet. Für den Serviceproduktentwicklungsprozess wurden die folgenden Hauptphasen definiert:

- Projektanstoß – Meilenstein I: Freigabe Serviceproduktentwicklungsprojekt,
- Grobplanung – Meilenstein II: Freigabe Lösungsmöglichkeit,
- Feinplanung – Meilenstein III: Freigabe für Piloteinsatz und ggf. Ressourcenaufbau,
- Piloteinsatz – Meilenstein IV: Freigabe zur Umsetzung,
- Markteinführung,
- Serieneinsatz.

Den Abschluss einer Hauptphase, die mehrere Prozessschritte beinhaltet, kennzeichnen auch hier Meilensteine, an denen über die Freigabe der nächsten Hauptphase entschieden wird. Analog zur Sachproduktentwicklung, wurde weiterhin die Verteilung von Aufgaben und Verantwortungen in den einzelnen Prozessschritten beschrieben. Abbildung 4.11 zeigt einen Auszug aus dem Serviceproduktentwicklungsprozess von Grimme. Auf der linken Seite sind dabei die einzelnen Phasen des Entwicklungsprozesses aufgelistet.

Für Grimme bot die Dokumentation des Entwicklungsprozesses in Form einer Checkliste folgende Vorteile:

- Dokumentation von Zuständigkeiten und eventuellen Zuarbeiten,
- Förderung einer phasenorientierte Vorgehensweise,
- Eindeutige Abgrenzung von Arbeitsinhalten,
- Zuweisung von Verantwortlichen zu den einzelnen Vorgehensschritten,
- Bessere Identifikation der an der Durchführung beteiligten Organisationseinheiten,
- Festlegen von Start- und Endterminen,
- Darstellung des Projektstatus.

4.2.7 Zusammenfassung

Die Systematisierung der Serviceproduktentwicklung ermöglicht dem Unternehmen eine gezielte, bedarfsgerechte Entwicklung produktbegleitender Dienstleistungen. Festzuhalten ist, dass im Entwicklungsprozess selbst nicht immer alle Phasen der Serviceproduktentwicklung durchlaufen werden müssen. Zudem besitzt die Serviceproduktentwicklung einen starken Projektcharakter und ist insbesondere auf den internen Informationsaustausch angewiesen.

Als Erfolgsfaktoren für Serviceproduktentwicklungsprojekte haben sich interdisziplinäre Projektteams, spezifizierte und verteilte Verantwortlichkeiten, Nutzung von Synergien mit bestehenden Sachproduktentwicklungsprozessen sowie eine gute Dokumentation herausgestellt. Besonders in der Analysephase konnten neben der reinen Informationssammlung für die Entwicklung des Serviceproduktentwicklungsprozesses nützliche Informationen zur allgemeinen Optimierung von Serviceprozessen gewonnen werden. Außerdem hat sich gezeigt, dass Grimme bereits eine Vielzahl an

Serviceprodukten anbietet, dies in der Vergangenheit jedoch noch nicht aktiv hervorgehoben hat. Hier konnte mit einfachen Marketingmaßnahmen bereits eine gesteigerte Wahrnehmung des Grimme Service seitens der Kunden realisiert werden.

4.3 Integration der Sach- und Serviceproduktentwicklung bei der Wirtgen GmbH

4.3.1 Das Unternehmen

Die Wirtgen GmbH ist ein mittelständisches Unternehmen, das Maschinen für den Straßenbau sowie für den Abbau von Lagerstättenmineralien im Tagebau entwickelt, auftragsorientiert fertigt und weltweit vertreibt. Am Stammsitz in Windhagen/ Rheinland-Pfalz (Abb. 4.12) werden mit derzeit ca. 1.200 Mitarbeitern Maschinen für den Straßenbau entwickelt, produziert und vertrieben. Im Bereich der Kaltfräsen ist Wirtgen unangefochtener Weltmarktführer und erreicht dabei eine Exportquote von über 80 %. In den verschiedenen Sparten (Kaltfräsen, Recycler, Gleitschalungsfertiger und Surface Miner) erwirtschaftete das Unternehmen in 2008 einen Umsatz von über 445 Mio. €, davon über 70 Mio. € im Service (z. B. Wartung, Ersatzteilverkauf, Bedienerschulungen).

Neben der Wirtgen GmbH bilden die deutschen Unternehmen Vögele, Hamm und Kleemann den Kern der Wirtgen Group mit weiteren produzierenden Werken in China (Wirtgen China), Brasilien (Ciber) und den USA (Vögele America).

4.3.2 Aufgabenstellung und Zielsetzung im Unternehmen

Um die eigene Wettbewerbsposition weiter auszubauen, verfolgt Wirtgen die Strategie, seinen Kunden maßgeschneiderte, nutzenorientierte Lösungen anzubieten. Service und Kundenbetreuung nehmen dabei Schlüsselstellungen für den Ausbau der internationalen Markt- und Technologieführerschaft ein. Die 55 weltweit verteilten eigenen Niederlassungen sind für die Erbringung der vielfältigen Serviceprodukte verantwortlich. Sie gewinnen darüber hinaus systematisch Feldinformationen, um

Abb. 4.12 Stammwerk in Windhagen, Kaltfräse, Fertigung einer Fräswalze

4 Entwicklung investiver Produkt-Service Systeme 55

somit auf die aus den weltweit stark unterschiedlichen Einsatzbedingungen resultierenden Kundenanforderungen stets zeitnah mit entsprechenden kundenindividuellen und -übergreifenden Lösungen reagieren zu können.

Aufbauend auf der Erkenntnis, dass dem Serviceproduktgeschäft im globalen Wettbewerb zukünftig noch größere Bedeutung zukommt, wurde im Rahmen des Forschungsverbundprojektes GRiPSS – als Grundlage für die spätere Integration der Prozesse in der Sach- und Serviceproduktentwicklung – die Gestaltung und organisatorische Verankerung eines Prozesses zur systematischen Serviceproduktentwicklung initiiert. Dessen Anwendbarkeit und Kompatibilität mit langjährig erprobten Prozessen und Methoden der Sachproduktentwicklung wurde bei der Entwicklung einer neuen Kleinfräse sowie zugehöriger Serviceprodukte demonstriert.

Zu Beginn des Projektes wurden folgende Anforderungen an den neu zu gestaltenden Serviceproduktentwicklungsprozess sowie die geplante Integration von Sach- und Serviceproduktentwicklungsprozess identifiziert:

- Der Service muss als Instrument der Kundenbindung durch Erhaltung und Erweiterung des durch die Maschinen generierten Grundnutzens weiterentwickelt und zur gezielten Gewinnung von Feldinformationen genutzt werden.
- Mit der Serienfreigabe neuer Maschinen müssen zukünftig sämtliche zur Generierung eines individuellen Kundennutzens erforderlichen Serviceprodukte verfügbar sein.
- Zur Vereinheitlichung der Beschreibung von Serviceproduktergebnissen sowie der zu Grunde liegenden Prozesse und Ressourcen muss für alle im Unternehmensnetzwerk agierenden Organisationseinheiten ein einheitliches Serviceproduktmodell bereitgestellt werden. Es muss gleichzeitig die zu gewinnenden Informationen und die entsprechenden Informationsgewinnungsprozesse abbilden.
- Die im Bereich der Konstruktion bestehenden aufbau- und ablauforganisatorischen Standards müssen zur Gestaltung eines Serviceproduktentwicklungsprozesses sowie im Hinblick auf die angestrebte systematische Integration von Sach- und Serviceproduktentwicklung angepasst und weiterentwickelt werden.
- Sach- und Serviceproduktentwicklungsprozesse müssen in einer standardisierten Form beschrieben und die resultierende Prozessdokumentation unternehmensweit verfügbar gemacht werden. Die Prozessdokumentation muss zu einem späteren Zeitpunkt um Produktions- und Serviceproduktberbringungsprozesse erweitert werden können.

4.3.3 Organisationsgestaltung

Ziel des ersten Schrittes war es, die ablauf- und aufbauorganisatorischen Voraussetzungen für die Gestaltung und Realisierung investiver Produkt-Service Systeme im Bereich Baumaschinen zu schaffen. Die Reorganisation der Ablauforganisation umfasste insbesondere die folgenden beiden Punkte:

- Die Systematisierung und Standardisierung der Serviceproduktentwicklung sowie
- Die Integration des vorhandenen Sach- und des neu entwickelten Serviceproduktentwicklungsprozesses.

4.3.3.1 Analysephase

In einem ersten Schritt wurden vorhandene Prozesse und Methoden in der Sachproduktentwicklung, das bestehende Serviceproduktangebot sowie die kundengerichteten Informationsgewinnungsprozesse untersucht und deren charakteristische Eigenschaften ermittelt (Abb. 4.13). Die im Rahmen der Analyse der Sachproduktentwicklung erfassten Teilprozesse und Aktivitäten sollten im weiteren Projektverlauf als Grundlage für die Systematisierung der Serviceproduktentwicklung sowie zur Identifikation möglicher Standards zur Beschreibung der angebotenen Serviceprodukte genutzt werden.

Bei der Analyse bestehender Prozesse und Methoden in der Sachproduktentwicklung wurden zunächst die vorhandenen Dokumente gesichtet. Hierbei handelte es sich z. B. um Lastenhefte, Struktur- und Ablaufpläne sowie technische Zeichnungen aus abgeschlossenen Entwicklungsprojekten. Von besonderer Bedeutung war die vorhandene Entwicklungscheckliste, welche die bei der Sachproduktentwicklung durchzuführenden Aufgaben sowie die jeweils eingebundenen Handlungsträger darstellt. Sie bildete die Grundlage zur Erstellung entsprechender

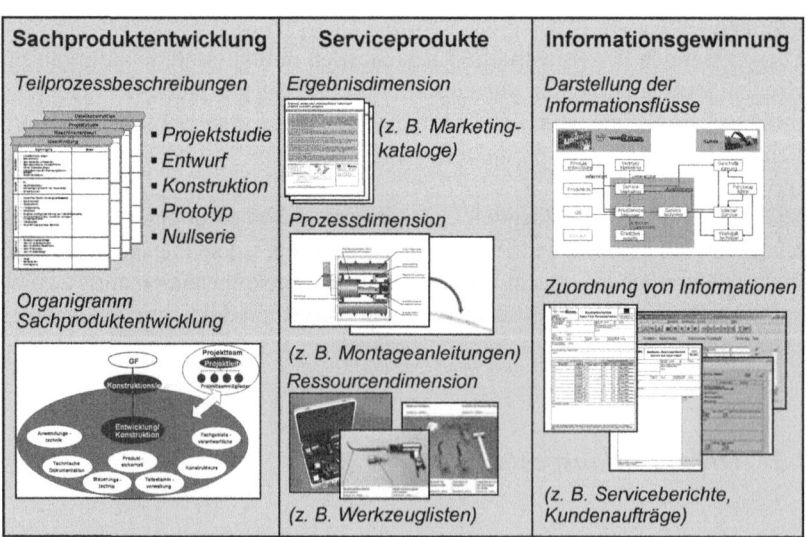

Abb. 4.13 Vorgehen in der Analysephase und Ergebnisse

4 Entwicklung investiver Produkt-Service Systeme

Teilprozessbeschreibungen, welche zusammengehörige Aktivitäten sowie deren jeweilige Ein- und Ausgangsgrößen innerhalb der Entwicklungsphasen Projektstudie, Entwurf, Konstruktion, Prototyp und Nullserie abbilden.

Zur Analyse der Merkmale der bestehenden Serviceprodukte wurden jeweils repräsentative Beispiele wie der Winterservice untersucht. Beim Winterservice handelt es sich um einen speziellen Wartungsservice, der in Mittel- und Nordeuropa während der witterungsbedingten Stillstandszeiten der Maschinen angeboten wird. Die Darstellung der Ergebnisdimension des Serviceproduktes erfolgt mit Hilfe der Beschreibung des Leistungsumfangs im jährlich erstellten Marketingkatalog. Prozess- und Ressourcendimension wurden mittels Flussdiagrammen und grafisch aufbereiteten Montageanleitungen abgebildet und in einem EDV-gestützten Informationssystem zusammengefasst.

Im letzen Schritt wurden die bestehenden Prozesse zur Gewinnung und Verarbeitung von Feldinformationen bei der Serviceproduktererbringung aufgenommen und untersucht. Zunächst erfolgte die Aufnahme der an der Erbringung der angebotenen Serviceprodukte beteiligten unternehmensinternen und -externen Handlungsträger sowie der zwischen ihnen bestehenden Informationsflüsse. Den identifizierten Informationsflüssen wurden in einem weiteren Schritt herstellerseitig erstellte Dokumente, wie z. B. elektronische Auftragsformulare oder Serviceberichte, zugeordnet. Abschließend erfolgte eine systematische Beschreibung der entsprechenden Informationsgewinnungsprozesse.

4.3.3.2 Entwicklung des unternehmensspezifischen Serviceproduktmodells

Aufbauend auf der Analyse wurde ein unternehmensweit einheitliches Serviceproduktmodell definiert. Es legt die zur vollständigen Beschreibung der Ergebnis-, Prozess- und Ressourcendimension der angebotenen Serviceprodukte notwendigen Inhalte sowie die Form ihrer Dokumentation verbindlich fest. Hinsichtlich des Unternehmensziels – der systematischen Gewinnung von Feldinformationen zur kontinuierlichen Verbesserung von Sach- und Serviceprodukten – beinhaltet das Serviceproduktmodell außerdem ein Teilmodell, das die im Rahmen der Serviceproduktererbringung aufzunehmenden Feldinformationen beschreibt (Abb. 4.14).

- Die Beschreibung der Ergebnisdimension erfolgte für sämtliche Serviceprodukte nach dem Vorbild des Winterservice. Es wurden für jedes Serviceprodukt tabellarische Kurzbeschreibungen (sog. Steckbriefe) definiert.
- Zur Sicherstellung der Informationsgewinnung wurden – nach dem Vorbild des im Rahmen des Winterservices eingesetzten Serviceberichts – für jedes Serviceprodukt einheitliche Serviceberichte erstellt, welche im Rahmen der Serviceerbringung von den Servicetechnikern vor Ort auszufüllen sind. Ihre Anwendung wird durch aussagekräftige Beispiele illustriert. Im Rahmen der individuellen Konfiguration der Serviceprodukte können die Serviceberichte bei der Auftragsannahme kundenspezifisch angepasst werden. Die Serviceberichte beinhalten

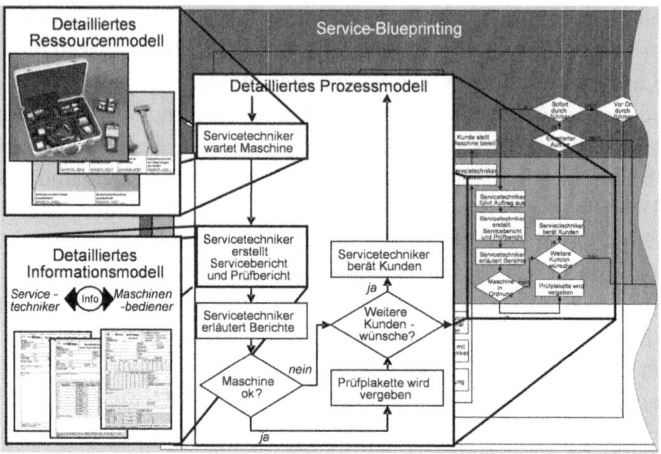

Abb. 4.14 Serviceproduktmodell

neben einer Beschreibung der durchzuführenden Aktivitäten (Prozessdimension) sowie der dafür benötigten Mittel (Ressourcendimension) auch eine konkrete Beschreibung der im Rahmen der Serviceprodukterbringung aufzunehmenden Information.
- Die weitere Detaillierung der Prozessdimension erfolgte auf Basis der Methode des Service-Blueprinting. Sie unterstützt durch die Differenzierung von Aktivitäten mit bzw. ohne Kundeneinbindung gleichzeitig die Abbildung der Informationsgewinnungsprozesse. Der Zusammenhang zwischen Serviceprodukterbringungs- und Informationsgewinnungsprozessen ist damit auf einen Blick ersichtlich.

4.3.3.3 Gestaltung des Serviceproduktentwicklungsprozesses

Im Anschluss an die Entwicklung des Serviceproduktmodells erfolgte die Gestaltung des Serviceproduktentwicklungsprozesses. Grundlage bildeten die zuvor erstellten (Teil-)Prozessbeschreibungen aus der Sachproduktentwicklung. Sie wurden dahingehend geprüft, ob sie ebenfalls zur Beschreibung des oben beschriebenen Serviceproduktmodells herangezogen werden können bzw. inwieweit sie zu modifizieren sind. Aus der Aggregation der durch diese Analogienbildung entstandenen Prozessschritte der Serviceproduktentwicklung ergab sich schließlich der geforderte Serviceproduktentwicklungsprozess. Um eine größtmögliche Kompatibilität beider Entwicklungsprozesse zu gewährleisten, wurde die bestehende Phaseneinteilung der Sachproduktentwicklung für die Serviceproduktentwicklung beibehalten. Der Serviceproduktentwicklungsprozess umfasst damit folgende Phasen:

4 Entwicklung investiver Produkt-Service Systeme

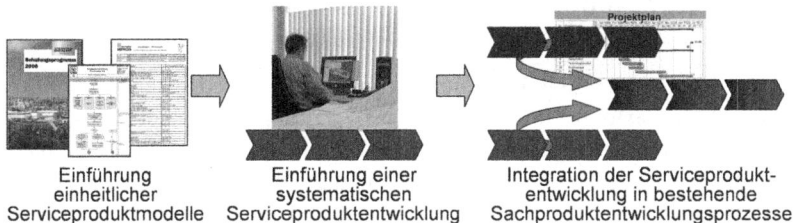

Abb. 4.15 Integration von Sach- und Serviceproduktentwicklung

- Die Projektstudie mit den Teilprozessen Zieldefinition, Ideenfindung und Machbarkeitsanalyse,
- Eine Konzeptionsphase, in der erste Ergebnis-, Informations-, Prozess- und Ressourcenmodelle entwickelt werden,
- Eine Modellierungsphase, in der die bisher nur skizzierten Modelle vollständig ausgearbeitet werden, sowie
- Eine Umsetzungsphase, die das Ziel verfolgt, das Serviceprodukt unter Feldbedingungen zu testen, zu verbessern und die Ressourcen für die Serienerbringung bereitzustellen.

Zur operativen Umsetzung der systematischen Serviceproduktentwicklung wurde eine Checkliste nach dem Vorbild der Sachproduktentwicklung erstellt und in Form einer Werksnorm standardisiert. Sie bildete das Vorgehen zur Entwicklung von Serviceprodukten hinsichtlich der einzelnen Phasen, Teilprozesse und Aktivitäten ab und benennt die wesentlichen Zwischenergebnisse im Serviceproduktentwicklungsprozess. Sie wird heute insbesondere zur Entwicklung von Serviceprodukten eingesetzt, welche für mehrere Sachprodukte von Bedeutung sind. Mit der Systematisierung des Serviceproduktentwicklungsprozesses wurde gleichzeitig eine wichtige Grundlage für die Integration von Sach- und Serviceproduktentwicklung gelegt (Abb. 4.15).

4.3.3.4 Gestaltung der Aufbauorganisation

Über eine Neugestaltung der Prozesse hinausgehend, musste zum Abschluss der Organisationsgestaltung die Aufbauorganisation an die modifizierte Vorgehensweise (Ablauforganisation) sowie an das veränderte Leistungsangebot angepasst werden. Dabei bestand ein wesentliches Ziel auch darin, das Verständnis für die erforderliche kundenindividuelle Betreuung von Produkt-Service Systemen im Unternehmen weiter zu erhöhen. Die gezielte Schulung und Weiterbildung der einzelnen Beteiligten ermöglichte die Einführung des Konzeptes und förderte dessen umfassende Anwendung im täglichen Geschäft maßgeblich.

4.3.4 PSS-Planung

Die erstmalige Anwendung des neuen Prozesses zur systematischen Serviceproduktentwicklung erfolgte im Rahmen der Gestaltung eines neuen Produkt-Service Systems, welcher im Kern (Sachprodukt) eine neue Kleinfräse beinhaltete. Grundlage der vorgelagert initiierten Planungsphase bildete die Ermittlung hersteller- und kundenseitiger Anforderungen an die Kleinfräse (Sachproduktfunktionen) sowie der Anforderungen an die, über ihren Lebenszyklus hinweg angebotenen, Serviceprodukte. Hierbei wurden, ausgehend von den wesentlichen Ereignissen im Lebenszyklus der Kleinfräse (Beschaffung, Gebrauch und End-of-Life), Ideen für unterstützende Serviceprodukte generiert. Dabei wurden unmittelbar sachproduktorientierte (technische), bedienerorientierte (qualifizierende), prozessorientierte sowie begleitende logistische, finanzielle oder informierende Serviceprodukten unterschieden.

Aus Sicht von Wirtgen war es bei der PSS-Planung besonders wichtig, die Serviceproduktideen so frühzeitig und konkret wie möglich zu formulieren, damit diese durch die Konstruktion unmittelbar berücksichtigt werden konnten. Die Ideen wurden durch verschiedene Unterlagen dokumentiert (Abb. 4.16).

Die Dokumentation der Planungsergebnisse erfolgte mittels einer sog. Entwicklungskarte. Sie beinhaltet die Beschreibung der sach- und serviceproduktspezifischen Ziele des folgenden PSS-Entwicklungsprojektes und bildet die Grundlage für die nachfolgende PSS-Entwicklungsphase.

4.3.5 PSS-Entwicklung

Im Rahmen der PSS-Entwicklung erfolgte nun die Verknüpfung des neuen Serviceproduktentwicklungsprozesses mit dem langjährig erprobten Sachproduktentwicklungsprozess. Zunächst wurde die Projektgrobplanung, d. h. die Erstellung eines Projektstrukturplanes mit einzelnen Phasen und konkreten Arbeitspaketen gemäß der auf der Entwicklungskarte definierten Sach- und Serviceprodukte, durchgeführt (Abb. 4.17). Grundlage bildeten die Checklisten zur Sach- und Serviceproduktentwicklung.

Bereits zu diesem Zeitpunkt konnten in den unterschiedlichen Phasen des Entwicklungsprojekts die nachfolgend aufgeführten Schnittstellen zwischen der Sach- und der Serviceproduktentwicklung identifiziert werden.

- Projektstudie
    - Treffen zwischen Entwicklung und Service zur Ermittlung von Anforderungen sowie
    - Gemeinsame Festlegung der Hauptentwicklungsziele
- Entwurf und Konstruktion
    - Regelmäßige, direkte Kontakte zwischen Entwicklung und Service (informeller Informationsfluss) sowie
    - Formeller Informationsfluss (z. B. Austausch von Protokollen)

4 Entwicklung investiver Produkt-Service Systeme

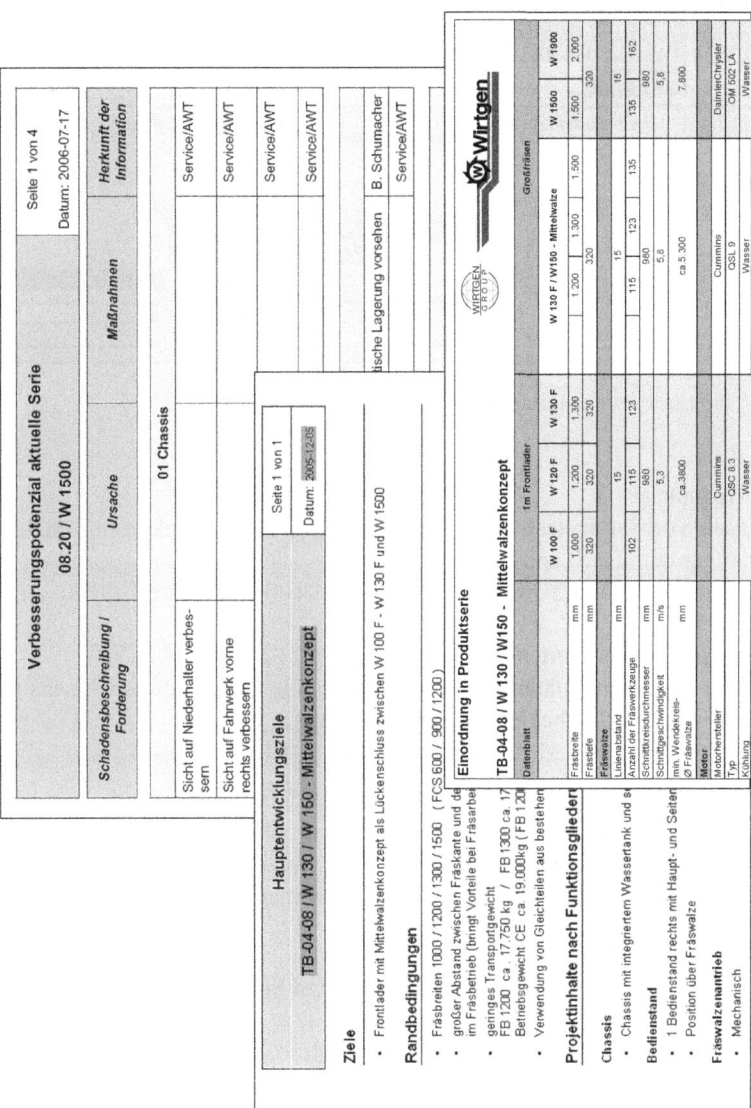

Abb. 4.16 Beispiele für Arbeitsunterlagen aus der integrierten PSS-Planung

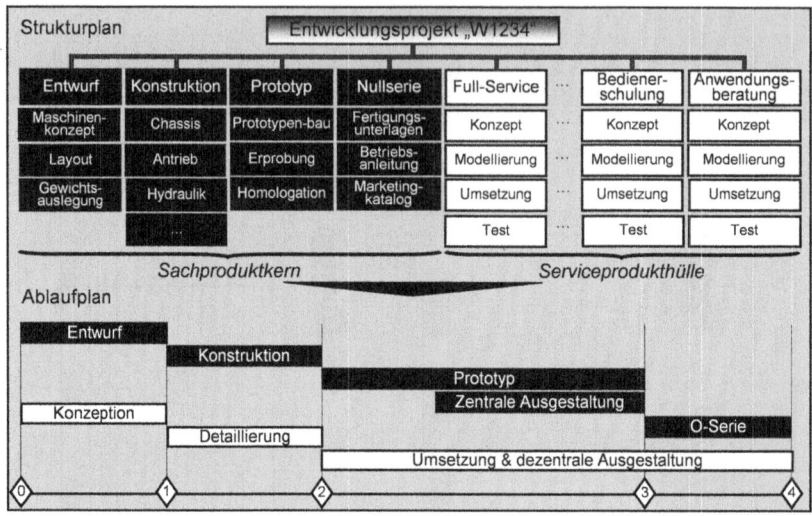

Abb. 4.17 Projektstruktur und -ablaufplan

- Prototypenphase
  - Einsatz von Servicetechnikern bei der Felderprobung (direkter Informationsfluss aus dem Feld) und
  - Projektreview, d. h. Überprüfung der Servicefreundlichkeit direkt an der Maschine
- Nullserienphase und Serienbetrieb
  - Erstellung der vollständigen Dokumentation gemäß der unternehmensinternen Norm „Produktbegleitende Dokumentation" und
  - Reporting-Prozess „Mängelbericht Service"

Die sachproduktspezifischen Arbeitspakete wurden anschließend Projektmitarbeitern aus der Fachabteilung Konstruktion und die serviceproduktorientierten Arbeitspakete Mitarbeitern aus der Fachabteilung Service zugeordnet. Die zeitliche Abfolge der Arbeitspakete wurde in einem Projektablaufplan dokumentiert.

4.3.5.1 Vorgehen zur Integration von Sach- und Serviceproduktentwicklung

Die im Projektablaufplan grob beschriebenen Teilprozesse der Sach- und Serviceproduktentwicklung wurden detailliert und miteinander vernetzt. Zunächst erfolgte hierbei eine Beschreibung der im Projektablaufplan bzw. in den zugehörigen Teilprozessen genannten Aufgaben zur Entwicklung der Sach- und Serviceproduktkomponenten mit Hilfe der jeweiligen Checklisten. Die Teilprozesse wurden im nächsten Arbeitsschritt miteinander vernetzt. Hierfür wurde für jedes der in der Phase der PSS-Planung definierten Serviceprodukte (Full Service, Wartungsvertrag, Beratungsservice etc.) eine Vernetzungsanalyse mit Hilfe einer modifizierten

4 Entwicklung investiver Produkt-Service Systeme 63

PSS-Design Structure Matrix durchgeführt. Darauf aufbauend erfolgte die Gestaltung der identifizierten Schnittstellen, d. h. es wurden Maßnahmen zu ihrer Überbrückung festgelegt. Abbildung 4.18 zeigt am Beispiel des Serviceproduktes Full Service einen Ausschnitt der durchgeführten Vernetzungsanalyse für die Projektphase Detaillierung, bestehend aus der Sachproduktkonstruktion und Serviceproduktmodellierung.

Wichtige Ergebnisse der Vernetzungsanalyse lassen sich beispielhaft wie folgt beschreiben. Die Nummerierung entspricht derjenigen in der Abbildung.

- Die Definition des endgültigen Leistungsumfangs des Full Service hängt von der Auslegung insbesondere der zuverlässigkeitskritischen Sachproduktkomponenten Antriebsaggregat, Hydraulik und Elektrik/Elektronik ab. Als Vernetzungsmaßnahme werden deshalb mehrere gemeinsame Abstimmungstreffen zu Beginn der Detailkonstruktion dieser Komponenten definiert. Ansonsten

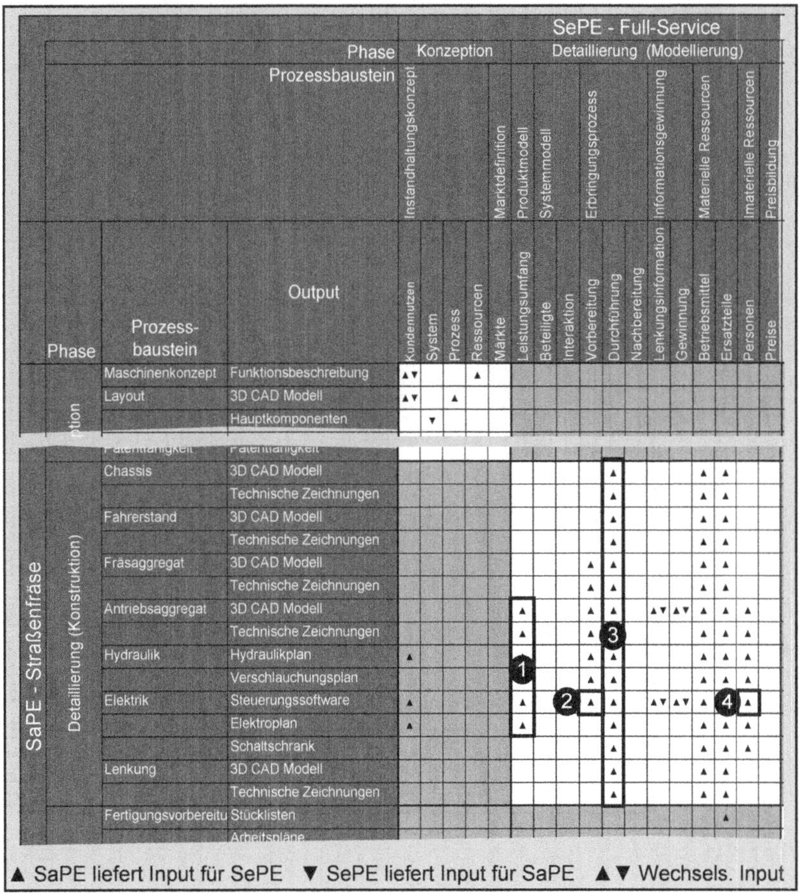

Abb. 4.18 Vernetzungsanalyse

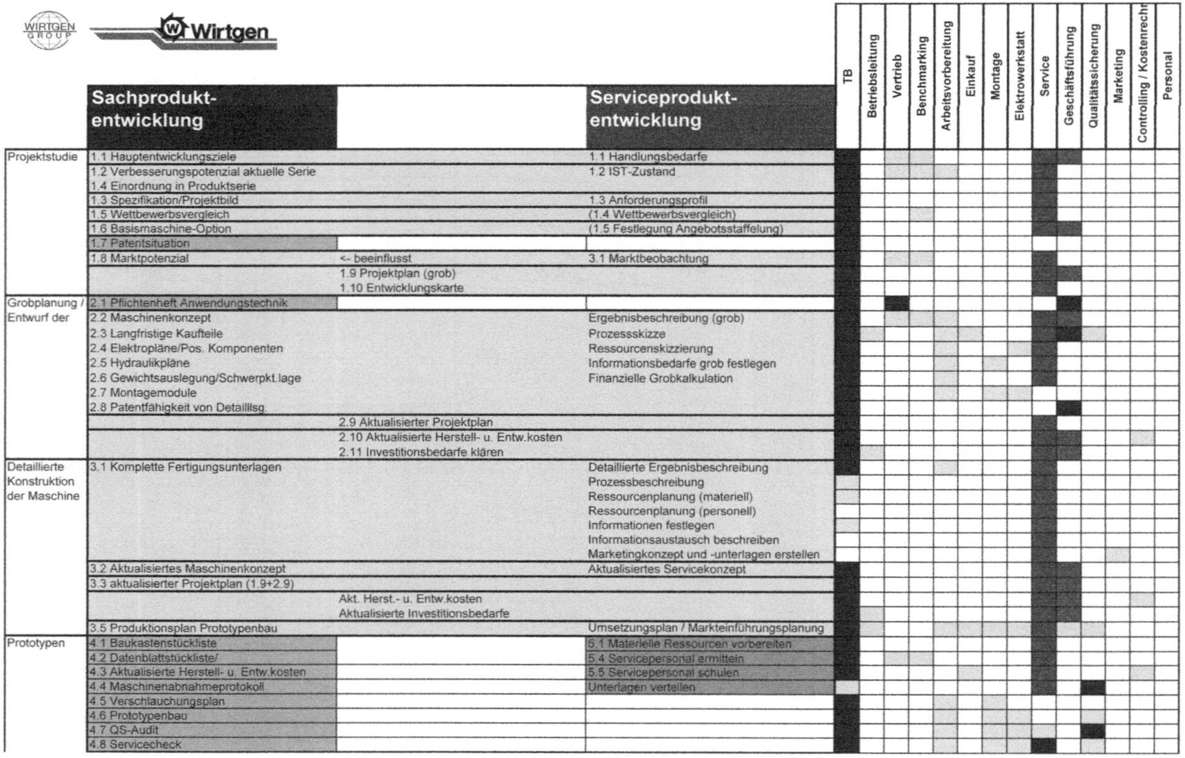

Abb. 4.19 Auszug der Checkliste zur integrierten PSS-Entwicklung

erfolgen die Entwicklung des Serviceergebnismodells und die Konstruktion der Sachproduktkomponenten parallel (1).
- Bei der Vorbereitung eines Wartungseinsatzes muss geklärt werden, ob ein Update der Maschinensteuerung erforderlich ist. Die Entwicklung eines Konzeptes zur Verwaltung von Softwareupdates erfolgt im Rahmen eines gemeinsamen Treffens. Anschließend wird ein entsprechender Prozesses durch den Service spezifiziert (2).
- Zur Gestaltung der Serviceprodukterbringungsprozesse werden 3D-Modelle und technische Zeichnungen der Sachproduktkomponenten benötigt. Diese werden zu definierten Terminen von der Konstruktion übergeben (3).
- Die Entwicklung einer neuen Maschinensteuerung erfordert eine Schulung der Servicetechniker. Die Konstruktion grenzt die resultierenden Kompetenzbedarfe ein. Darauf basierend wird ein entsprechendes Schulungskonzept erstellt (4).

Die im Rahmen der Vernetzungsanalyse gewonnenen Erkenntnisse wurden zur Aktualisierung des Projektablaufplans genutzt. Ziel war die Abbildung der sequenziell, parallel oder integriert abzuarbeitenden Teilprozesse. Die Projektkoordination erfolgte durch direkte Abstimmung der beteiligten Handlungsträger, d. h. auftretende Fragen wurden entweder unmittelbar mit den entsprechenden Kollegen oder dem Projektleiter geklärt.

Das beschriebene Vorgehen wurde iterativ für sämtliche Phasen des Entwicklungsprojektes wiederholt. Als Ergebnis wurden die zur Beschreibung der Sach- und Serviceproduktkomponenten benötigten Modelle generiert.

4.3.5.2 Erstellung einer Checkliste für die PSS-Entwicklung

Nach dem erfolgreichen Projektabschluss wurde ein Lessons-Learned Workshops mit den für die Bearbeitung verantwortlichen Mitarbeitern durchgeführt. Als Ergebnis wurde eine dritte Checkliste erstellt, die den Ablauf bei der integrierten PSS-Entwicklung systematisch definiert (Abb. 4.19). Sie dokumentiert zusätzlich zu sach- und serviceproduktspezifischen Entwicklungsschritten auch die Schnittstellen zwischen der Sach- und der Serviceproduktentwicklung sowie die am Entwicklungsprozess beteiligten Organisationseinheiten. Abhängig davon, ob ein Sachprodukt, ein Serviceprodukt oder ein PSS entwickelt werden soll, kann nun auf entsprechende Checklisten zurückgegriffen werden.

4.3.6 Zusammenfassung

Die Anwendung und Umsetzung der im Rahmen des Forschungsverbundprojektes GRiPSS entwickelten und im Rahmen dieses Beitrags skizzierten Ansätze brachte für Wirtgen folgende Vorteile:

- Die Serviceproduktentwicklung konnte durch die Übertragung bestehender Ansätze aus der Produktentwicklung und Produktion professionalisiert werden.
- Der Kundennutzen konnte durch ein optimal abgestimmtes Leistungsangebot, bestehend aus Sach- und Serviceprodukten, verbessert werden.
- Die Rückgewinnung von Feldinformationen zur Verbesserung des Sach- und Serviceproduktangebotes konnte systematisiert werden. Somit konnte die Zusammenarbeit zwischen dem Stammwerk und den Niederlassungen verbessert werden. Die Servicepartner haben durch die Gewinnung von Feldinformationen nun einen direkten Anteil an der Serviceproduktentwicklung.

Damit wird es Wirtgen auch weiterhin möglich sein, sich von den Wettbewerbern zu differenzieren, Kunden langfristig zu binden und letztlich die eigene Marktposition zu stärken und weiter auszubauen.

Literatur

Aurich J C, Schweitzer E, Siener M, Fuchs C, Jenne F, Kirsten U (2007) Life Cycle Management investiver PSS. wt Werkstattstechnik online 97/7-8:579–585

Brissaud D, Tichkiewitch S (2001) Product Models for Life-Cycle. Annals of the CIRP 50/1:105–108

Engelhardt W H, Kleinaltenkamp M, Reckenfelderbäumer M (1993) Leistungsbündel als Absatzobjekte. Schmalenbachs Zeitschrift für betriebswirtschaftliche Forschung 45/5:395–426

Eppinger, S D (1994) A Model Based Method for Organizing Tasks in Product Development. Research in Engineering Design 6/1:1–13

Fuchs C (2007) Life Cycle Management investiver Produkt-Service Systeme – Konzept zur lebenszyklusorientierten Gestaltung und Realisierung. Technische Universität Kaiserslautern, Kaiserslautern

Meffert H, Bruhn M (Hrsg.) (2000) Dienstleistungsmarketing – Grundlagen, Konzepte, Methoden, 3. Aufl. Gabler, Wiesbaden

Meyer A (1991) Dienstleistungs-Marketing. Die Betriebswirtschaft 51/2:195–209

Müller H (1996) Service-Marketing: Inhalte, Umsetzung, Erfolgsfaktoren. Springer Verlag, Berlin et al.

Muser V (1988) Der integrative Kundendienst – Grundlagen für ein marketingorientiertes Kundendienstmanagement. FGM, Augsburg

Kapitel 5
Konfiguration investiver Produkt-Service Systeme

Nico Wolf, Martin Siener, Michael H. Clement, Frank Jenne und Christian Fuchs

Das nachfolgende Kapitel beschäftigt sich mit der kundenindividuellen Konfiguration von Produkt-Service System (PSS), d.h. mit der auf die Kunden zugeschnittenen Zusammenstellung von Sach- und Serviceprodukten. In Abschn. 5.1 wird eine Vorgehensweise zur lebenszyklusorientierten PSS- Konfiguration beschrieben. Dies umfasst die Erläuterung der theoretischen Grundlagen sowie die Vorstellung der vier Phasen der PSS-Konfiguration – Technische Konfiguration (Sachproduktkonfiguration), Service Konfiguration (Serviceproduktkonfiguration), Sach- und Serviceproduktkombination sowie Bewertung der PSS-Varianten.

Die sich anschließenden Abschn. 5.2 und 5.3 zeigen die PSS-Konfiguration am Beispiel zweier Unternehmen der Baumaschinenbranche, die mit individuellen Konfigurationen ihren Kunden das PSS anbieten, welches die Aufgaben im Produktionsumfeld der Kunden über den gesamten Lebenszyklus möglichst kostengünstig erfüllt.

5.1 Lebenszyklusorientierte Konfiguration investiver Produkt-Service Systeme

5.1.1 Theoretische Grundlagen

Produkt-Service Systeme (PSS), auch als hybride Produkte (Spath u. Demuß 2003) oder hybride Leistungsbündel (Meier et al. 2005) bezeichnet, bestehen aus einem materiellen Sachprodukt, welcher über seine Nutzungsdauer durch verschiedene immaterielle Serviceprodukte ergänzt wird (Aurich et al. 2006; Mont 2002). Um die oftmals sehr divergierenden Kundenanforderungen zielgerichtet erfüllen zu können, stehen i.d.R. sowohl die materiellen Sachprodukte als auch die immateriellen

---

N. Wolf (✉)
Lehrstuhl für Fertigungstechnik und Betriebsorganisation, Technische Universität Kaiserslautern, Postfach 3049, 67653 Kaiserslautern, Deutschland
e-mail: wolf@cpk.uni-kl.de

Serviceprodukte in unterschiedlichen Varianten zur Verfügung. In Abhängigkeit der jeweiligen Kundenanforderungen können diese Varianten wiederum zu verschieden PSS-Varianten kombiniert werden. Um den individuellen Kundenanforderungen gerecht zu werden, ist es folglich notwendig, PSS systematisch zusammenzustellen. Um hierbei alle Kundenanforderungen zu berücksichtigen und die aus dem gegebenen Variantenreichtum resultierende Komplexität beherrschbar zu machen, bedarf es einer geeigneten Methodik. Diese wird, nach der Darstellung der theoretischen Grundlagen zur lebenszyklusorientierten Konfiguration investiver Produkt-Service Systeme, im Folgenden beschrieben.

5.1.1.1 Sachprodukt

Als Sachprodukt können alle gebrauchs- bzw. verkaufsfertigen Leistungen bezeichnet werden, die in Produktionsunternehmen als Ergebnisse von Produktionsprozessen entstehen (DIN 199 2002; Spur u. Krause 1997; DIN 6789 1990). Sachprodukte weisen als charakteristisches Merkmal die Fähigkeit auf, für einen Verwender einen Nutzen zu erzeugen und damit ein Bedürfnis zu befriedigen (Senti 1994; Koppelmann 1993; Steffenhagen 1991) und lassen sich auf verschiedenen Ebenen in verschiedene Einheiten untergliedern. Es kann dabei zwischen den Einheiten Komponente und Einzelteil unterschieden werden (Pahl et al. 2005; Schönsleben 2001; DIN 40041 1990).

Das Einzelteil ist die kleinste nicht weiter unterteilbare Einheit des Sachproduktes. Eine Komponente wiederum setzt sich aus mehreren Einzelteilen zusammen und bildet eine in sich abgeschlossene Einheit am Sachprodukt. Die Variantenbildung auf Sachproduktebene wird durch Varianten auf Komponentenebene realisiert. Durch die Auswahl verschiedener Varianten auf Komponentenebene werden auch auf der Sachproduktebene Varianten erzeugt. Dabei kann es vorkommen, dass bestimmte Varianten von einer Komponente mit bestimmten Varianten einer anderen Komponente nicht kombinierbar sind. Diese Zusammenhänge abzubilden ist eine Teilaufgabe der lebenszyklusorientierten PSS-Konfiguration.

5.1.1.2 Serviceprodukt

Serviceprodukte sind immaterielle Leistungen, die in Ergänzung eines Sachproduktes erbracht werden können (Muser 1988). Die Immaterialität der Serviceprodukte erfordert, dass bei der Erbringung eines Serviceproduktes stets ein Zielsystem (z. B. Sachprodukt, Sachproduktnutzer, Produktionsprozess) miteinbezogen wird, an dem die Leistung erbracht wird (Fuchs 2007).

Serviceprodukte lassen sich in Serviceproduktmodule unterteilen, die jeweils für sich genommen einzelne Leistungen darstellen. Serviceproduktmodule entsprechen in gewissem Sinne den Komponenten auf Sachproduktebene, d. h. sie sind die Bestandteile, aus denen sich ein Serviceprodukt zusammenstellen lässt. I. d. R. bietet der Serviceerbringer mehrere eigenständige Serviceproduktmodule an, die beliebig miteinander kombiniert werden können, da sich deren Anwendung nicht gegenseitig ausschließt.

Die Variantenbildung wird bei Serviceprodukten auf der Ebene der Serviceproduktmodule durch die Variation der Gestaltungdimensionen Ergebnis, Prozess und Potenzial erreicht. Zunächst ist zu definieren, wie viele und welche unterschiedliche Ergebnisse für ein Serviceproduktmodul zulässig sind. Ausgehend von einem Ergebnis kann dann festgelegt werden, welche unterschiedlichen Prozesse zu einem Ergebnis führen können. Abschließend bleibt die Variationsmöglichkeit auf der Potenzialdimension. Durch diese wird festgelegt, welche Ressourcen zur Realisierung der Prozesse seitens des Kunden und des Serviceanbieters bereitzustellen sind.

5.1.1.3 Lebenszyklus

Der Begriff Lebenszyklus wird im Zusammenhang mit technischen oder natürlichen Systemen verwendet und beschreibt deren Phasen des „Lebens" (Hayes u. Wheelwright 2003). Der prozessorientierte Lebenszyklusansatz konzentriert sich auf die Abfolge der im Rahmen der Gestaltung und Realisierung eines bestimmten Sachprodukts durchzuführenden Prozesse. Hierbei kann zwischen der Hersteller- und der Kundenperspektive unterschieden werden. Aus Herstellerperspektive umfasst der Sachproduktlebenszyklus die Phasen Gestaltung (Planung und Entwicklung), Realisierung (Produktion und Service) und End-of-Life (Brissaud u. Tichkiewitch 2001; Kölscheid 1999; Westkämper u. Osten-Sacken 1998; Züst u. Wagner 1992). Aus Kundenperspektive umfasst dieser dagegen die Phasen Beschaffung, Gebrauch und End-of-Life (Zehbold 1996). Das Leben eines Sachproduktes beginnt aus Herstellersicht in der Gestaltungsphase mit der Definition der Eigenschaften des Sachproduktes und seiner Varianten sowie der Definition der zugehörigen Realisierungsprozesse. In der Realisierungsphase wird das Sachprodukt erzeugt und geht nach der Erzeugung in den Besitz des Kunden über. Hier überschneidet sich die Phase Serviceerbringung auf Seiten des Herstellers mit den Produktlebenszyklusphasen aus Kundensicht. Erste Serviceleistungen des Herstellers können schon auf die Unterstützung der Entscheidung des Kunden abzielen. In der Gebrauchsphase des Kunden kommt das Sachprodukt im Wertschöpfungsprozess des Kunden zum Einsatz und soll dort die geforderten Aufgaben, z. B. die Realisierung bestimmter Produktionsprozesse, erfüllen bzw. zur Erreichung der geforderten Ziele beitragen. Da die Gebrauchsphase die vom Kunden als längste wahrgenommene Phase ist, wird in dieser Phase auch der überwiegende Teil der Serviceprodukte durch den Hersteller bzw. ein Servicenetzwerk realisiert. Nach Abschluss der Gebrauchsphase des Sachproduktes beim Kunden kann dieses in der End-of-Life Phase aus Herstellersicht wiederverwendet bzw. fachgerecht entsorgt werden.

Die Lebenszyklusphasen lassen sich weiter in einzelne Prozesse unterteilen, in denen das Sachprodukt eingesetzt oder die Serviceprodukte erbracht werden. Die Gebrauchsphase kann beispielsweise in die Prozesse Inbetriebnahme, Betrieb, Instandhaltung, Lagerung und Reinigung unterteilt werden. Die Ausprägung der Prozesse hängt von den Aufgaben ab, für die das PSS beim Kunden vorgesehen ist.

Bei der Gestaltung von PSS muss der Hersteller festlegen, welche Aufgaben des Kunden generell durch das PSS bewältigt werden sollen. Für jede dieser resultierenden Aufgaben, auch als Einsatzarten bezeichnet, sind die Anforderungen an das PSS zu ermitteln und dieses so zu gestalten, dass es prinzipiell für alle definierten Einsatzarten eingesetzt werden kann. Die Anforderungen an das PSS ergeben sich aus den Einsatzarten für die das PSS bestimmt ist. Die Anforderungen des Kunden betreffen dabei grundlegend die Effektivität des PSS in den wertschöpfenden Prozessen sowie die über alle Prozesse des Lebenszyklus im Zusammenhang mit dem PSS auftretenden Kosten, die sog. Lebenszykluskosten.

Die Effektivität der Sachproduktnutzung bzw. die Lebenszykluskosten werden durch bestimmte Eigenschaften der an den Prozessen beteiligten Objekte sowie der Abläufe in den einsatzartenspezifischen Anwendungen des Sachproduktes bzw. bei der Erbringung des Serviceproduktes beeinflusst. Diese Eigenschaften werden als sog. Lebenszyklusmerkmale bezeichnet. Lebenszyklusmerkmale haben dabei einen Einfluss auf die Effektivität und/oder die Lebenszykluskosten.

Da hinsichtlich der Lebenszyklusmerkmale unterschiedliche Ausprägungen bei verschiedenen Kunden auftreten können, sind in der Gestaltungsphase des PSS die durch das PSS abzudeckenden Ausprägungsspielräume dieser Lebenszyklusmerkmale zu bestimmen.

5.1.1.4 Konfiguration

Der Begriff Konfiguration ist häufig im Zusammenhang mit der reinen Sachproduktkonfiguration anzutreffen. Dabei wird die Sachproduktkonfiguration als Prozess definiert, der die Zusammenstellung eines Sachproduktes aus vorgegebenen Komponenten (sog. Selektion und Kombination) und die Auswahl der Ausprägungen der Komponenteneigenschaften (sog. Parametrisierung) unter Einhaltung der Konfigurationsregeln ermöglicht (Scheer 2006). Übertragen auf die Konfiguration von PSS bedeutet dies, dass in Zusammenarbeit mit dem Kunden und unter Berücksichtigung entsprechender Konfigurationsregeln Sach- und Serviceprodukte zu einem kundenindividuellen PSS zusammengestellt werden.

5.1.2   Lebenszyklusorientierte Konfiguration von PSS

Die lebenszyklusorientierte Konfiguration ermöglicht – unter Angabe der gewünschten Einsatzarten und der kundenindividuellen Ausprägungen der Lebenszyklusmerkmale – dem Kunden das PSS anzubieten, welches die resultierenden Anforderungen über den gesamten Lebenszyklus des Kunden möglichst kostengünstig erfüllt. Zur Realisierung des lebenszyklusorientierten PSS-Konfigurators werden verschiedene Elemente benötigt (Abb. 5.1). Das erste Element des PSS-Konfigurators ist die technische Konfiguration. In diesem Element werden aus den vom Hersteller angebotenen Sachproduktvarianten diejenigen Varianten ausgewählt, die zur effektiven Bewältigung der Aufgabe beim Kunden geeignet sind. Im zweiten

5 Konfiguration investiver Produkt-Service Systeme

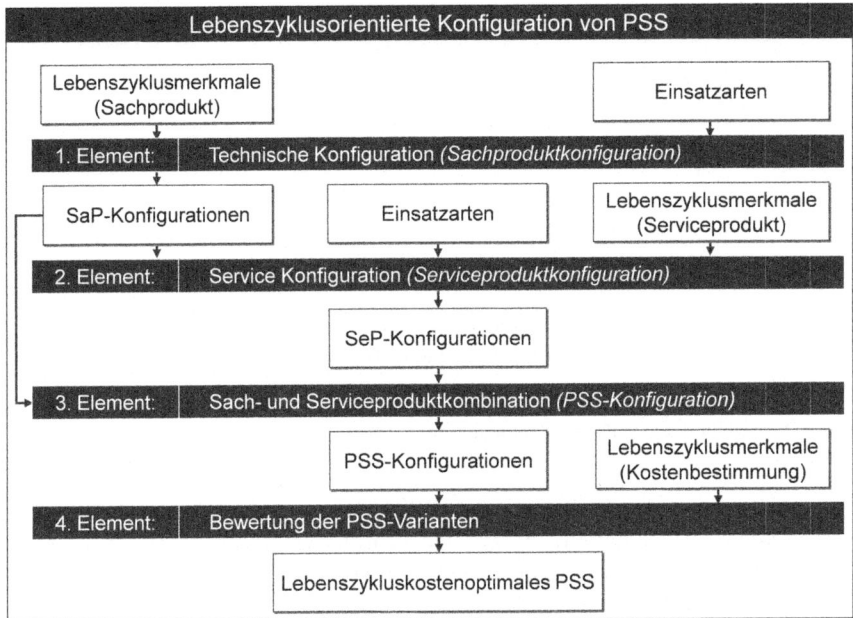

Abb. 5.1 Struktur der lebenszyklusorientierten PSS-Konfiguration

Element werden für jede der beim Kunden effektiv einsetzbare Sachproduktvariante die Serviceproduktvarianten ausgewählt, die unter Berücksichtigung der Einsatzart sowie der serviceproduktspezifischen Lebenszyklusmerkmale beim Kunden eingesetzt werden könnten. Im dritten Element werden die resultierenden Serviceproduktvarianten mit den Sachproduktvarianten zu PSS-Varianten aggregiert und bilden den Ausgangspunkt für das vierte und letzte Element. In diesem werden für jede beim Kunden einsetzbare PSS-Variante die Lebenszykluskosten ermittelt, an denen sich der Kunde bei seiner Auswahlentscheidung orientieren kann. Die Elemente und deren Eigenschaften werden im Folgenden detailliert beschrieben.

5.1.2.1 Technische Konfiguration (Sachproduktkonfiguration)

Aufgabe der technischen Konfiguration ist es, unter allen möglichen Sachproduktkomponenten diejenigen Varianten auszuwählen, die abhängig von der vom Kunden gewünschten Einsatzart und den kundenspezifischen Lebenszyklusmerkmalen eingesetzt werden können. Dabei wird im Rahmen der technischen Konfiguration noch nicht geprüft, ob die Varianten zusammen eingesetzt werden können. In diesem Element wird lediglich die Einsetzbarkeit der Komponentenvarianten beim Kunden überprüft.

Hierzu ist die technische Konfiguration in zwei Schritte unterteilt (Abb. 5.2). Im ersten Schritt werden abhängig von den zu bewältigenden Aufgaben beim Kunden die Sachproduktkomponenten ausgewählt, die im Rahmen der gewünschten

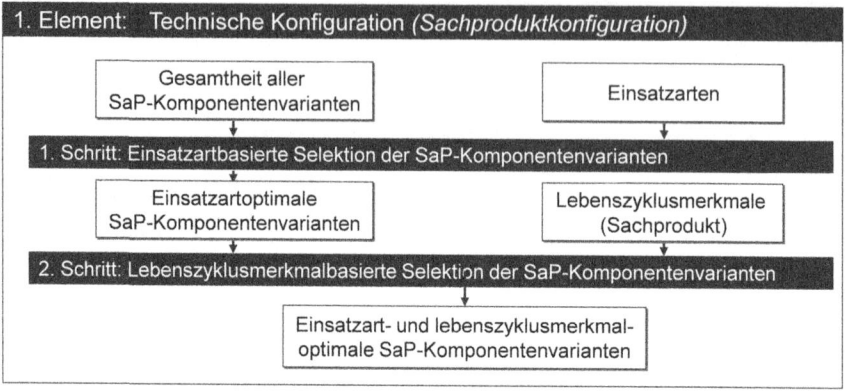

Abb. 5.2 Struktur der technischen Konfiguration

Einsatzart zwingend erforderlich sind (Pflichtoption) bzw. optional hinzugefügt werden können (Wahloption). Im zweiten Schritt werden die einsatzartspezifisch ausgewählten Sachproduktkomponentenvarianten auf deren Einsetzbarkeit über den Lebenszyklus beim Kunden überprüft.

5.1.2.2 Servicekonfiguration (Serviceproduktkonfiguration)

Aufgabe der Servicekonfiguration ist es, unter allen möglichen Serviceproduktmodulen diejenigen Varianten auszuwählen, die abhängig von der vom Kunden gewünschten Einsatzart und den kundenspezifischen Lebenszyklusmerkmalen im Lebenszyklus erbracht werden können. Dabei wird im Rahmen der Servicekonfiguration nicht geprüft, ob die Serviceproduktvarianten mit den Sachproduktvarianten kombiniert werden können. In diesem Element wird lediglich die prinzipielle Einsetzbarkeit der Varianten beim Kunden überprüft.

Wie die technische Konfiguration unterteilt sich die Service Konfiguration hierbei in zwei Schritte (Abb. 5.3). Im ersten Schritt werden abhängig von den zu bewältigenden Aufgaben beim Kunden die Serviceproduktmodule respektive deren Varianten ausgewählt, die im Rahmen der gewünschten Einsatzart zwingend erforderlich sind (Pflichtoption) bzw. optional eingesetzt werden können (Wahloption). Im zweiten Schritt werden die einsatzartspezifisch ausgewählten Serviceproduktmodulvarianten auf ihre Einsetzbarkeit über den Lebenszyklus beim Kunden überprüft.

5.1.2.3 PSS-Konfiguration

Durch die Elemente der technischen Konfiguration und der Servicekonfiguration ist gewährleistet, dass für die weitere und endgültige PSS-Konfiguration nur Varianten zur Verfügung stehen, die zur Erfüllung der kunden- und herstellerseitig

5 Konfiguration investiver Produkt-Service Systeme

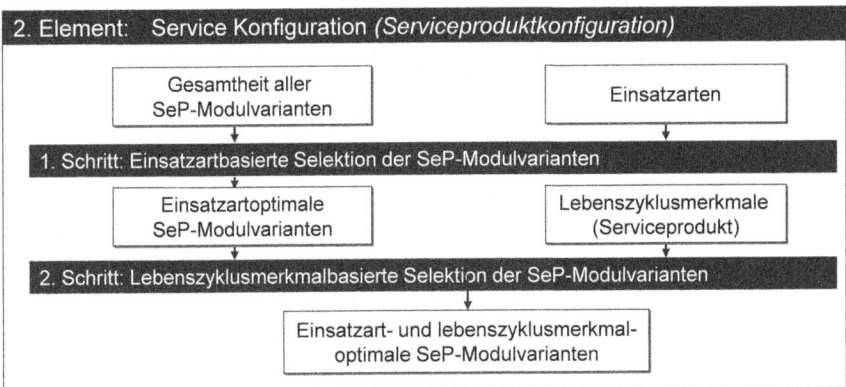

Abb. 5.3 Struktur der Servicekonfiguration

verfolgten Ziele beitragen. Aufgabe des darauf folgenden Elementes der Sach- und Serviceproduktkombination ist es, die in der technischen Konfiguration und der Servicekonfiguration einsatzart- und lebenszyklusmerkmalbasiert ausgewählten Sachproduktkomponenten- und Serviceproduktmodulvarianten zu PSS-Varianten zu kombinieren.

Zur Bewältigung dieser Aufgabe unterteilt sich die PSS-Konfiguration in vier Schritte (Abb. 5.4). Im ersten Schritt werden auf der Basis von Kombinationsregeln die einsatzart- und lebenszyklusmerkmalbasiert ausgewählten Sachproduktkomponentenvarianten zu möglichen Sachproduktvarianten kombiniert. Die Erbringung

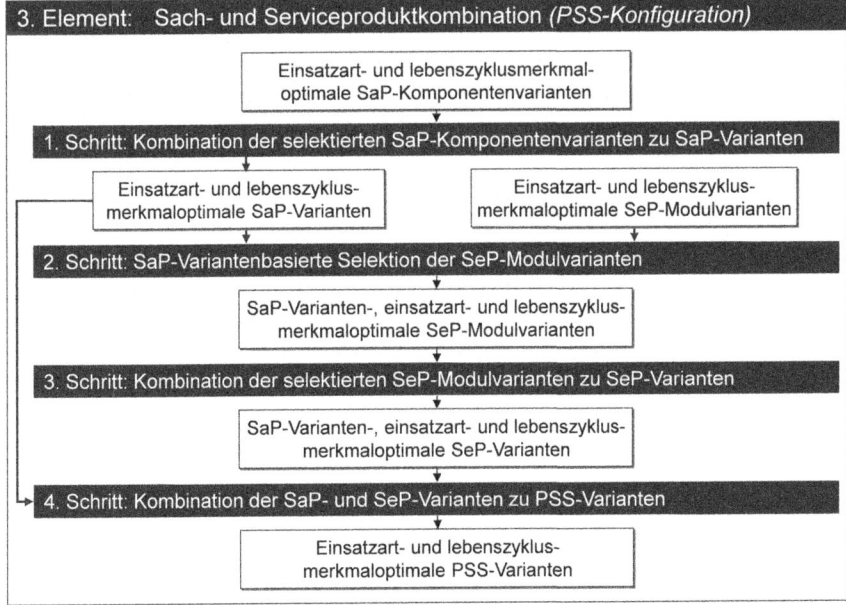

Abb. 5.4 Struktur der Sach- und Serviceproduktkombination

einer Serviceproduktvariante ist von der Sachproduktvariante abhängig. Daher werden im zweiten Schritt ausgehend von jeder Sachproduktvariante die zuvor nach Einsatzart und Lebenszyklus selektierten Serviceproduktmodule analysiert. Mit dieser Analyse wird festgestellt, welche Varianten der Serviceproduktmoduldimensionen zur Kombination mit den Sachproduktvarianten geeignet sind. Die zur Kombination geeigneten Varianten der Serviceproduktmoduldimensionen werden im dritten Schritt gemäß den entsprechenden Kombinationsregeln zu Serviceproduktmodulvarianten und diese schließlich zu Serviceproduktvarianten kombiniert. Nach diesem Schritt stehen für jede Sachproduktvariante die Serviceproduktvarianten fest, die mit dieser kombiniert werden können. Durch die Kombination der Sachproduktvarianten mit den jeweils dazu gehörigen Serviceproduktvarianten entstehen im finalen Schritt die PSS-Varianten, die in der vom Kunden gewünschten Einsatzart und über den gesamten SaP-Lebenszyklus aus Kundensicht eingesetzt werden können.

5.1.2.4 Bewertung der PSS-Varianten

Am Ende dieses Konfigurationsprozesses liegen in den meisten Fällen mehrere PSS-Varianten vor, die prinzipiell beim Kunden eingesetzt werden könnten. Die vom Kunden geforderte Aufgabe kann mit jeder der konfigurierten PSS-Varianten bewältigt werden. Aus Kundensicht erfüllt damit jede dieser Varianten den von ihm geforderten Nutzen. Zur Entscheidung stellt der Kunde üblicherweise dem Nutzen die Kosten gegenüber. Dazu bieten sich verschiedene Möglichkeiten an. Eine einfache Möglichkeit besteht darin, die in der Konfiguration erzeugten PSS-Varianten über die Anschaffungskosten zu selektieren. Um dem Prinzip der Lebenszyklusorientierung gerecht zu werden, ist die Bewertung über die Anschaffungskosten hinaus um verschiedene Kostenarten, die bei der Verwendung einer PSS-Variante über den gesamten Lebenszyklus (Lebenszykluskosten) anfallen, zu ergänzen.

5.1.3 Zusammenfassung

Entwicklungstrends zeigen, dass Produkt-Service Systemen (PSS) zukünftig eine weiter steigende Bedeutung zukommt. Vor diesem Hintergrund wurde bereits eine Vielzahl von Ansätzen entwickelt, um PSS effizient zu gestalten und zu realisieren. Die Praxis zeigt jedoch, dass PSS – mehr noch als reine materielle Sachprodukte – auf die individuellen Anforderungen und Bedürfnisse eines jeden einzelnen Kunden anzupassen sind. Nur auf diese Weise kann das wirtschaftliche Potential von PSS sowohl für den Kunden als auch nicht zuletzt für den Hersteller ausgeschöpft werden. Aufgrund dessen kommt der zielgerichteten Konfiguration von PSS eine hohe Bedeutung zu. Auf Basis des Lebenszyklusansatzes wurde in diesem Kapitel ein Modell zur Konfiguration von PSS vorgestellt, das die Eigenheiten der materiellen Sachprodukte und der immateriellen Serviceprodukte berücksichtigt. Auf diese

Weise wird eine ganzheitliche Konfiguration von PSS realisiert, die sowohl auf die Ziele des Kunden als auch auf die des Herstellers ausgerichtet ist.

5.2 Fullservice – Ein Beispiel aus der Baumaschinenbranche

5.2.1 Das Unternehmen

Putzmeister ist ein mittelständisches Unternehmen das auf eine über 50-jährige Firmengeschichte stetigen Wachstums zurückblicken kann. Im Jahre 1958 gründete Dipl.-Ing. Karl Schlecht das Unternehmen KS-Maschinenbau zum Bau von Verputzmaschinen. 1963 erfolgte die Umfirmierung in Putzmeister, was für meisterhaftes Verputzen steht, getreu dem Motto des Gründers: „Wer Schlecht heißt, muss gut sein."

Seit den 1960er Jahren spezialisiert sich Putzmeister auf die Herstellung von Betonpumpen, die heute etwa 80% des Gruppenumsatzes ausmachen und als wichtigstes Markt-Technikfeld seit 2008 unter Putzmeister Concrete Pumps GmbH (PCP) firmieren. Darüber hinaus werden in anderen Firmen der Gruppe fahrbare Mischpumpen, Verputzmaschinen, Estrichmaschinen, Hochdruckreiniger und Spezialrohre für die Betonförderung gefertigt. Putzmeister verfügt somit über eine breite Produktpalette für unterschiedliche Bereiche der Betonförderung.

In den Werken der Putzmeister Gruppe sorgen über 3.900 Mitarbeiter dafür, dass jährlich Waren im Wert von rund 1 Mrd. € produziert und an Kunden in 154 Länder auf allen fünf Kontinenten ausgeliefert werden. Dazu zählen unter anderem 3.400 Betonpumpen und eine Vielzahl an Betonverteilermasten in mehr als 40 Größen und Varianten mit einer erheblichen Anzahl an optionalen Ausrüstungen, über 4.300 Mörtelpumpen, fast 2.500 Estrichförderer und weit über 700 industrielle Hochdruckreiniger. Spektakuläre Weltrekorde in der Betonhochförderung (606 m am Burj Dubai im Februar 2008) und die Entwicklung des größten Verteilermastes für Autobetonpumpen (70 m Reichhöhe, präsentiert im Mai 2008) stellen die technische Leistungsfähigkeit des Unternehmens in beeindruckender Art und Weise unter Beweis. Möglich sind diese technischen Meilensteine durch die hervorragende Innovationskraft des Unternehmens, die hohe Produktqualität, durch solides Know-How und engagierte Firmenangehörige sowie durch den kontinuierlichen Ausbau der Fertigungskapazitäten an marktnahen Standorten weltweit. Allein in den Jahren 2006 und 2007 wurden in den Ausbau der Putzmeister Werke und Vertriebsgesellschaften etwa 113 Mio. € investiert.

5.2.2 Putzmeister Services Organisation

Wer weltweit erfolgreich sein will, der muss in der Welt zu Hause sein. Neben dem Hauptwerk in Aichtal bei Stuttgart und der Komponentenfertigung in Althengstett sowie Gründau ist Putzmeister des Weiteren mit zahlreichen Tochtergesellschaften und Niederlassungen in aller Welt vertreten. Erst durch dieses weltweite Netzwerk können die Besonderheiten der jeweiligen Märkte im Sinne optimaler Kundenbetreuung berücksichtigt werden.

Die zentrale interne Serviceorganisation bei Putzmeister Concrete Pumps (PCP) im Stammwerk Aichtal umfasst drei Hauptsäulen: Knowledge Transfer, Technical Support und Parts Service. Hinzu kommt als Zentrum praktischer Instandhaltungskompetenz eine Zentralwerkstatt. Nach außen firmieren diese Bereiche unter Putzmeister Services mit eigenständigem Auftritt, wobei der Leiter als Prokurist direkt an den CEO und Geschäftsführer Vertrieb und Marketing berichtet. Das gemeinsame Credo von Putzmeister Services lautet: „Unsere Kunden wollen keine Produkte. Sie haben Anspruch auf anwendungsgerechte und kalkulierbare Lösungen und sie sollen spüren, dass PCP ihrem Geschäftserfolg verpflichtet ist."

5.2.2.1 Knowledge Transfer

„Wissensbrücke zwischen Mensch und Technik" – dieses Motto gilt für die Kundenseminare der Putzmeister Akademie von Anfang an. Neben der rein fachlichen Einweisung durch erfahrene Kollegen des Betreibers auf den Baustellen hat sich die Teilnahme an Seminaren der Putzmeister Akademie als erfolgreicher Weg erwiesen. Ob in Aichtal oder vor Ort in den Regionen: immer wird dem Teilnehmer Wissen praxisnah vermittelt. Insbesonders die Lernmittel der Akademie rund um den wirtschaftlichen und sicheren Einsatz einer Autobetonpumpe finden dabei als bleibende Grundlage großen Anklang. Das persönliche Nachbereiten und Vertiefen des Lernstoffes wird damit nachhaltig unterstützt. Ein weiterer Grund für viele Unternehmer, ihre Mitarbeiter zu einem der spezifisch zugeschnittenen Seminare anmelden, ist neben der fachlichen Seite auch die Steigerung der Mitarbeitermotivation. Es gilt die moderne Betonpumpentechnik effizient zu nutzen, Kosten zu sparen und sicher zu arbeiten. Jede Maschinentechnik erfordert darüber hinaus ein regelmäßiges Auffrischen des eigenen Wissens, um die Aufmerksamkeit im Arbeitsalltag zu schärfen. „Alte Hasen" bestätigen das am Ende eines Seminars immer wieder. Zusätzlich erfüllt der Betonpumpenbetreiber durch die Seminarteilnahme seiner Mitarbeiter die gesetzliche Verpflichtung, seine Maschinisten einmal jährlich zum Thema „Sicheres Betreiben einer Autobetonpumpe" zu unterweisen. In Abstimmung mit den Berufsgenossenschaften sind deshalb viele der Seminare als Vorbereitungsseminar zum „Qualifizierten Betonpumpen Maschinisten" in Deutschland anerkannt.

5.2.2.2 Technical Support

Als technische Schnittstelle zwischen Unternehmen und der „Außenwelt" muss ein zentrales Organ am Ort der Produktentstehung eingerichtet sein. Gerade in Unternehmen mit gemischten Absatzkanälen aus Händlern und eigenen Niederlassungen erfüllt es mindestens genauso hoheitliche Aufgaben wie die Financial Engineers.

5 Konfiguration investiver Produkt-Service Systeme

Abb. 5.5 Serviceproduktportfolio

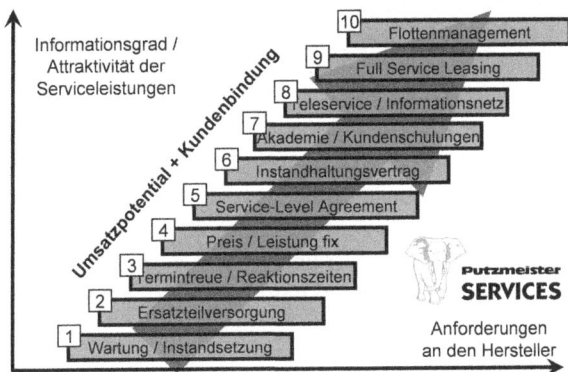

Schulung, Hotline und Gewährleistung sind neben Ersatzteilverkauf und einer kleinen „servicetechnischen Feuerwehr" die Kernfunktionen einer Serviceabteilung, die sich fast jedes Unternehmen leistet (Central Service). Wer jedoch den Grundstein für profitable Services am Endabnehmer legen will, der kommt um eine breitere Plattform nicht herum (Abb. 5.5).

Technischer Produkt Support kann und soll mehr leisten als „last level" Unterstützung für die Serviceorganisation. Wenn bei der Tochterfirma in Südafrika weder der Servicetechniker beim Kunden in Kapstadt noch der Servicemanager in Johannesburg ein Problem lösen kann, muss die Zentrale helfen können. Ein Mitarbeiter des Technical Support muss sich mit der verfügbaren Information am Telefon rasch in den Fall eindenken und Lösungswege aufzeigen.

Es ist nur ein kleiner Schritt, den Mitarbeiter dazu zu bringen, das aus der Hotline und der Praxis der Gewährleistungsabwicklung gewonnene Wissen um die Produktqualität im Feld nun auch geeignet aufbereitet an die Abteilungen Technik, Produktion, Qualitätssicherung oder auch an Lieferanten zu kommunizieren, um das Problem an der Wurzel zu packen bevor es in der Statistik für kostenträchtige Schlagzeilen sorgt.

Was soll der Mitarbeiter noch alles machen? Warum nicht Serviceproduktentwicklung? Wenn es denn der Spezialist für Gestaltfestigkeit ist und die in Europa halbherzig vorgeschriebene regelmäßige Überprüfung auf Arbeitssicherheit für mobile Arbeitsmaschinen durch Sachkundige viel mit Schäden in der Tragstruktur zu tun hat: Ja. Wer kennt besser als sie jeden möglichen Riss aus Überbelastung und/oder Materialermüdung? Vorgehensweisen für die Überprüfung festlegen, Prüfmittel definieren und – ach ja, da kommt schon wieder eine Funktion – Sachkundige schulen. Kurzum, den Rahmen und die Grundlage für ein Serviceprodukt schaffen, das aktiv durch die Organisation von Niederlassungen und Händlern vermarktbar ist. Es müssen natürlich noch andere Organisationseinheiten im Unternehmen einbezogen werden, um an der Preisfindung und den Verkaufsargumenten gemeinsam mit der Außenorganisation zu feilen, denn der Wettbewerb gegen die zumeist billigeren Prüforganisationen ist hart. Voraussetzung ist jedoch das Herstellersiegel und ein klar erkennbares Produkt, in dem der Kunde einen Vorteil für seinen Geschäftsbetrieb sieht. Für die PCP kann festgestellt werden, dass in manchen Niederlassungsgebieten sämtliche Kunden – trotz eines mangelhaften regulatorischen Zwangs überhaupt etwas zu tun – von der regelmäßigen Inspektion durch den Hersteller überzeugt werden konnten. Ein attraktiver Pauschalpreis für diese Maßnahme bei einer gleichzeitig kompetenten Vermeidung größerer und teurer Schäden bringt zwei Gewinner hervor: der Kunden mit maximaler Sicherheit bei kalkulierbaren Kosten sowie den Hersteller mit unmittelbarem Folgegeschäft und dem unschätzbaren Vertrauen des Kunden in seine Servicekompetenz.

Mit solch einer Erwartungshaltung gegenüber dem – hier beispielhaft beleuchteten – technischen Support wird klar: 08/15 Mitarbeiter können das nicht leisten! Es werden hochqualifizierte Ingenieurinnen und Ingenieure benötigt, die neben breitem Fachwissen und geeigneter Spezialisierung auch noch technisches Wissen aufbereiten und kommunizieren können. Die innovativen Produkte des deutschen Maschinenbaus, mit denen Weltgeltung behauptet wird, müssen mit steigender Komplexität zunehmend durch Instandhaltungs-Know-How und angemessene Dienstleistungsprodukte in der Serviceorganisation abgesichert werden. Im Maschinenbau bedarf es dazu keinerlei Erfindung. Jedes mögliche Angebot an produktbegleitenden Dienstleistungen findet sich bereits in anderen Produktbereichen. Es kommt lediglich darauf an, mit neuen Qualifikationen in Marketing und (Produkt-)Management und mit exzellenter Systemunterstützung und Ressourcenzuweisung herauszuarbeiten, in welcher Ausgestaltung ein Serviceprodukt vom Kunden angemessen honoriert werden kann, unter der Massgabe, dass Verkaufs- und Serviceniederlassungen bzw. Händler ihre gesamten Fixkosten aus dem Deckungsbeitrag der After Sales Aktivitäten abdecken können.

Und Vorsicht bei den Innovationen, wenn die Basisleistung Ersatzteile und Instandhaltung als Fundament jeder After Sales Bemühung unter Regression zu leiden droht! Zur Auftaktveranstaltung des Industriearbeitskreises zum Forschungsverbundprojekt GRiPSS ging ein Seufzen der Wiedererkennung durch die Reihen der zahlreichen Servicemanager namhafter deutscher Land- und Baumaschinenhersteller. Als die erste Folie die Planung eines neuen Montagekonzeptes der Maschinen inklusive Materialfluss visualisierte und in der zweiten der Ölfilter zu sehen war, der jetzt – dank optimal vormontierter Baugruppe – zum schlichten Wechsel zwei Servicetechniker erforderte. Da soll dem Central Service noch eine weitere Rolle zukommen: schon bei der Produktentstehung den Grundstein für effiziente Basisleistung zu bewahren und den für weitergehende Serviceprodukte zu legen.

5.2.2.3 Parts Service

Auf den Ersatzteilservice soll in diesem Beitrag nicht ausführlich eingegangen werden. Fest steht jedoch, dass den zentralen Faktoren Verfügbarkeit, Konditionen und Vermarktung von Ersatzteilen und Zubehör eine, das Gesamtergebnis des Unternehmens entscheidend beeinflussende Rolle zukommt. Auch und gerade in diesem Bereich gilt: Der zumeist höhere Preis beim Orginal-Hersteller muss in Relation zu den marktspezifischen Gegebenheiten sowie der Funktionalität des Ersatzteils gerechtfertigt sein!

5.2.3 Serviceprodukte

5.2.3.1 Flottenmanagement

Putzmeister beschäftigt sich bereits seit 1990 mit der Optimierung des Einsatzes von Betonpumpen, die zum damaligen Zeitpunkt noch durch eine MS-DOS Lösung realisiert wurde. In seiner heutigen Ausprägung bietet die, von einem externen Systementwickler realisierte und von PCP selbst vertriebene Software eine durchgängige Abwicklung aller Aufträge vom Angebot bis zur Rechnung. Schwerpunkte sind dabei die einfache grafische Disposition, die vielfältigen branchenspezifischen Besonderheiten bei der Rechnungserstellung, die Verwaltung der Personalzeiten und Lohnerfassung sowie Wegsuche/Routenberechnung und Überwachung der Inspektionsintervalle. Langjährig bewährte Maschinenhardware, mit der heute etwa 60% der Betonpumpen in Deutschland ausgestattet werden, rundet das System ab. Die nachfolgenden Abbildungen (Abb. 5.6 und 5.7) vermitteln einen Überblick über die Funktionen.

In einer weitgehend auf die Kernfunktionen Disposition und Arbeitszeiterfassung reduzierten Variante ist i-DAISY mittlerweile als mehrsprachige webbasierte Software für Betonpumpendienstleister erfolgreich in ganz Europa im Einsatz. Bei diesem System wird bewusst auf Interaktion mit dem Maschinisten verzichtet. Der Datenaustausch zwischen Maschine und Server ist voll automatisiert.

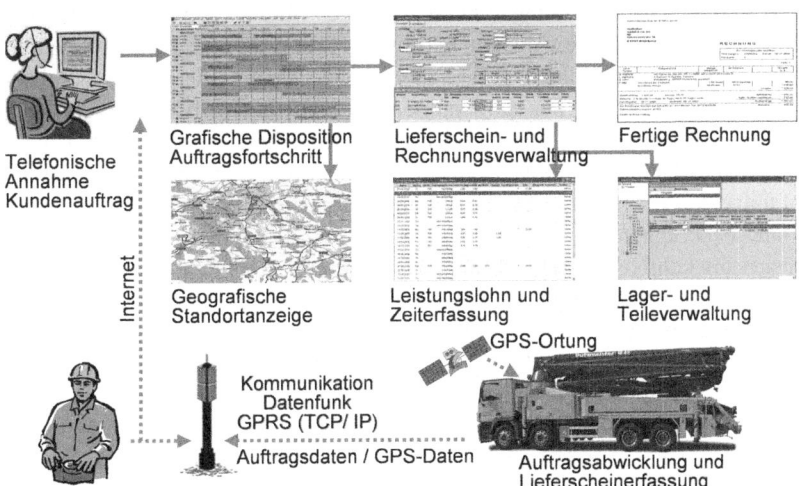

Abb. 5.6 Auftragsabwicklung mit DAISY XP (Client-Server-Lösung)

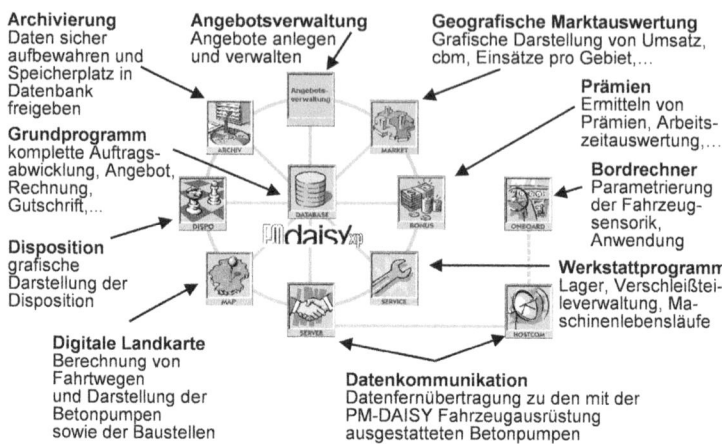

Abb. 5.7 DAISY XP Gesamtsystem

5.2.3.2 Teleservice und Technik der Betonpumpe

Die Betonpumpen, fahrbar oder auch stationär, sind erst seit jüngerer Zeit im Rahmen des Einsatzes von Mikrokontrollersteuerungen für die Steuer- und Regelungsaufgaben der Maschine serienmäßig mit Sensoren ausgestattet worden. Wurde früher durch den Einbau von teurer und aufwendig zu verdrahtender Zusatzsensorik und Auswerteelektronik eine weitreichende Diagnosefähigkeit erreicht, so sind die heutigen Maschinen aufgrund der Steuer- und Regelungstechnik ohnehin auf die Sensorik angewiesen und dadurch bereits grundlegend diagnosefähig. PCP verwendet für die Steuerungshardware Standardprodukte, die auch in der Landtechnik eingesetzt werden. Die Anpassung auf den jeweiligen Maschinentyp erfolgt durch die, im eigenen Haus erstellte, Anwendersoftware. Damit ist eine flexible Gestaltung optionaler Kundenwünsche durch entsprechende Parametrierung gewährleistet. Durch den Einsatz der, in der Hardwarefamilie verfügbaren, Telekommunikationseinheit C2C wurden die Betonpumpen teleservicefähig. Die Oberfläche für den Teleservice bietet das ebenfalls im Hause erstellte Programmwerkzeug ECtools. Es dient universell zur Inbetriebnahme, Parametrierung und Diagnose der Putzmeister Ergonic-Steuerungen.

Insgesamt kann festgestellt werden, dass Teleservice bei PCP seit der vollständigen Integration in die stetig komplexer werdende Maschinensteuerung einen wichtigen Beitrag zur schnellen Ausreifung der Systeme geleistet hat. Dadurch, dass der Servicetechniker an der Maschine über dieselben Informationen und Benutzeroberflächen verfügt wie Systementwickler, Softwareprogrammierer und Serviceingenieur im Backoffice, konnten Fehler schnell analysiert und eliminiert sowie Funktionen rasch anwenderfreundlich optimiert werden. Die Akzeptanz der Elektronifizierung in der weltweiten Serviceorganisation ist nachhaltig abgesichert – im Notfall, wenn der weniger versierte Servicetechniker eines Händlers nicht mehr weiter weiß, kann er sich eines Coaches bedienen, der den Weg zu den richtigen

5 Konfiguration investiver Produkt-Service Systeme

Folgerungen aus einer Diagnose ebnet. Dagegen waren die ersten Versuche mit Teleservice vor über zehn Jahren auf Basis der damals verfügbaren Hardware für mobile Arbeitsmaschinen eher nicht geeignet, und es ist durchaus vorgekommen, dass die Teleserviceeinheit selbst mehr Technikereinsätze vor Ort erforderlich gemacht hat, als sie einsparen konnte.

In Europa und den USA ist ein Eingriff in die Maschinensteuerung über Teleservice verpönt, da dies sicherheitstechnisch nicht unbedenklich ist. Trotzdem soll eine Funktion erwähnt werden, die Händler in Asien gelegentlich nutzen und die PCP als Ergänzung von i-DAISY auch den Kunden anbietet: i-GOT-U – webbasiertes Fahrzeugortungs- und Überwachungssystem mit Geofencing. In Verbindung mit einer Maschinenfinanzierung könnte bei hartnäckigem Zahlungsverzug ein Weiterbetrieb unterbunden werden – alleine die Möglichkeit soll der Zahlungsmoral förderlich sein.

5.2.3.3 Instandhaltungsverträge

Wie kann ein Hersteller bzw. seine Vertriebs- und Serviceorganisation aus eigenen Niederlassungen und vertraglich gebundenen Händlern der Kundschaft den eigenen Anspruch auf beste Produktqualität – und damit verbunden den höheren Kaufpreis – nachhaltig vermitteln? Bei PCP wird vom Q7-Faktor gesprochen. Denn der Preis eines Audi Q7 ist es häufig, um den asiatische Hersteller ihre Betonpumpen billiger anbieten als Putzmeister. Für den Kunden, der den Q7 sofort und dringend braucht, hat Putzmeister leider keine Lösung. Für den, der mit der Aussicht auf mindestens zwei Q7 während der Nutzungszeit der Maschine mit Putzmeister im Gespräch bleiben will, gibt es eine ganze Reihe von Instrumenten. Sie sind abgeleitet aus einer für PCP Maschinen und Kunden adaptierten Version des VDMA Einheitsblattes 34160 zu den Lebenszykluskosten des Betriebes von Maschinen. Und wenn, wie jüngst beim Burj Dubai, für ein Prestigeobjekt Beton mit Stationärpumpen in bislang für undenkbar gehaltene Höhen gepumpt wird, dann ist ein Spezialist von Putzmeister vor Ort oder – dank der oben erwähnten SMS vom Teleservicesystem – bei der kleinsten Unregelmäßigkeit ganz kurzfristig zur Stelle (intern „Nursing" genannt).

Die Kür und auch die Nagelprobe, neben dem Wiederverkaufswert für die beschworene Produktqualität, erfolgt bei den Kosten der Instandhaltung. Es sind zwar nur etwa 15% der in Deutschland „lebenden" Population von ca. 1.300 Putzmeister-Autobetonpumpen, für die zwischen sechs Unternehmen und PCP ein Fullservice Vertrag besteht. Die Wirkung nach außen wie nach innen ist jedoch beachtlich. Auch wenn der Kunde in Ägypten auf seine eigene, oft erbärmlich ausgestattete Werkstatt nicht verzichten will bzw. wegen anderer Maschinen oft auch nicht kann, und auch wenn der ägyptische Händler vielleicht selbst noch nicht in der Lage wäre, einen Fullservice Vertrag anzubieten: Die Referenz eines Kollegen zusammen mit der transparenten Kalkulation der Kosten, die pro m³ gefördertem Beton zu entrichten sind, bleibt nie ohne Eindruck und entschärft jede Diskussion auch über Ersatzteilpreise und -qualität.

Und nach innen? Die Controller haben keine rechte Freude, denn ein Fullservice Vertrag bedeutet lediglich ein Plus an Deckungsbeitrag in Höhe von ein- bis zweihundert Euro pro Jahr und Maschine. Hinzu kommt, dass ab einem Fullservice Bestand von 20 Maschinen ein weiterer Servicetechniker benötigt wird. Durch diesen engen Kalkulationsrahmen ist es zwingend erforderlich, Fehler schnell zu beseitigen, servicefreundliche Konstruktionen zu entwickeln und qualitativ hochwertige Verschleißteile anzubieten. Die somit erzielte Servicequalität hat eine positive Kundenbindung zur Folge, die sich auch, in Form von zukünftigen Aufträgen zufriedener Kunden, auf den Vertrieb auswirkt. Selbst Kunden der PCP, die radikal jegliche eigene Instandhaltung abschaffen (also fixe Kosten konsequent in variable Kosten umwandeln), aber nicht „sortenrein" Putzmeister betreiben, wollen inzwischen von der PCP auch Fullservice für Betonpumpen von Wettbewerbern. Da kann man als Hersteller in einer klassischen Rolle des Kunden noch einiges lernen... ·

Erste Voraussetzung neben juristisch sinnvoll ausgestalteten Vertragsentwürfen – hier bietet der vom Arbeitskreis „Kundendienstleiter mobile Baumaschinen" im VDMA vorgelegte Mustervertrag eine hervorragende Grundlage – sind transparente und einfach zu bedienende Systeme zur Service-Auftragsabwicklung. Sämtliche Informationen aus dem Vertriebs- und Servicebereich müssen kunden- und maschinenbezogen zugänglich sein. Für den Servicebereich erfolgt dies mit Hilfe einer lückenlosen Maschinendokumentation und -historie, in welcher folgende Informationen gepflegt werden:

- Stücklisten und Ersatzteillisten,
- Serviceaufträge/Service-Reports,
- Ersatzteileaufträge,
- Prüfprotokolle,
- Abnahmeprotokolle,
- Strukturänderungen,
- Refit Aktionen,
- Wiederkehrende Prüfungen,
- Ausfallgründe,
- Ausfallhäufigkeiten,
- Standzeiten des Materials etc.

Die hier genannten technischen Informationen werden mit ihren jeweiligen verursachten Kosten bzw. erwirtschafteten Umsatzerlösen innerhalb der folgenden Sachgebiete verknüpft:

- Wartung/Instandsetzung,
- Gewährleistung-/Kulanz,
- Nachrüstungen,
- Nacharbeiten und
- Vertrag.

Nur so können Maschinen/Kunden mit Fullservice Verträgen einem umfassenden Controlling unterzogen und notwendige Maßnahmen, z.B. zu Mitarbeiterqualifikation, eingeleitet bzw. Erkenntnisse, z.B. bzgl. der Produktqualität im Feld, abgeleitet werden.

Beim Abschluss eines Fullservice Vertrages sind seitens der PCP immer Service und Vertrieb beteiligt. Der operative Service der Niederlassung oder des Händlers – federführend ist der Verantwortliche vor Ort, der dann auch für die Umsetzung und praktische Handhabung geradestehen muss – wird sowohl durch formaltechnisches Know-How und Risikomanagement aus dem Central Service als auch durch beziehungs- und konditionstechnisches Wissen des Vertriebsbeauftragten unterstützt. Zu den individuell variablen Größen bei derartigen Verträgen gehören je nach Kundenpräferenz zu gestaltende Verfügbarkeitsgarantien, Reaktionszeiten, Definition des Eigenanteils des Kunden und natürlich die Preisgestaltung. Der Preis wiederum unterliegt zahlreichen kundenspezifischen Einflussfaktoren, wie z. B. dem Flottenmix und der Auslastung der Maschinen. Je hochwertiger und besser, desto besser lassen sich die Kosten eines Regelservices und der zumeist enthaltenen Sachkundigenprüfungen auf viele Kubikmeter verteilen. Wichtig sind natürlich auch das Maschinenalter bei Vertragsbeginn zusammen mit einem evtl. zu vereinbarenden Eintrittsgeld und die angestrebte Nutzungsdauer der Betonpumpen, so dass sich ein direkter Vergleich von €ct/m³ zwischen verschiedenen Kunden verbietet.

Ist ein Vertrag geschlossen, hat es sich bewährt, in einer gemeinsamen Veranstaltung von Geschäftsleitung und Disposition des Kunden und Putzmeister sowie ggf. seinem Händler, den betroffenen Maschinisten sehr genau die künftige Aufgabenverteilung und das Verhalten insbesondere bei Maschinenstörungen gemäß den festgelegten Regularien nachhaltig zu vermitteln.

Aufgrund der Regelservicetermine in der PCP- oder Händler-Werkstatt ergibt sich nunmehr die Gelegenheit, mit hochwertigen Verschleißteilen und vorbeugender Instandsetzung kostenintensive, ungeplante Einsätze auf der Baustelle oder beim Kunden zu vermeiden. Gerade Kunden mit dem Putzmeister Flottenmanagement DAISY realisieren dabei die hieraus resultierende höhere Verfügbarkeit. Und nicht zuletzt hat sich das Kennzeichen „Fullservice durch den Hersteller" als wertsteigerndes Prädikat auf dem Gebrauchtmaschinenmarkt etabliert.

5.2.4 Zusammenfassung

Maschinenbauer können bei wachsamem Blick auf die Prozesse ihrer Kunden Dienstleistungsprodukte entwickeln, die ihren Anspruch auf Technologie- und Preisführerschaft absichern, die Kundenbindung erhöhen und – in Grenzen – Zusatzerträge in der eigenen Serviceorganisation und/oder beim Händler generieren. Mit entscheidend für den Markterfolg solcher Serviceprodukte ist der im Projekt GRiPSS vorangetriebene Ansatz, der Serviceorganisation künftig nicht mehr, wie oftmals üblich, das fertige Produkt vorzustellen, sondern alle Aspekte der integrierten Gestaltung und Realisierung bereits in der Produktplanung und -entwicklung zu berücksichtigen. Abgerundet wird der Premiumanspruch durch ein Serviceportfolio, das für Kunden außerhalb des Geiz-ist-geil-Segmentes maßgeschneiderte Garantien und kalkulierbare Life Cycle Costs aufweist. Da Betonpumpenbetreiber i. d. R. ihre Dienstleistung per Kubikmeter gefördertem Beton ihren Kunden in Rechnung stellen, hat sich Fullservice durch Putzmeister bzw. seine Händler auf Basis von €ct/m³ am Markt etabliert: inzwischen sogar punktuell für Fremdfabrikate.

5.3 Kundenindividuelle Anpassung von Sach- und Serviceprodukten – Ein Praxisbeispiel

5.3.1 Einleitung

Die Wirtgen GmbH ist ein mittelständischer Hersteller von Maschinen für den Straßenbau sowie für den Abbau von Lagerstättenmineralien im Tagebau. Gemeinsam mit den deutschen Schwesterunternehmen Vögele, Hamm und Kleemann bildet sie den Kern der Wirtgen Group mit weiteren produzierenden Werken in China (Wirtgen China), Brasilien (Ciber) und den USA (Vögele America).

Um die eigene Wettbewerbsposition kontinuierlich auszubauen, verfolgt die Wirtgen GmbH die Strategie, ihren Kunden maßgeschneiderte, d. h. nutzenorientierte Lösungen anzubieten. Bei deren Umsetzung kommt dem weltweiten Vertriebs- und Servicenetzwerk der Wirtgen Group, bestehend aus 55 eigenen Niederlassungen und über 100 Vertragshändlern (Abb. 5.8), entscheidende Bedeutung zu. Die zentrale Serviceabteilung im Stammwerk Windhagen unterstützt diese Vertriebs- und Servicepartner durch eine umfassende Betreuung in technischen und kommerziellen Fragen. Verantwortlich für die Entwicklung der weltweit angebotenen Serviceprodukte und die Auswertung der im Feld gewonnenen Informationen, stellt sie zudem die systematische Verbindung zwischen Sach- und Serviceproduktentwicklung sicher.

5.3.1.1 Das Serviceverständnis der Wirtgen GmbH

Als Markt- und Technologieführer im Bereich Straßenfräsen besteht für Wirtgen das klare Ziel, die besten Maschinen auch mit den besten Serviceprodukten zu ergänzen.

Abb. 5.8 Vertriebs- und Servicenetzwerk der Wirtgen Group

5 Konfiguration investiver Produkt-Service Systeme

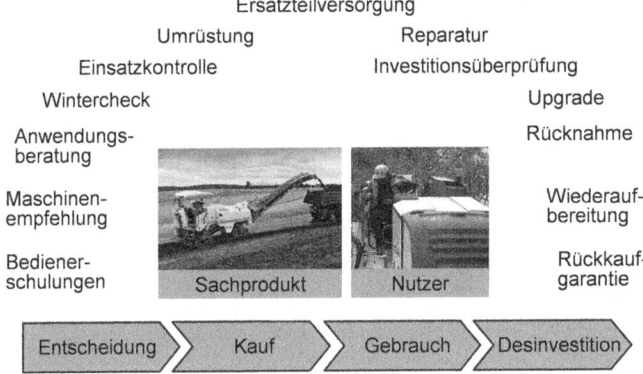

Abb. 5.9 Serviceproduktportfolio über den Sachproduktlebenszyklus

Das dichte Netzwerk von eigenen Niederlassungen und Vertragspartnern ermöglicht der Wirtgen GmbH eine individuelle, kontinuierliche Begleitung ihrer Kunden. Dies spiegelt sich im Claim „Close to the Customer" wider. Angefangen bei der Beratung im Rahmen eines Neumaschinenkaufs, bis hin zur umfassenden Unterstützung während des Maschinengebrauchs, z. B. durch nutzungsspezifische Ersatzteilpakete, angepasste technische Serviceprodukte oder Informationsbereitstellung, bekommen diese alle notwendigen Unterstützungen aus einer Hand (Abb. 5.9).

Die genaue Kenntnis der Kundenbedarfe sowie die geregelte Zusammenarbeit aller Partner im Servicenetzwerk ermöglicht es Wirtgen, den Service getreu den Prinzipien „so nah wie möglich beim Kunden" sowie „der Kunde hat immer Vorrang" zu erbringen. So besteht das Selbstverständnis des Services bei der Wirtgen GmbH darin, den Kunden in den Mittelpunkt aller Geschäftsprozesse zu stellen und so ein zuverlässiger, permanenter Begleiter des Kunden zu sein. Hierbei ist es insbesondere wichtig, dem Kunden alles aus einer Hand anbieten zu können. So sind die Niederlassungen für den Kunden nicht nur Ansprechpartner für alle Maschinen der Wirtgen Group, sondern bieten diesem auch über den gesamten Produktlebenszyklus hinweg alle Ersatzteile und Services an.

Aufgrund der Individualität der weltweiten Kunden spielt dabei ein an die jeweiligen Kundenbedarfe anpassbares Leistungsspektrum im Sach- und Serviceproduktbereich eine zentrale Rolle für die Zufriedenheit jedes einzelnen Kunden. Für eine kundenindividuelle Ausgestaltung des Leistungsspektrums müssen den Service- und Vertriebspartnern durch das Stammwerk Sach- und Serviceprodukte so zur Verfügung gestellt werden, dass diese gemeinsam mit den Kunden zu individuellen, bedarfsgerechten Lösungen kombiniert werden können.

5.3.2 Voraussetzung für kundenbedarfsorientierte Angebote

Die Modularisierung von Sach- und Serviceprodukten stellt somit eine notwendige Voraussetzung für die kundenindividuelle Anpassung von materiellen und immateriellen Leistungen dar. Die entsprechende Produktstruktur wird durch das Stammwerk gestaltet und so für die Vertriebs- und Servicepartner dokumentiert, dass die kundenindividuelle Konfiguration optimal unterstützt wird.

Um den weltweit stark variierenden Anforderungen in den einzelnen Phasen des Sachproduktlebenszyklus gerecht zu werden, führen die Service- und Vertriebspartner im Rahmen der Beschaffungsphase gemeinsam mit den Kunden eine individuelle Zusammenstellung und ggf. auch Anpassung von Sach- und Serviceprodukten durch. Ausgangspunkt dieser Konfiguration ist eine möglichst detaillierte Beschreibung des Sachproduktlebenszyklus sowie der Ziele, welche die Kunden mit dem Einsatz des Sachproduktes verfolgen.

5.3.3 Kundenindividuell anpassbare Sachprodukte

Die kundenindividuelle, bedarfsgerechte Anpassung des Sachproduktes erfolgt bei den Vertriebs- und Servicepartnern auf Basis eines vom Stammwerk vorgegebenen Kundenauftragsdatenblattes (Abb. 5.10). Die Kundenauftragsdatenblätter aller Maschinen sind hierbei stets nach dem gleichen Schema aufgebaut.

Aus dem Datenblatt wird ersichtlich, welche Komponenten des Sachproduktes im Zuge der Konfiguration an die kundenspezifischen Anforderungen angepasst werden können bzw. welche Optionen für die einzelnen Komponenten zur Wahl stehen. Es werden die folgenden Komponenten unterschieden (Abb. 5.11):

NR.	W 60	SERIEN-NR.: 09.10.
GRUNDMASCHINE (010)		**IDENT-NR.**
[ ] Grundmaschine ohne Pflichtoptionen		2093983
PFLICHTOPTIONEN		**IDENT-NR.**
ANBAUTEILE FRÄSWALZENGEHÄUSE (030)		
[ ] Anbauteile Fräswalzengehäuse FB600. Standardausführung mit einteiligem Abstreifer, ohne Fräswalze		2056274
[ ] FCS-Anbauteile Fräswalzengehäuse FB600. Basis-Paket-FCS, inkl. Tandemabstreifer (nur mechanische Teile), ohne Fräswalze. Tandemabstreifer für die Aufnahme von Abstreiferunterteilen bei verringerten Fräsbreiten. Erforderlich für die Materialverladung bei Einsatz zusätzlicher Fräseinheiten mit verringerter Fräsbreite.		2056275
FRÄSWALZEN / FRÄSEINHEITEN (036)		
[ ] Fräswalze – Standard, FB600, LA15, mit geschweißten Meißelhaltern HT01, Frästiefe 300 mm, inkl. 68 RS-Meißel.		98471
[ ] Fräswalze FB600, LA15, mit Wechselhaltersystem HT11 Frästiefe 300 mm, inkl. 75 RS-Meißel.		186962
[ ] FCS-Fräseinheit FB600, LA15, mit Wechselhaltersystem HT11 Frästiefe 300 mm, inkl. 75 RS-Meißel, inkl. entsprechender Abstreiferunterteile.		2056255

Abb. 5.10 Datenblatt zur Sachproduktkonfiguration

5 Konfiguration investiver Produkt-Service Systeme

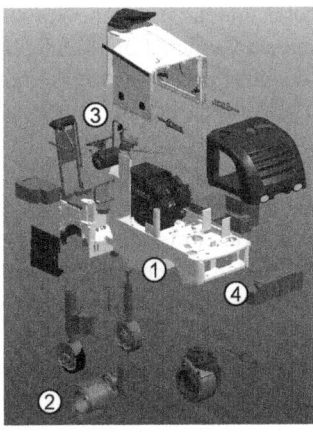

① Grundmaschine
z. B. Chassis

② Pflichtoption
z. B. Fräsaggregat

③ Wahloption
z. B. Nivelliersystem

④ Individualoption
z. B. Ausrüstung für Indoor-Einsatz mit Rammschutz, Partikelfilter und Zusatzgewichten zur Abtragung von Hallenböden

Abb. 5.11 Aufbau einer Straßenfräse

- Grundmaschine:
Die Grundmaschine bildet den wesentlichen Kern des Sachproduktes und enthält alle nicht veränderbaren Komponenten. Hierzu zählt z. B. das Chassis der Straßenfräse.
- Pflichtoptionen:
Als Pflichtoptionen werden diejenigen Komponenten bezeichnet, bei denen der Kunde zwar grundsätzlich die Wahl zwischen unterschiedlichen Varianten hat, zur Sicherstellung der Funktion der Maschine jedoch eine Auswahl treffen muss. Dies trifft z. B. für das Fräsaggregat zu, bei dem mehrere Varianten zur Verfügung stehen, aus denen genau eine ausgewählt werden muss.
- Wahloptionen:
Bei den sog. Wahloptionen kann der Kunde bei der Konfiguration ebenfalls zwischen unterschiedlichen, standardisierten Varianten wählen. Im Gegensatz zu den Pflichtoptionen muss jedoch die Komponente nicht zwangsweise in das Sachprodukt eingebaut werden. Als Beispiel kann hier das Nivelliersystem aufgeführt werden.
- Individualoptionen:
Als Individualoptionen werden diejenigen konstruktiven Veränderungen des Sachproduktes bezeichnet, für die im Vorfeld keine standardisierten Auswahlmöglichkeiten durch verschiedene Varianten bereitstehen. Individualoptionen werden sehr stark vom spezifischen Lebenszyklus der Maschine beeinflusst und sind in der Regel mit einem hohen Entwicklungsaufwand verbunden. Sie werden deshalb auch als (Entwicklungs-)Projekte bezeichnet. Als eine Individualoption gilt bspw. die Ausrüstung einer Fräsmaschine für den Indoor-Einsatz. Hierbei sind u. a. Rammschutz, Partikelfilter und Zusatzgewichte einzubauen.

Aufgrund der quasi unbeschränkten Vielfalt der zur Verfügung stehenden Optionen, ist es für die Vertriebs- und Servicepartner von sehr großer Wichtigkeit, ein detailliertes Bild vom Anforderungsprofil des Kunden zu haben. Nur so kann die Maschine den Kundenanforderungen auch gerecht werden. Folgerichtig müssen die Anforderungen, die aus dem Lebenszyklus des Sachproduktes resultieren, z. B. im Rahmen von direkten Gesprächen mit dem jeweiligen Kunden systematisch aufgenommen und analysiert werden.

Zeigt sich hierbei beispielsweise, dass der Kunde sehr spezielle Anforderungen an den Produktionsprozess hat, in dessen Rahmen die Straßenfräse eingesetzt werden soll, so wird in der Regel ein spezialisiertes Fräsaggregat ausgewählt. Ist kundenseitig jedoch z. B. eine hohe Flexibilität der Straßenfräse hinsichtlich der umsetzbaren Fräsbreite und -tiefe gewünscht, so kann eine Maschine, die mit einem Wechselsystem für Fräswalzen (Flexible Cutter System – FCS) ausgerüstet ist, gewählt werden. Dieses System ermöglicht dem Kunden durch schnellen Walzenwechsel verschiedene Fräsmuster, -breiten und -tiefen mit nur einer Maschine zu fertigen.

5.3.4 Für jeden Kunden individuell konfigurierbar: Das Dienstleistungskonzept

5.3.4.1 Motivation

Um den individuellen Bedarfen der Kunden gerecht zu werden, müssen auch die in Ergänzung zum Sachprodukt angebotenen Serviceprodukte so strukturiert sein, dass sie im Rahmen der Konfiguration von den Vertriebs- und Servicepartnern problemlos angepasst werden können. Aus diesem Grund entwickelte die Wirtgen GmbH mit ihrem neuen Dienstleistungskonzept einen übergeordneten Rahmen für die über den Sachproduktlebenszyklus hinweg angebotenen Serviceprodukte, wie z. B. Inspektionen in festen zeitlichen Abständen oder den lebenszyklusabhängigen Austausch von Verschleißteilen. Grundlage der Entwicklung bildeten dabei die aus zahlreichen Kundengesprächen gesammelten Informationen über deren Anforderungen sowie die Erfahrungen, welche über viele Jahre hinweg bei der Betreuung der im Feld befindlichen Maschinen gesammelt wurden.

5.3.4.2 Aufbau des Dienstleistungskonzepts

Ziel der Entwicklung des Dienstleistungskonzeptes war es, dem Kunden spezielle Wartungs- und Instandhaltungspakete anbieten zu können, die ihm gemäß seines individuellen Anforderungsprofils die bestmögliche Betreuung seiner Maschine garantieren und gleichzeitig preislich kalkulierbar sind.

Insbesondere die preisliche Kalkulierbarkeit der angebotenen Serviceprodukte stellte sich hierbei als grundlegende Herausforderung bei der Gestaltung des Dienstleistungskonzeptes heraus. So sind insbesondere der zu erwartende Verschleiß bestimmter Komponenten sowie Quantität und Qualität der täglichen Wartungsarbeiten, welche vom Kunden selbstständig durchzuführen sind (Auffüllen des Wassertanks etc.), sehr stark individuell verschieden und praktisch nicht prognostizierbar. Da diese vom Hersteller nicht beeinflussbaren Rahmenbedingungen jedoch die anfallenden Servicekosten maßgeblich beeinflussen, entschied man sich, die sog. Rundum-Sorglos-Pakete für den Kunden nicht anzubieten.

Vielmehr strukturierte die Wirtgen GmbH das neue Dienstleistungskonzept so, dass die unterschiedlichen Pakete, die dem Kunden zu einem bestimmten Preis angeboten werden und diesem so eine lebenszyklusorientierte Kalkulation seiner Investition ermöglichen, ereignisbezogen gestaltet sind. So kann der Kunde beispielsweise ganze Verschleißteilpakete, welche alle nach einer gewissen Betriebsstundenzahl zu tauschenden Teile enthalten, zu einem Festpreis erwerben. Auf diese Weise wird es möglich, ein Serviceprodukt anzubieten, das zwar die kundenindividuellen Betriebsbedingungen mit einbezieht, dessen Qualität jedoch nicht von diesen abhängig ist.

Das neu entwickelte Dienstleistungskonzept der Wirtgen GmbH verfügt über einen modularen Aufbau (Abb. 5.12). Somit können unterschiedliche Bestandteile kundenindividuell kombiniert werden:

- Die Servicevereinbarung *Inspektion* umfasst unterschiedliche Bestandteile rund um die Inspektion der Maschine. So werden dem Kunden neben der Inspektion der Verschleißteile bei jedem Arbeitseinsatz des Monteurs an der Maschine (Verschleißprüfung) auch eine Sichtprüfung der Maschine sowie der Verschleißteile angeboten. Diese kann sowohl auf Anforderung des Kunden als auch im Rahmen der 500-h-Wartung erfolgen (Sichtinspektion). Als weitere Komponenten können

Warranty	Verlängerte Garantie *(nur mit Wartungsvertrag)*	O
Inspektion	Verschleißprüfung	✓
	Sichtinspektion	✓
	Technische Prüfung	✓
	UVV	✓
Wartungsvertrag	Standard = komplett	✓
	Var. 1= Arb. teilw. durch Kunden	O
	Var. 2 = Teileabo	O
	Var. 3 = Festpreis	O
Wartungs-vertrag +	Standard = komplett	×
	Var. 1= Arb. teilw. durch Kunden	×
	Var. 2 = Teileabo	O
	Var. 3 = Festpreis	O
Full-Service		×
Nutzungsvertrag		×

Abb. 5.12 Aufbau des Dienstleistungskonzeptes

✓ aktiv angeboten
O variabel auf Kundenwunsch
× derzeit nicht angeboten

kundenseitig eine vollständige Inspektion mit Messung und Einstellung der wesentlichen Maschinenparameter (auf Anforderung und im Rahmen der 1.000-h-Wartung (Technische Prüfung)) sowie dazu ergänzend eine Sicherheitsprüfung nach den Unfallverhütungsvorschriften (UVV) gewählt werden.

- Die Servicevereinbarung *Wartungsvertrag* verfolgt die Ziele, den Kontakt zum Kunden zu halten sowie den optimalen Zustand der Maschine sicherzustellen. Dadurch können sich das Serviceteam und die Niederlassungswerkstätten als verlässliche Partner im Bewusstsein des Kunden verankern. Die Servicevereinbarung *Wartungsvertrag* umfasst alle Wartungsarbeiten, die in der Betriebsanleitung der Maschine angegeben sind und sichert dem Kunden deren Durchführung durch qualifizierte Servicetechniker (jeweils inklusive der entsprechenden Inspektionen).
  Als Varianten der Vereinbarung können kleinere Wartungsarbeiten teilweise oder vollständig von den Kunden übernommen werden. Hierzu werden dem Kunden die erforderlichen Ersatzteile sowie eine Beschreibung der durchzuführenden Arbeiten rechtzeitig bereitgestellt. In letztgenanntem Fall werden dem Kunden lediglich die benötigten Ersatzteile zu einem vorher vereinbarten Festpreis bereitgestellt („Ersatzteileabo"). Eine weitere Variante bietet dem Kunden die Realisierung kompletter Wartungsarbeiten durch den Servicetechniker zu einem vertraglich vereinbarten Preis an. Auf diese Weise bekommt der Kunde eine preisliche Sicherheit. Er kann jedoch noch situativ entscheiden, ob er von den entsprechenden Angeboten Gebrauch macht.
- Nur in Verbindung mit bestimmten Bestandteilen der oben genannten Servicevereinbarungen bekommt der Kunde die Möglichkeit einer Garantieverlängerung (*Warranty*). Hiermit kann der Kunde, sofern er parallel gewisse, in den Servicerichtlinien der Wirtgen GmbH beschriebene Leistungen aus den Servicevereinbarungen *Inspektion* bzw. *Wartungsvertrag* erworben hat, die Herstellergarantie zu einem festgelegten Preis um ein Jahr verlängern.

Neben den genannten Bausteinen verfügt das Dienstleistungskonzept noch über weitere Module, die zwar vollständig entwickelt sind, jedoch zurzeit nicht aktiv vermarktet werden.

5.3.4.3 Kundenindividuell anpassbar aufgrund modularer Gestaltung

Das neue Dienstleistungskonzept wurde auf Basis einer unternehmensspezifisch entwickelten Checkliste für die Serviceproduktentwicklung gestaltet. Auf diese Weise wurde bereits während der Sachproduktentwicklung sichergestellt, dass am Ende der parallel erfolgenden Serviceproduktentwicklung die im Dienstleistungskonzept enthaltenen Serviceprodukte, welche ergänzend zum Sachprodukt angeboten werden, über geeignete Modelle (Ergebnis-, Ressourcen- und Prozessmodelle) beschrieben werden können (vgl. Kap. 4). Somit wird eine kundenindividuelle Anpassung der mit der Realisierung der Serviceprodukte angestrebten Ergebnisse

5 Konfiguration investiver Produkt-Service Systeme

sowie der hierfür benötigten Ressourcen und der notwendigerweise zu durchlaufenden Prozesse ermöglicht.

Zur kundenindividuellen Konfiguration der Serviceprodukte werden den Niederlassungen durch die Serviceabteilung im Stammwerk zahlreiche Hilfsmittel bereitgestellt:

- Ein Kalkulationswerkzeug hilft den Vertriebs- und Servicepartnern, auf Basis der gewählten Bestandteile des Wartungsvertrages (Wartungsumfang, beinhaltetes Ersatzteilspektrum etc.), der Vertragslaufzeit sowie unterschiedlicher kundenspezifischer Daten (Anfahrtszeiten etc.) eine Kalkulation der für diese im Verlauf des Vertragsverhältnisses entstehenden Kosten vorzunehmen. Auf diese Weise wird auch die Grundlage für die Preisgestaltung gelegt.
- Musterverträge helfen, die variablen Bestandteile des Leistungsspektrums in einer geeigneten Art und Weise abzubilden (Ergebnisbeschreibung). Die mit dem Kunden im Rahmen der Konfiguration getroffene Leistungsvereinbarung stellt dabei den wesentlichen Bestandteil des Vertrages dar.
- Ergänzend zu den mit den Kunden geschlossenen Verträgen lassen sich aus diesen die individuellen Checklisten zum Leistungsumfang ableiten (Abb. 5.13). Diese stellen die vereinbarten Leistungen in einer Form dar, die es denjenigen Stellen, welche anschließend für die Erbringung der Serviceprodukte zuständig sind (z. B. Servicetechniker in der Werkstatt oder vor Ort beim Kunden), ermöglicht, die festgesetzten Bestandteile der Wartung Punkt für Punkt abzuarbeiten (Prozess- und Ressourcenbeschreibung). Auf diese Weise kann die Vollständigkeit und die Qualität des Services garantiert und jederzeit nachverfolgt werden.

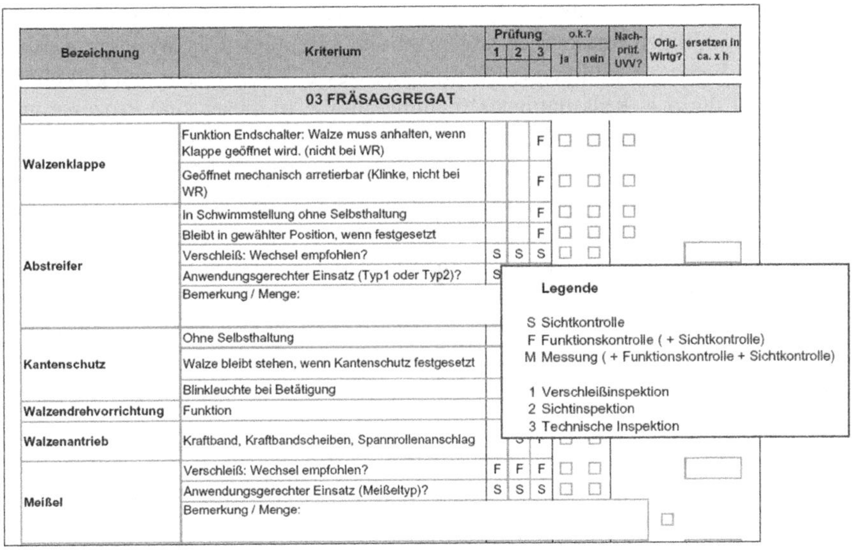

Abb. 5.13 Checkliste zur Serviceproduktbringung

Die Anpassung der Serviceprodukte erfolgt, wie auch im Sachproduktbereich, im Dialog zwischen dem Kunden und dem betreuenden Vertriebs- und Servicepartner. Dabei werden die Anforderungen aus Kundensicht, welche aus dem vorausgeplanten individuellen Produktlebenszyklus resultieren, die Ausgestaltung des Sachproduktes sowie die weiteren individuellen Wünsche des Kunden berücksichtigt. Zur Unterstützung der Konfiguration können die o. g. Werkzeuge herangezogen werden.

5.3.5 Lebenszyklusorientierte Anpassung der Servicebestandteile

Die wichtigste Grundlage für die lebenszyklusorientierte Zusammenstellung und Anpassung der Serviceprodukte stellt die Ermittlung der kundenindividuellen Anforderungen dar. Darauf basierend werden anschließend das Sachprodukt sowie die ergänzenden Serviceprodukte zusammengestellt bzw. angepasst.

Entschließt sich der Käufer einer Straßenfräse z. B. dazu, in Ergänzung zum Sachprodukt einen Vertrag über die Servicevereinbarung *Wartungsvertrag* abzuschließen, so kann diese Servicevereinbarung gemäß seinen individuellen Bedarfen angepasst werden. So können bspw. der Ort der Wartungsdurchführung (vor Ort beim Kunden oder in der Vertragswerkstatt), der Umfang der im Wartungsvertrag enthaltenen Ersatz- und Verschleißteilpakete oder die Gestaltung der Motorenwartung (die Motorenwartung wird in der Regel vom Motorenhersteller direkt vorgenommen, der wahlweise vom Kunden oder der Wirtgen GmbH beauftragt werden kann) den Kundenwünschen entsprechend festgelegt werden.

Anschließend werden durch den jeweiligen Vertriebs- und Servicepartner – unter Berücksichtigung der Sachproduktstruktur – die für die Erbringung des Wartungsvertrags notwendigen Ressourcen angepasst und kalkuliert. Des Weiteren werden die aus dem Vertrag resultierenden Wartungsprozesse dokumentiert und kalkuliert. Hier kommt die o. g. Kalkulationshilfe zum Einsatz. In dieser sind Prozesse und notwendige Ressourcen aus Herstellersicht für die Wartung innerhalb der jeweiligen Leistungsbestandteile hinterlegt und preislich bewertet. Auf diese Weise kann dem Kunden im Rahmen der Konfiguration direkt Auskunft über die für ihn resultierenden Kosten gegeben werden. Der Kunde hat so die Möglichkeit, Wartungspakete, welche einerseits notwendige Teile (z. B. Verschleißteile), andererseits die zugehörigen Aktivitäten (z. B. Wartungsvorgänge) umfassen, zu festgelegten Preisen zu erwerben.

Um die Kalkulation auf eine feste Grundlage zu stellen, werden im Rahmen der Konfiguration auch grundlegende lebenszyklusspezifische Ereignisse und Daten berücksichtigt. In diesem Rahmen erfolgt z. B. die Erfassung der angestrebten Anzahl von Maschinenbetriebsstunden sowie die Vorausplanung der angestrebten gesamten Maschinenlaufzeit in Verbindung mit den maschinenspezifischen Wartungsintervallen. Auf diese Weise können mit dem Kunden direkt bei der Konfiguration bindende Preisabsprachen getroffen werden. Der Kunde zahlt im Rahmen der Serviceerbringung dann den vorher für die im Wartungsvertrag beinhalteten Teile und Aktivitäten festgelegten Preis sowie (falls die Wartung vor Ort beim Kunden stattfindet) ein Entgelt für die An- und Abreise des Servicetechnikers. So wird es dem Kunden ermöglicht, im Rahmen der Maschinenbeschaffung die für ihn resultierenden Lebenszykluskosten zu kalkulieren und auf dieser Basis seinen individuellen Investitionsplan zu gestalten.

5.3.6 Zusammenfassung

Zusammen mit den kundenindividuell anpassbaren Sachprodukten ermöglicht das Dienstleistungskonzept der Wirtgen GmbH, ihren Kunden bedarfsgerecht zusammengestellte Komplettlösungen, bestehend aus Sach- und Serviceprodukten, anzubieten. Bei der Entwicklung des neuen Dienstleistungskonzeptes konnte – Dank der engen Beziehungen der betreuenden Vertriebs- und Servicepartner zu ihren Kunden – gezielt auf die Bedarfe der Kunden eingegangen werden, so dass mit der Fertigstellung des Konzeptes eine optimale Ergänzung der angebotenen Sachprodukte existiert.

Aufgrund der hohen Anforderungen, die Wirtgen an die Qualität seiner Sach- und Serviceprodukte stellt, wurde insbesondere bei der Entwicklung des Dienstleistungskonzeptes darauf geachtet, dass die geforderte Qualität bei allen Produkten im gesamten Unternehmensnetzwerk sichergestellt werden kann. Auf diese Weise wird auch in Zukunft garantiert, dass die besten Maschinen auf dem Markt den erforderlichen besten Service bekommen.

Literatur

Aurich J C, Fuchs C, Wagenknecht C (2006) Life Cycle Oriented Design of Technical Product-Service Systems. Journal of Cleaner Production 14/7: 1480–1494

Brissaud D, Tichkiewitch S (2001) Product Models for Life-Cycle. Annals of the CIRP 50/1: 105–108

DIN e.V. Hrsg (1990) DIN 6789: Dokumentationssystematik – Dokumentensätze, Technische Produktdokumentationen. Beuth Verlag, Berlin

DIN e.V. Hrsg (1990) DIN 40041 Zuverlässigkeit – Begriffe. Beuth Verlag, Berlin

DIN e.V. Hrsg (2002) DIN 199 Technische Produktdokumentation – CAD Modelle, Zeichnungen und Stücklisten. Beuth Verlag, Berlin

Fuchs C (2007) Life Cycle Management investiver Produkt-Service Systeme – Konzept zur lebenszyklusorientierten Gestaltung und Realisierung. Technische Universität Kaiserslautern, Kaiserslautern

Hayes R H, Wheelwright S C (2003) Link manufacturing process and product life cycles. In: Lewis M A, Slack N (Hrsg) Operations management: critical perspectives on business and management, Vol. 3: 30–40. Routledge, London

Kölscheid W (1999) Methodik zur lebenszyklusorientierten Produktgestaltung – Ein Beitrag zum Life Cycle Design. Shaker-Verlag, Aachen

Koppelmann U (1993) Produktmarketing. Entscheidungsgrundlagen für Produktmanager. Kohlhammer, Stuttgart

Meier H, Uhlmann E, Kortmann D (2005) Hybride Leistungsbündel. wt Werkstattstechnik online 95/7-8: 528–532

Mont, O K (2002) Clarifying the Concept of Product-Service System. Journal of Cleaner Production 10/3: 237–245

Muser, V (1988) Der integrative Kundendienst. Grundlagen für ein marketingorientiertes Kundendienstmanagement. FGM, Augsburg

Pahl G, Beitz W, Feldhusen J, Grote K H (2005) Konstruktionslehre – Grundlagen erfolgreicher Produktentwicklung, Methoden und Anwendung. Springer-Verlag, Berlin

Scheer C (2006) Kundenorientierter Produktkonfigurator: Erweiterung des Produkt-konfiguratorkonzeptes zur Vermeidung kundeninitiierter Prozessabbrüche bei Präferenzlosigkeit und Sonderwünschen in der Produktspezifikation. Logos Verlag, Berlin

Schönsleben P (2001) Integrales Informationsmanagement – Informationssysteme für Geschäftsprozesse – Management, Modellierung, Lebenszyklus und Technologie. 2. Aufl., Springer, Berlin

Senti, R (1994) Produktlebenszyklusorientiertes Kosten- und Erlösmanagement. Hochschule Sankt Gallen, Sankt Gallen

Spath D, Demuß L (2003) Entwicklung hybrider Produkte – Gestaltung materieller und immaterieller Leistungsbündel. In: Bullinger H-J, Scheer A-W (Hrsg) Service Engineering – Entwicklung und Gestaltung innovativer Dienstleistungen: 467–506. Springer, Berlin

Spur G, Krause F-L (1997) Das virtuelle Produkt – Management der CAD-Technik. Hanser Verlag, München

Steffenhagen H (1991) Marketing – Eine Einführung. Kohlhammer, Stuttgart

Westkämper E, von der Osten-Sacken D (1998) Product Life Cycle Costing Applied to Manufacturing Systems. Annals of the CIRP 47/1: 353–356

Zehbold C (1996) Lebenszykluskostenrechnung. Gabler, Wiesbaden

Züst R, Wagner R (1992) Approach to the identification and Quantification of Environmental Effects During Product Life. Annals of the CIRP 41: 473–476

Kapitel 6
Realisierung investiver Produkt-Service Systeme

Eric Schweitzer, Christoph Fiekers und Jürgen Möhrer

Das folgende Kapitel beschäftigt sich mit der Realisierung von Produkt-Service Systemen (PSS), d.h. mit der Bereitstellung und Aufrechterhaltung des geforderten Nutzens durch individuell kombinierte Sach- und Serviceproduktbestandteile eines PSS. Sowohl die Kunden des PSS-Anbieters als auch der PSS-Anbieter selbst verfolgen unterschiedlichste Ziele, zu deren Erfüllung ein PSS beitragen kann. Erfüllt jedoch ein PSS im Rahmen der PSS-Realisierung die insbesondere in der Konfigurationsphase formulierten Erwartungen an seine Leistung nicht, so sind seitens des PSS-Anbieters geeignete kundenspezifische und/oder kundenübergreifende Maßnahmen einzuleiten, welche die erwartete Leistungsfähigkeit des PSS wiederherstellen.

Abschnitt 6.1 beschreibt ein Konzept zur kontinuierlichen Verbesserung investiver PSS. Hierbei wird auch der Tatsache Rechnung getragen, dass die kontinuierliche Verbesserung nicht nur im Aufgabenbereich des PSS-Anbieters selbst liegt, sondern die Zusammenarbeit sämtlicher Organisationseinheiten im weltweiten Wertschöpfungsnetzwerk erfordert. Das sich anschließende Abschn. 6.2 verdeutlicht die praktische Umsetzung des Konzepts anhand eines Beispiels aus der Landmaschinenindustrie.

6.1 Konzept zur kontinuierlichen Verbesserung investiver Produkt-Service Systeme

6.1.1 Einleitung

Der Fokus in der Phase der PSS-Realisierung liegt auf zwei Punkten. Einerseits muss der PSS-Anbieter dem vom Kunden geforderten Nutzen durch die Bereit-

---

E. Schweitzer (✉)
Lehrstuhl für Fertigungstechnik und Betriebsorganisation, Technische Universität Kaiserslautern, Postfach 3049, 67653 Kaiserslautern, Deutschland
e-mail: schweitzer@cpk.uni-kl.de

stellung von anforderungsgerecht konfigurierten Sach- und Serviceproduktbestandteilen eines PSS gerecht werden (vgl. Kap. 5). Andererseits muss jedoch im Anschluss an diese kundenindividuelle Selektion und Kombination – im Rahmen eines kontinuierlichen Prozesses – auch die erwartete Leistungsfähigkeit des PSS überprüft und ggf. wiederhergestellt werden. Hierfür sind Defizite systematisch so zu beschreiben, dass daraufhin geeignete Maßnahmen zur PSS-Verbesserung festgelegt werden können. Um diese Aufgaben innerhalb der PSS-Realisierung anforderungsgerecht erfüllen zu können, sind seitens des PSS-Anbieters jedoch zunächst entsprechende aufbau- und ablauforganisatorische Voraussetzungen innerhalb des gesamten Wertschöpfungsnetzwerks zu schaffen.

6.1.2 Gestaltung des Wertschöpfungsnetzwerks

Bei der Gestaltung der aufbau- und ablauforganisatorischen Voraussetzungen für die Implementierung eines kontinuierlichen Verbesserungsprozesses für PSS müssen zunächst die Funktionen des Wertschöpfungsnetzwerkes sowie der darin organisierten Partner konkretisiert werden. Darauf aufbauend erfolgt die Definition der Aufgaben, welche die unterschiedlichen Netzwerkpartner im Laufe des PSS-Lebenszyklus zu bewältigen haben.

6.1.2.1 Funktionen des Wertschöpfungsnetzwerks

Um die Bedarfe ihrer Kunden zu erfüllen und eine hohe Kundenzufriedenheit zu erreichen, müssen Hersteller größere Verantwortung für die erstellten Sachprodukte entlang deren Lebenszyklus tragen – auch dann, wenn diese Produkte schon aus ihrem traditionellen Fokus herausgetreten sind (Mont 2002). Betrachtet man den Lebenszyklus investiver PSS, so zeigt sich, dass das Angebot von Sach- und Serviceprodukten durch den PSS-Anbieter nicht nur eine Veränderung des traditionellen (sachproduktorientierten) Angebots des Anbieters darstellt. Vielmehr geht das veränderte Leistungsangebot auch einer mit einer langfristigen Partnerschaft zwischen dem PSS-Anbieter und seinen Kunden, insbesondere während den Phasen der PSS-Konfiguration und der PSS-Realisierung. Dies führt in der Folge auch zu veränderten Anforderungen an die Struktur des entsprechenden Wertschöpfungsnetzwerks (Meier u. Völker 2008). Insbesondere das Angebot produktbegleitender Dienstleistungen erfordert eine Weiterentwicklung der Netzwerkstruktur traditionell sachproduktorientierter Unternehmen, da die Realisierung dieser Serviceprodukte und somit eines wesentlichen Anteils der vom Kunden erwarteten Leistung i. d. R. nicht durch den PSS-Anbieter selbst, sondern durch dessen Händler, Vertriebs- oder Servicepartner geschieht (Aurich et al. 2009).

Eine erfolgreiche Realisierung von PSS erfordert die Erfüllung dreier wesentlicher Funktionen durch die Serviceproduktbestandteile des PSS:

- Die Betreuungsfunktion zielt auf die Aufrechterhaltung des erwarteten Sachproduktnutzens durch Inspektion, Wartung, Instandsetzung und Verbesserung (DIN 2003).
- Die Bedarfsdeckungsfunktion zielt auf die Steigerung des Sachproduktnutzens aus Kundensicht (z. B. durch Upgrading des Sachproduktes).
- Die Informationsgewinnungsfunktion zielt auf die Deckung der Informationsbedarfe des Herstellers. Durch die gewonnenen Informationen bzgl. Sach- und Serviceprodukten, Kunden und Märkten wird es dem PSS-Anbieter ermöglicht, sein Leistungsangebot kontinuierlich zu verbessern (Lindahl et al. 2006).

6.1.2.2 Partner im Wertschöpfungsnetzwerk

Die Erfüllung der genannten Serviceproduktfunktionen kann nicht ausschließlich durch den PSS-Anbieter gewährleistet werden. Vielmehr bedarf es der Einbindung aller im erweiterten Wertschöpfungsnetzwerk des PSS-Anbieters organisierten Partner mit ihren jeweiligen Kompetenzen.

Das erweiterte Wertschöpfungsnetzwerk eines PSS-Anbieters lässt sich in ein Produktion- und ein Servicenetzwerk unterteilen (Abb. 6.1). Während das Produktionsnetzwerk für die Produktion des Sachproduktkerns verantwortlich ist und dementsprechend in seinem Rahmen Zulieferer für Einzelteile, Komponenten und/oder ganze Systemmodule organisiert werden (Wildemann 1996), sind die im sog. Servicenetzwerk organisierten Partner des PSS-Anbieters für die Bereitstellung und Erbringung der Serviceproduktbestandteile des PSS verantwortlich (Fuchs 2007). Das Servicenetzwerk umfasst dabei sowohl herstellereigene Niederlassungen als auch Servicepartner und unabhängige Händler (Aurich et al. 2005).

Die Aufgaben der im globalen Wertschöpfungsnetzwerk organisierten Partner können wie folgt charakterisiert werden:

- Hersteller/PSS-Anbieter: Der Sachprodukthersteller steht im Mittelpunkt seines aus spezifischen Lieferanten und Servicepartnern bestehenden erweiterten Wertschöpfungsnetzwerks. Zu seinen Aufgaben zählen insbesondere die Planung und

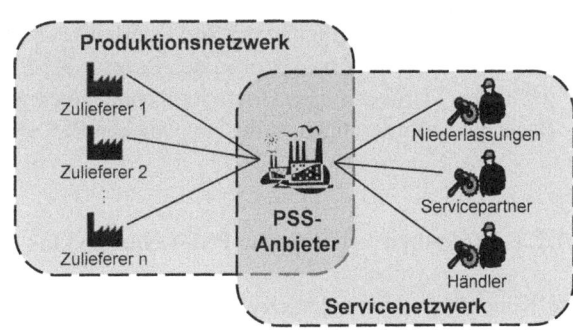

Abb. 6.1 Struktur des globalen Wertschöpfungsnetzwerkes

Entwicklung der angebotenen Sachprodukte sowie deren Produktion, welche in enger Zusammenarbeit mit den entsprechenden Lieferanten realisiert wird. Darüber hinaus übernimmt er zentral die Planung und Entwicklung der in Ergänzung zum Sachprodukt angebotenen Serviceprodukte. Im Gegensatz zu den Mitgliedern des Produktionsnetzwerks im Sachproduktbereich werden die für die Serviceerbringung verantwortlichen Partner im Wertschöpfungsnetzwerk jedoch i. d. R. nicht in die zentrale Serviceproduktentwicklung mit einbezogen. Vielmehr erhalten diese im Zuge der Markteinführung die Kompetenz zur marktspezifischen Anpassung der Serviceprodukte.

- Zulieferer: Die Zulieferer tragen als Mitglieder des Produktionsnetzwerks die Verantwortung für die Bereitstellung von Materialien, Einzelteilen, Komponenten oder ganzen Systemmodulen, welche seitens des PSS-Anbieters für die Produktion der Sachproduktbestandteile benötigt werden.
- Niederlassungen und Händler: Auf den wichtigsten Absatzmärkten unterhalten PSS-Anbieter oftmals eigene Niederlassungen oder Händler. Als rechtlich eigenständige, jedoch wirtschaftlich abhängige Tochterunternehmen beschäftigen sie i. d. R. Sach- und Serviceproduktspezialisten (z. B. Servicetechniker oder Schulungspersonal), die sich für spezielle Produkttypen verantwortlich zeigen. Zu den Aufgaben der Händler und Niederlassungen zählen u. a. der Vertrieb von Sach- und Serviceprodukten (bei letztgenannten inklusive deren marktspezifischer Anpassung), die Bearbeitung von Kundenaufträgen im Rahmen der individuellen PSS-Konfiguration sowie die im Zuge der Serviceproduktrealisierung erfolgende Gewinnung von Feldinformationen bzgl. Sach- und Serviceprodukten, Kunden und Märkten.
- Unabhängige Servicepartner: Auf Absatzmärkten, in denen der PSS-Anbieter nicht durch eigene Niederlassungen oder Händler vertreten ist, übernehmen unabhängige Servicepartner den Vertrieb der Sach- und Serviceprodukte sowie die Realisierung der Serviceprodukte. Ebenso wie die Niederlassungen und Händler sind auch sie dazu befähigt, Serviceprodukte marktspezifisch anzupassen sowie produkt-, kunden- und marktspezifische Informationen zu erheben.
- Kunde: Der Kunde stellt im engeren Sinne keinen direkten Teil des Wertschöpfungsnetzwerks dar. Ihm kommt jedoch aufgrund der spezifischen Merkmale von Dienstleistungen im Rahmen der Serviceprodukterbringung eine entscheidende Rolle zu. Durch die Bereitstellung von Personal, des Sachprodukts und/oder von für die Erbringung der Serviceprodukte benötigten Ressourcen wird er als externer Produktionsfaktor in den Prozess der Leistungserbringung mit eingebunden. Darüber hinaus liefert der Kunde diejenigen Informationen, auf deren Basis die Anforderungen an die angebotenen PSS abgeleitet werden können.

6.1.2.3 Aufgabenverteilung im PSS-Lebenszyklus

Die Kooperation der unterschiedlichen Partner im erweiterten Wertschöpfungsnetzwerk des PSS-Anbieters dauert i. d. R. über den gesamten PSS-Lebenszyklus

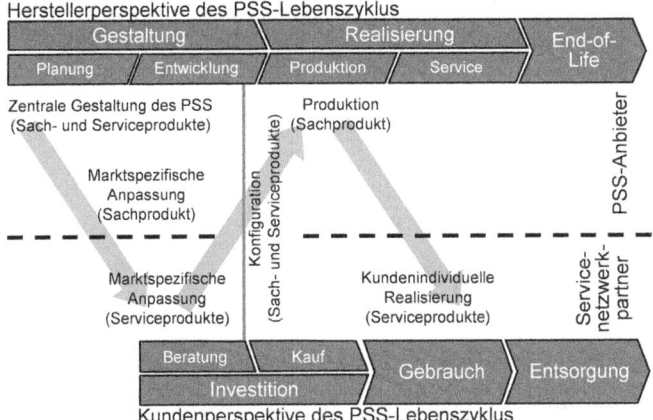

Abb. 6.2 Aufgabenverteilung über den Lebenszyklus investiver PSS

hinweg an. Dabei ändert sich jedoch – abhängig von der jeweiligen Phase im PSS-Lebenszyklus – die Verteilung von Aufgaben, Kompetenzen und Verantwortungen (Abb. 6.2). Dies ist nicht zuletzt auf die unterschiedlichen Anforderungen in den einzelnen Phasen zurückzuführen.

- PSS-Planung: Die Planung der Sach- und Serviceproduktkomponenten findet zentral beim PSS-Anbieter statt (vgl. Kap. 3). Einen wichtigen Beitrag zur Gewinnung neuer Ideen für zukünftige PSS-Angebote leisten dabei die Feldinformationen, welche in der Vergangenheit während der Realisierung ähnlicher PSS durch die Partner im Servicenetzwerk gewonnen werden konnten.
- PSS-Entwicklung: Die Entwicklung von PSS (vgl. Kap. 4) lässt sich in zwei Teilphasen unterteilen. Zunächst werden zentral durch den PSS-Anbieter die Merkmale des neuen PSS festgelegt (Sach- und Serviceproduktkomponenten). Anschließend erfolgt die marktspezifische Anpassung der Sachproduktkomponenten des PSS durch den PSS-Anbieter sowie die lokale Anpassung der Serviceproduktkomponenten des PSS durch die Partner im Servicenetzwerk. Hierdurch kann z. B. regionalen Marktbesonderheiten Rechnung getragen werden.
- PSS-Konfiguration: Nach der Anpassung der Sach- und Serviceproduktkomponenten an die marktspezifischen Besonderheiten findet im nächsten Schritt die Aufnahme der Kundenaufträge durch die Partner des Servicenetzwerks statt. Dabei werden im Rahmen von Beratungsgesprächen die Anforderungen der Kunden an das PSS konkretisiert. Anschließend erfolgt die eigentliche PSS-Konfiguration (vgl. Kap. 5), d. h. die kundenindividuelle Zusammenstellung von Sach- und Serviceproduktbestandteilen durch den Servicenetzwerkpartner. Ggf. kann dieser durch den PSS-Anbieter bei der Konfiguration unterstützt werden (z. B. in technischen Fragen).
- PSS-Realisierung: Während der Nutzungsphase des Sachprodukts sind insbesondere die Mitglieder des Servicenetzwerkes für die Erbringung der ergänzenden

Serviceprodukte zuständig. Darüber hinaus besteht in dieser Phase die Aufgabe der Serviceeinheiten in der Problemlösung, der Informationserfassung und Informationsanalyse sowie der kontinuierlichen Verbesserung der im Feld befindlichen PSS.

6.1.3 Leistungsbewertung von PSS

6.1.3.1 Kennzahlen

Wesentliche Ziele in der Phase der PSS-Realisierung bestehen zum einen darin, dem Kunden durch individuell angepasste, seinen Anforderungen gerecht werdende, Sach- und Serviceprodukte den von ihm geforderten Nutzen zu gewährleisten. Zum anderen müssen die im Feld befindlichen PSS durch die Partner des Servicenetzwerks kontinuierlich hinsichtlich ihrer Leistungsfähigkeit überprüft werden, da auf ein PSS in Laufe dessen Lebenszyklus unterschiedliche Störgrößen einwirken. Werden im Rahmen der Messungen Abweichungen vom – im Rahmen der Konfiguration definierten – Leistungsstandard festgestellt, so sind ggf. operative und/oder strategische Maßnahmen zur Verbesserung der PSS zu definieren und einzuleiten, um auf diese Weise den vom Kunden geforderten Nutzen aufrecht zu erhalten.

Die systematische Leistungsbewertung von PSS erfordert jedoch die Erfüllung zweier wichtiger Voraussetzungen. Zum einen muss innerhalb des erweiterten Wertschöpfungsnetzwerks ein kontinuierlicher Informationsfluss gewährleistet sein. Auf diese Weise können benötigte Informationen zwischen den Netzwerkpartnern (z. B. über den Zustand des Sachprodukts), welche im Rahmen einer Wartung durch den Servicetechniker aufgenommen wurden, ausgetauscht werden. Andererseits muss, zumeist mit Hilfe von Kennzahlen, genau definiert werden, welche Leistungsparameter einer kontinuierlichen Überprüfung unterzogen werden sollen. Diese Kennzahlen können entweder generell vom PSS-Anbieter selbst oder kundenindividuell in Zusammenarbeit von PSS-Anbieter und Kunde – letztgenanntes zumeist im Rahmen der PSS-Konfiguration – festgelegt werden.

Kennzahlen stellen hoch verdichtete Messgrößen dar, die in präziser, konzentrierter und dokumentierter Form als Verhältniszahlen oder absolute Zahlen über einen zahlenmäßig erfassbaren Sachverhalt berichten, über Entwicklungen einer Unternehmung informieren und strategische Erfolgsfaktoren (ab)bilden (Groll 1991). Sie dienen der systematischen Planung und Bewertung von Alternativen oder werden für Kontrollen herangezogen (Gladen 2001). Kennzahlen stellen somit eine geeignete Möglichkeit zur Bewertung der Leistungsfähigkeit von PSS dar.

Die Anforderungen, die an das PSS gestellt werden, lassen sich in kunden- und herstellerseitige Anforderungen unterteilen (vgl. Kap. 3). Um beide Aspekte bei der Überwachung der Leistungsfähigkeit zu berücksichtigen, empfiehlt es sich, die Kennzahlen zur Bewertung der PSS-Leistungsfähigkeit aus den identifizierten Kunden- und Herstellerzielen, welche mit dem PSS verfolgt werden, abzuleiten. Dabei sollten sich die definierten Kennzahlen eindeutig quantitativ belegen und mit anderen Werten vergleichen lassen (Luczak u. Drews 2005).

6 Realisierung investiver Produkt-Service Systeme

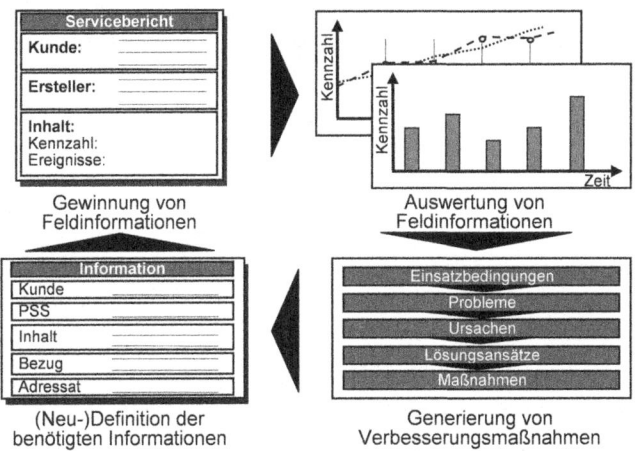

Abb. 6.3 Kennzahlen zur Leistungsbewertung

Im Rahmen der kundenindividuellen PSS-Konfiguration werden neben den Kennzahlen an sich auch Vergleichswerte für die Leistungsmessung festgelegt. Diese beschreiben die Sollwerte der zu überprüfenden Kennzahl sowie die kritischen Werte der einzelnen Kennzahlen. Die kritischen Werte geben dabei die sog. obere und untere Eingriffsgrenze an, d. h. sie zeigen auf, ab welcher Abweichung vom Soll-Wert über entsprechende sach- oder serviceproduktbezogene Verbesserung des PSS nachgedacht bzw. entsprechende Maßnahme eingeleitet werden müssen (Abb. 6.3).

6.1.3.2 Kennzahlen zur Bewertung der Leistungsfähigkeit von PSS

Die Definition der Kennzahlen als Basis der Bewertung der Leistungsfähigkeit eines PSS erfolgt – für jedes kundenspezifisch konfigurierte PSS individuell – in Zusammenarbeit von dem betreuenden Servicenetzwerkpartner und dessen Kunde. Zumeist geschieht dies im Rahmen der PSS-Konfiguration (vgl. Kap. 5), da in diesem Schritt auch die kunden- und herstellerseitigen Ziele näher spezifiziert werden. Diese bilden die Grundlage sowohl für die Zusammenstellung der Sach- und Serviceproduktbestandteile des PSS, als auch für die Definition der Anforderungen an die PSS-Leistungsfähigkeit.

Im Rahmen der spezifischen Kennzahlendefinition zur Bewertung der Leistungsfähigkeit eines PSS sind des Weiteren die Informationen festzulegen, welche im Rahmen der PSS-Realisierung zur Bestimmung der Kennzahlen aufgenommen werden müssen. Wichtig ist hierbei eine klare Spezifizierung der notwendigen Information, die u. a. die Festlegung der Informationsart, den Informationsträgern und den Informationsempfänger, die Informationswege sowie die zu erstellenden Dokumente umfasst. So kann z. B. im Rahmen der Konfiguration einer Autobetonpumpe festgelegt werden, dass im Rahmen jeder vorgesehenen Wartung die seit der vergangenen Wartung erreichte Leistungsfähigkeit (z. B. gepumpter Beton pro Betriebsstunde) durch den Servicetechniker mit Hilfe eines Laptops aus der Maschinensteuerung ausgelesen und anschließend online sowie zusätzlich in Form eines papierbasierten Serviceberichts an den Kundenbetreuer im Stammwerk des PSS-Anbieters weitergeleitet wird. Dort wird diese Information sodann systematisch ausgewertet.

Bei der Definition der Kennzahlen zur Leistungsbewertung sind vier Gruppen von Kennzahlen zu unterscheiden, die sich auf die unterschiedlichen Gestaltungsdimensionen eines PSS beziehen. Die Kennzahlen können sich dabei sowohl auf die Sach- und Serviceproduktbestandteile des PSS bzw. deren Wechselwirkungen beziehen, als auch genereller Natur sein, d. h. Parameter konkretisieren, die nicht sach- und/oder serviceproduktspezifisch sind, jedoch zur Kundenzufriedenheit beitragen (z. B. Transparenz der Gesamtleistung des PSS). Folgende vier Kennzahlgruppen lassen sich unterscheiden:

- Ergebniskennzahlen adressieren den Nutzen des PSS für den Kunden sowie den Hersteller und beziehen sich auf die Funktionalitäten des PSS, die durch Sach- und Serviceprodukte realisiert werden (z. B. Ernteleistung eines Kartoffelvollernters).
- Prozesskennzahlen beschreiben die zur Bereitstellung des Nutzens notwendigen Prozesse (z. B. Kennzahl zur Bewertung der Dauer von Prozessen zum Austausch von Verschleißteilen).
- Ressourcenkennzahlen bilden die zur Gewährleistung des Nutzens notwendigen Ressourcen ab (z. B. notwendiger Energieeinsatz).
- Informationskennzahlen beschreiben Qualität und Quantität des Informationsaustauschs zwischen Kunde und Hersteller (z. B. Verfügbarkeit einer Servicehotline und Qualität der von der Hotline angebotenen Informationen).

6.1.3.3 Systematische Erfassung der Informationen

Die Bewertung der Leistungsfähigkeit von PSS erfolgt i. d. R. unter Einbezug aller im Servicenetzwerk des PSS-Anbieters organisierten Partner, insbesondere diejenigen Partner, die in direktem Kontakt zum Kunden – sei es durch Beratungs- oder durch Serviceaktivitäten – stehen. Dabei kann die Erfassung der benötigten Information auf zweierlei Wegen angestoßen werden:

- Die Informationserfassung kann intern durch eine Vielzahl von Organisationseinheiten der im Servicenetzwerk organisierten Partner ausgelöst werden. Dies ist bspw. der Fall, wenn die Konstruktionsabteilung des PSS-Anbieters gezielt Informationen über das Verhalten einzelner Sachproduktkomponenten im Feld benötigt, um daraus Verbesserungspotenziale für eine neue Produktserie ableiten zu können.
- Eine durch externe Einheiten angestoßene Informationserfassung erfolgt z. B. dann, wenn ein Servicetechniker im Rahmen einer routinemäßigen Wartung die Reklamation eines Kunden entgegennimmt und daraufhin im Rahmen der Fehlerdiagnose – zur genaueren Spezifikation des aufgetretenen Problems – eine Messung weiterer Kennzahlen vornimmt.

Die Erfassung und die geeignete Dokumentation der Feldinformationen werden i. d. R. durch Prozessbeschreibungen verdeutlicht, die sich z. B. als entsprechende Hinweise in der Wartungsanleitung eines Sachprodukts befinden. Hierdurch wird gewährleistet, dass nicht nur die richtigen Informationen erfasst werden, sondern diese auch auf eine Art und Weise (z. B. in Form eines elektronischen Serviceberichts) festgehalten werden, welche eine spätere Analyse der Information ermöglicht. Im Rahmen der Vorbereitung der Informationsanalyse werden die Informationen dann auf Vollständigkeit, Plausibilität und Relevanz überprüft, bevor im letzten Schritt des Informationserfassungsprozesses die Weitergabe der Informationen an die für die weiteren Analysen zuständigen Einheiten im Wertschöpfungsnetzwerk erfolgt.

6.1.4 Kontinuierliche Verbesserung investiver PSS

6.1.4.1 Eigenschaften und Ziele kontinuierlicher Verbesserungsprozesse

Ein kontinuierlicher Verbesserungsprozess (KVP) zielt mit seiner Umsetzung auf eine ständige Verbesserung der betrachteten Bezugsobjekte mit möglichst nachhaltigem Effekt ab (Kostzka u. Kostzka 2007). Er kann sich somit auf die Qualität von Produkten, Prozessen und Dienstleistungen beziehen. Der KVP betrifft dabei alle Aktivitäten eines Wertschöpfungsnetzwerkes sowie der in diesem Netzwerk organisierten Partner und konzentriert sich dabei einerseits auf die Fertigungsschritte zur Herstellung von Produkten bzw. andererseits auf die Prozesse zur Erbringung von (produktbegleitenden) Dienstleistungen. Hierbei werden alle Abweichungen, Unterschiede, Anomalien oder Fehler in diesen Prozessen systematisch erfasst (Witt u. Witt 2001). Darauf aufbauend, lassen sich Vorgehen zur Problemlösung entwickeln, welche auf die Beseitigung der identifizierten Schwächen durch die betroffenen Organisationseinheiten abzielen (Abb. 6.4 in Anlehnung an Kostzka u. Kostzka 2007).

Abb. 6.4 Schritte der kontinuierlichen Verbesserung

- Problemerfassung
- Ursachenanalyse
- Entwicklung von Verbesserungsmaßnahmen
- Verbesserungsmaßnahmen durchführen
- Verbesserungsmaßnahmen bewerten
- Definition neuer Standards

6.1.4.2 Kontinuierliche Verbesserung von PSS: Überblick

Aufgrund der spezifischen Charakteristika von PSS – insbesondere deren Realisierung in einem weltweiten Wertschöpfungsnetzwerk – besteht die Notwendigkeit, die kontinuierliche Verbesserung von PSS unter Einbeziehung aller im erweiterten Wertschöpfungsnetzwerk des PSS-Anbieters organisierten Partner zu realisieren.

Basierend auf einer systematisierten Problembeschreibung, i. d. R. durch den Servicetechniker eines Servicenetzwerkpartners, erfolgt eine Problemanalyse und -bewertung. Anschließend werden – unter Berücksichtigung der Einsatzbedingungen des PSS – die Ursachen des Problems erstmals untersucht, bevor in einem weiteren Schritt Problemlösungen abgeleitet und geeignete Maßnahmen definiert werden. Diese Maßnahmen können sowohl kundenindividuellen (z. B. Anpassung der eines einzelnen Serviceproduktes an die individuellen Kundenanforderungen) als auch als kundenübergreifenden Charakter (z. B. Neukonstruktion einer kompletten Serie von Sachprodukten) besitzen. Mit der Umsetzung der Maßnahmen schließt sich der Kreis des PSS-spezifischen KVP (Abb. 6.5).

6.1.4.3 Organisatorische Voraussetzungen

Die Definition des zu verbessernden Systems stellt eine Grundvoraussetzung für die Einführung eines kontinuierlichen Verbesserungsprozesses dar. Aufgrund der Komplexität von PSS und deren Einsatzbedingungen bedeutet dies, dass nicht nur die einzelnen Sach- und Serviceproduktkomponenten des (kundenspezifisch konfigurierten) PSS klar abgegrenzt werden müssen, sondern auch dessen Einsatzumgebung mittels eines netzwerkweit etablierten Standards zu beschreiben ist. Hierbei können auch die im Zuge der PSS-Entwicklung (vgl. Kap. 4) entwickelten Sach- und Serviceproduktmodelle eingesetzt werden. Der im gesamten Wertschöpfungsnetzwerk

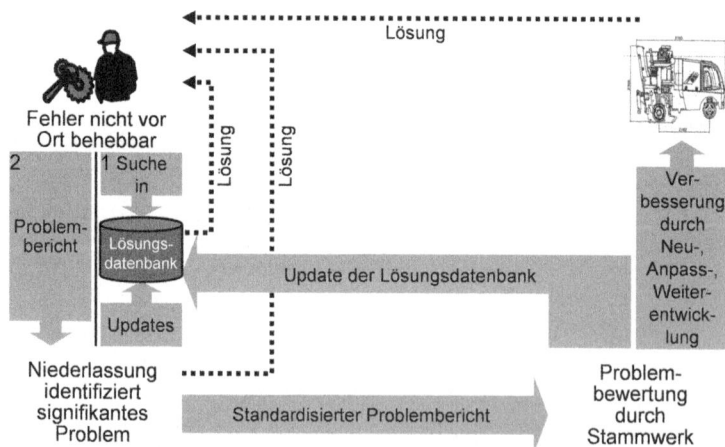

Abb. 6.5 Kontinuierlicher Verbesserungsprozess für PSS – Überblick

eingesetzte Beschreibungsstandard hilft dabei, das zu verbessernde System allen Partnern im Netzwerk zu verdeutlichen und bildet somit eine geeignete Ausgangsbasis für die Kommunikation zwischen den Partnern.

Zur Unterstützung der Servicetechniker kann darüber hinaus eine Problemlösungsdatenbank angelegt werden. Diese beinhaltet eine Vielzahl an Beschreibungen von in der Vergangenheit aufgetretenen Problemen sowie von dazugehörigen Problemlösungen. Die Problemlösungsdatenbank kann für alle weltweiten Partner des Wertschöpfungsnetzwerks verfügbar gemacht werden. Somit können sowohl bereits bekannte Probleme effektiver gelöst als auch neu erfasste Problemfälle mit den dazugehörigen ergriffenen Maßnahmen dokumentiert werden.

6.1.4.4 Messung der Leistungsfähigkeit von PSS

Die Messung der Leistungsfähigkeit eines PSS anhand dessen spezifischer Kennzahlen kann einerseits im Rahmen der Serviceprodukterbringung erfolgen. So kann z. B. ein Servicetechniker im Rahmen eines Reparatureinsatzes aktuelle Maschinendaten auslesen. Andererseits besteht die Möglichkeit, die Messung durch den Kunden selbst vornehmen zu lassen (z. B. Reaktionszeiten des Servicepartners bei Anforderungen eines Servicetechnikers). Dies erfordert jedoch zum einen eine entsprechende Befähigung des Kunden, die Informationen sachgemäß zu erfassen und weiterzuleiten. Zum anderen muss die Informationsgewinnung (z. B. Art der Information und Dokumentation) genau spezifiziert werden.

Im Rahmen der Messung sind die im Vorfeld definierten Informationen zur Bestimmung der Kennzahlen zu erfassen. Die für die Realisierung der Serviceprodukte verantwortlichen Partner im Wertschöpfungsnetzwerk müssen dabei ihre Servicetechniker bzw. Kunden im Hinblick auf die Prozesse zur Gewinnung der benötigten Informationen einweisen.

Bei der Serviceprodukterbringung gewonnene bzw. vom Kunden übermittelte Informationen werden anschließend im Rahmen der Nachbereitung der Serviceprodukterbringung durch den für das kundenindividuelle PSS Verantwortlichen beim betreuenden Netzwerkpartner auf Plausibilität überprüft und zur Bewertung der Leistungsfähigkeit des PSS mittels der definierten Kennzahlen herangezogen. Tritt hierbei eine Abweichung der ermittelten Kennzahlen von deren Soll-Zustand auf und werden hierbei die festgelegten Eingriffsgrenzen verletzt, so sind entsprechende Problemlösungen zu erarbeiten und geeignete Verbesserungsmaßnahmen einzuleiten. Auf diese Weise kann der geforderte Soll-Wert der Leistungskennzahl wiederhergestellt und damit der erwartet Nutzen des PSS wieder bereitgestellt werden.

6.1.4.5 Verbesserungsmaßnahmen definieren und umsetzen

Treten Abweichungen von dem festgelegten Soll-Zustand eines PSS auf und werden dabei die Eingriffsgrenzen verletzt, so müssen durch den PSS-Anbieter bzw. den verantwortlichen Partner im Servicenetzwerk geeignete Problemlösungen

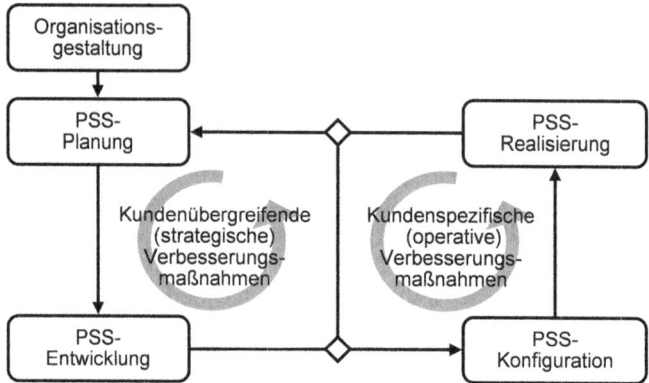

Abb. 6.6 Operative und strategische Verbesserungsmaßnahmen

entwickelt und entsprechende Maßnahmen zur Beseitigung des Problems eingeleitet werden. Diese Verbesserungsmaßnahmen können sich dabei sowohl auf ein kundenindividuelles PSS beziehen, als auch – kundenübergreifend – gleiche oder ähnliche Varianten eines PSS betreffen.

Somit lassen sich folgende wesentliche Typen von Verbesserungsmaßnahmen unterscheiden (Fuchs 2007) (Abb. 6.6).

- Kundenspezifische (operative) Verbesserungsmaßnahmen beziehen sich jeweils auf ein kundenspezifisch konfiguriertes PSS und werden deshalb vor Ort durch die Niederlassung oder die Vertragspartner des PSS-Anbieters umgesetzt. Hierbei handelt es sich vor allem um Serviceprodukte mit Wirkung auf das Sachprodukt, die Sachproduktbediener oder den Produktionsprozess beim Kunden. Als Beispiele lassen sich kleinere Maschinenumbauten oder speziell ausgewählte Schulungsmaßnahmen nennen.
- Kundenübergreifende (operative) Verbesserungsmaßnahmen besitzen für eine Vielzahl ähnlicher PSS Bedeutung. Sie beziehen sich z. B. auf häufig auftretende Maschinenfehler. Die vor Ort identifizierten Verbesserungspotenziale werden in diesem Fall, z. B. über standardisierte Serviceberichte, an den jeweiligen Marktverantwortlichen im Stammwerk des PSS-Anbieters übermittelt und zur Umsetzung vorgeschlagen. Diese definieren im Anschluss, basierend auf den übermittelten Informationen, konkrete Verbesserungsmaßnahmen (z. B. Änderungen von Parametern in der Maschinensteuerung) und überwachen ihre weltweite Umsetzung.
- Kundenübergreifende (strategische) Verbesserungsmaßnahmen basieren schließlich auf vor Ort generierten Ideen für neue Sach- oder Serviceprodukte. Sie werden ebenfalls an die jeweiligen Marktverantwortlichen im Stammwerk übermittelt, wo sie gebündelt und beurteilt werden. Ggf. können die gesammelten Ideen anschließend einen Anstoß für die Planung eines neuen PSS bilden. Unter diese Kategorie von Verbesserungsmaßnahmen fallen bspw. komplette Neukonstruktionen von Sachprodukten oder Sachproduktkomponenten.

Werden im Zuge der kontinuierlichen Verbesserung von PSS Maßnahmen ergriffen, so können diese durch den jeweiligen, für die Verbesserungsmaßnahmen Verantwortlichen dokumentiert und in die Problemlösungsdatenbank eingepflegt werden. Somit können alle beteiligten Netzwerkpartner auf diese Dokumentation zurückgreifen. Wird im Rahmen der Implementierung der definierten Verbesserungsmaßnahmen ersichtlich, dass die definierten Kennzahlen aufgrund der Veränderung des PSS nicht mehr sinnstiftend sind, so können diese ggf. auch angepasst bzw. neue Kennzahlen definiert werden. Dies geht jedoch i. d. R. auch mit einer Anpassung der festgelegten Informationsflüsse einher.

6.1.5 Zusammenfassung

Die Realisierung investiver PSS zielt neben der Bereitstellung auch auf die Aufrechterhaltung des von Kunden und Hersteller geforderten Nutzens, welcher mit Hilfe der individuell kombinierten Sach- und Serviceproduktbestandteile eines PSS realisiert wird. Dabei müssen die Prozesse, welche auf eine kontinuierliche Verbesserung von PSS abzielen, den für PSS charakteristischen Anforderungen, wie z. B. der PSS-Realisierung in einem weltweiten Wertschöpfungsnetzwerk, genügen. Aus diesem Grund bedarf es neben der Erfüllung aufbau- und ablauforganisatorischer Voraussetzungen im Wertschöpfungsnetzwerk auch einer Systematisierung der für die Bewertung der Leistungsfähigkeit von PSS erforderlichen Schritte (z. B. Informationserfassung und -analyse). Basierend darauf können dann in einem weiteren Schritt innerhalb des Wertschöpfungsnetzwerkes Maßnahmen zur kontinuierlichen Verbesserung von PSS abgeleitet werden, um auf diese Weise den durch ein PSS angestrebten Nutzen nicht nur erhalten, sondern auch im Sinne von Kunde und Hersteller erweitern zu können.

6.2 Erfahrungen, Nutzen und Grenzen bei der Anwendung eines Konzeptes zur kontinuierlichen Produktverbesserung

6.2.1 Das Unternehmen

John Deere betreibt als einer der weltweit führenden Hersteller von Landtechnik, Forst- und Baumaschinen sowie Geräten für Kommunalarbeiten und Grünflächenpflege eine große Anzahl von Fertigungsstätten in vielen Ländern und auf allen Kontinenten der Erde (vgl. Abschn. 3.2). Nahezu alle dieser Werke sind neben Herstellung und Montage auch für Neu- und Weiterentwicklung sowie Qualitätssicherung der von ihnen produzierten Maschinen und Komponenten zuständig. Der Verkauf und die Betreuung sämtlicher Produkte erfolgt spartenbezogen und über Netze autorisierter, unabhängiger Vertriebs- und Servicepartner. Die marktbezogene Gesamtverantwortung liegt bei unternehmenseigenen, nationalen Verkaufshäusern oder privaten Importeuren. Letztere werden wiederum durch eine John Deere Vertriebseinheit geführt. Die Verkaufshäuser sind neben der Vermarktung auch für die Betreuung der jeweiligen Maschinensegmente verantwortlich. So ist z. B. im deutschen Markt der John Deere Vertrieb (JDV) für den Absatz und Service von Traktoren und Landmaschinen (Ag) zuständig, hat jedoch innerhalb der bundesdeutschen Grenzen auch Markt- und After-Sales-Verantwortung für das Geschäft mit Produkten für die Rasen- und Grundstückspflege sowie Kommunaltechnik (R&G).

Während flächendeckende Marktpräsenz und Nähe zum Endkunden im Landtechnikbereich durch 70 exklusive John Deere Vertriebspartner, deren Filialen sowie Partnerbetriebe an insgesamt ca. 500 Standorten hergestellt wird, stützt sich das R&G-Geschäft auf 40 Handelspartner, die mit Ihren Zweigbetrieben und Unterhändlern deutschen Privat- und Profikunden an rund 400 Orten zur Verfügung stehen.

6.2.2 Einleitung

Der Erfolg eines Unternehmens hängt neben vielen anderen Faktoren in hohem Maße von der Qualität seiner Produkte ab. Diese definiert sich jedoch nicht ausschließlich über Praxistauglichkeit und absolute Fehlerfreiheit über den gesamten Produktlebenszyklus, sondern vor allem auch dadurch, wie zeitnah und nachhaltig Mängel erkannt und durch den Hersteller bzw. seine Vertragspartner abgestellt werden können.

Aufgrund der Komplexität des beschriebenen mehrstufigen Vertriebssystems, der großen Bandbreite der Produktpalette in allen Geschäftsbereichen sowie der globalen Präsenz des Gesamtunternehmens, die eine Vielzahl von marktspezifischen Rahmenbedingungen sowie unterschiedlichste Einsatzverhältnisse und Anforderungen der jeweils vertriebenen Produkte selbst zur Folge hat, sind klare, direkte und damit schnelle Berichtsstrukturen wie auch eine einheitliche, zentrale Dokumentation von Verbesserungspotentialen – speziell im Bereich After-Sales – für eine effiziente und zielführende Arbeit unabdingbar. Nur so können von den Entwicklungsabteilungen sowohl bei Neuentwicklungen als auch bei der Überarbeitung bestehender Produkte Prioritäten richtig gesetzt und notwendige Verbesserungen und Änderungen zeitnah realisiert werden.

Um den erforderlichen zügigen Fluss von relevanten Informationen guter Qualität vom Feld bzw. der Fachwerkstatt bis in die Werke hinein zu gewährleisten, ist eine systematische Erfassung von Reklamationen und auftretenden technischen Problemstellungen extrem wichtig. Diese erfolgt idealerweise direkt vor Ort durch die Servicemitarbeiter, welche die Beanstandungen entgegennehmen und bearbeiten. Durch den Wegfall zusätzlicher Stufen in der Berichtskette lassen sich Verfälschungen von wichtigen Meldungen bestmöglich vermeiden. Es erscheint sinnvoll, alle Reklamationen, die aufgrund ihrer Häufigkeit, ihrer Schwere und/oder der daraus möglicherweise resultierenden Kosten relevant sind, schriftlich zu dokumentieren und zwar unabhängig von der Frage, ob die Probleme durch die Vertragswerkstatt eigenständig gelöst werden können oder eine Unterstützung durch den Hersteller notwendig ist. Hierbei sind allerdings zunächst ein entsprechendes Umdenken und vor allem auch ein erhebliches Maß an Selbstdisziplin auf allen Seiten erforderlich.

6.2.3 Das DTAC-System

6.2.3.1 Überblick

Aufgrund der genannten Überlegungen wird im Hause John Deere das sog. DTAC-System eingesetzt. Die Abkürzung DTAC steht für **D**ealer **T**echnical **A**ssistance **C**enter. DTAC ist im gesamten Unternehmen im Zusammenhang mit technischen Reklamationen die zentrale Informations-, Kommunikations- und Dokumentationsplattform für Vertragswerkstätten, Kundendienstabteilungen der Verkaufshäuser und Werkskundendienste.

Bereits seit Ende der 1980er Jahre stehen den John Deere Vertriebspartnern zunächst in Nordamerika, später auch in Europa Lösungsvorschläge zu bekannten technischen Mängeln für alle Produkte, die ab 1986 gebaut wurden, über eine zentrale Datenbank zur Verfügung. Seit 1990 sind diese Informationen auch für die Vertriebspartner in Mitteleuropa abrufbar. Durch Erweiterung der Systemfunktionalität konnten ab 1993 Vertriebspartner im englischsprachigen Raum erstmalig technische Anfragen direkt schriftlich an die Werke richten. Zu diesem Zeitpunkt war allerdings die Integration in die weiteren Unternehmensprozesse nur bedingt vollzogen.

Aus diesem Vorläufer entstand Ende der 1990er Jahre das im Folgenden näher erläuterte DTAC-System, das seit 2004 auch in Deutschland und zwischenzeitlich weltweit eingesetzt wird. Bei dem System handelt es sich um eine internet-basierte Anwendung für einen geschlossenen Benutzerkreis, das über drei unterschiedliche Zugangslevel verfügt und in die beiden Bereiche Lösungsdatenbank (Solutions) und Technische Anfragen/Fallmanagement (Cases) gegliedert ist.

6.2.3.2 Identifikation von Produktproblemen beim Vertriebspartner

Stellt der Werkstattmitarbeiter bzw. Servicetechniker eines John Deere Vertriebspartners aufgrund einer Kundenreklamation oder auch im Rahmen eines Wartungsdienstes bzw. während der Durchführung eines Produktverbesserungsprogramms eine Störung fest, entscheidet er anhand verschiedener Kriterien, ob der vorliegende Fall im System dokumentiert wird. Hier ist zunächst zu unterscheiden, ob der Mangel von der Werkstatt durch eigenes Wissen und Erfahrung und mit den zur Verfügung stehenden Informationsquellen, wie Lösungsvorschlägen im DTAC, Werkstatthandbücher, Schulungsunterlagen etc. eigenständig abgestellt werden kann oder nicht. Ist dies nicht der Fall, wird Hilfe benötigt und der entsprechende Mitarbeiter erstellt einen entsprechenden „Case". Er bittet so um Hinweise bzw. Lösungsvorschläge eines Produktspezialisten der Kundendienstabteilung des Verkaufshauses. Ist eine solche Hilfestellung nicht erforderlich, entscheidet der Servicetechniker des Vertriebspartners anhand verschiedener Kriterien, ob der vorliegende Mangel dennoch im System dokumentiert wird. Dabei spielen z.B. die Auswirkungen des Problems eine wichtige Rolle. Hierzu zählen u.a. Totalausfall, Leistungsverlust, Funktionsausfall, Verkehrstauglichkeit und Komforteinbuße für den Fahrer. Während der Werkstattmitarbeiter Bagatellschäden, normalen Verschleiß, Mängel durch offensichtliche Bedien- und Wartungsfehler sowie abnorme Einsatzbedingungen nicht dokumentieren wird, werden offensichtlich konstruktiv bedingte Ausfälle immer und solche, deren Ursachen nicht zu ermitteln sind, zumindest dann per DTAC festgehalten, wenn sich eine Häufung ähnlicher Fälle abzeichnet. Erscheint der vorliegende Mangel unter Sicherheitsaspekten kritisch, ist er generell zu dokumentieren.

Ein DTAC-Fall oder -Case kann von jedem qualifizierten Werkstattmitarbeiter sämtlicher John Deere Vertriebspartners sowie deren Filialen und Partnerbetriebe erstellt werden, sofern ihm eine Systemberechtigung durch den händlereigenen Kundendienst- oder Werkstattleiter erteilt wurde.

Nach Anmeldung im System und der Anwahl des Menüpunktes „Lösungen" kann über eine Freitextsuche nach thematisch passenden DTAC-Lösungsvorschlägen gesucht werden. Über die Auswahl „Fall erstellen" ist ein Online-Formular zugänglich, in welches vom Werkstattmitarbeiter Anfragen bzw. Berichte eingegeben werden. Die Eingabemaske ist in verschiedene Felder unterteilt, in die Angaben zum Produkt, zum Ersteller des Berichts und zur Problemstellung selbst eingetragen werden (Abb. 6.7).

Es wird zwischen rot markierten Pflichtfeldern und situationsabhängigen Optionsfeldern, für zusätzlich erforderliche Angaben, unterschieden. Soweit möglich werden Auswahlfelder, so genannte Drop-down-Menüs verwendet. Zur genauen Beschreibung der Symptome sowie möglicher Auswirkungen des Problems, der Einsatzbedingungen des Produktes, der bereits erfolgten Diagnose-

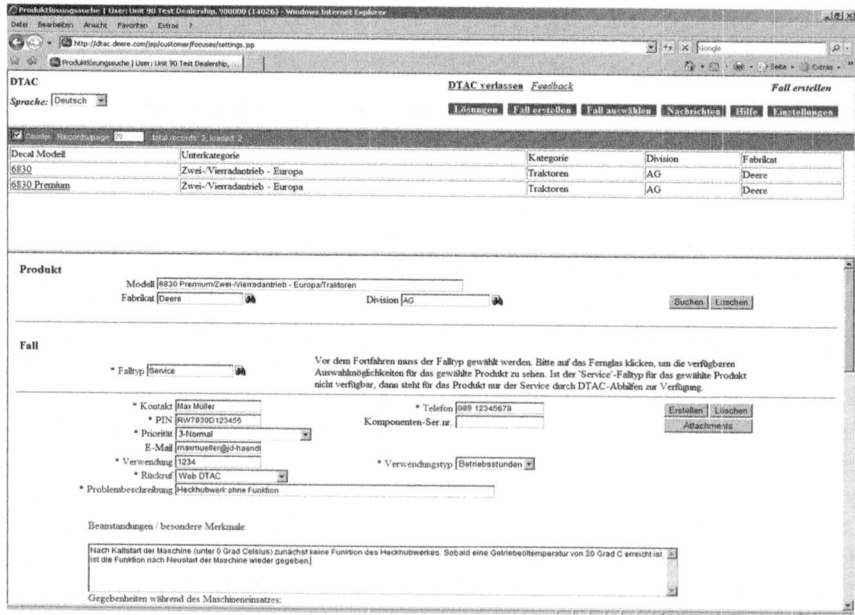

Abb. 6.7 Ausschnitt aus der DTAC-Vertriebspartnerseite (Level 1)

6 Realisierung investiver Produkt-Service Systeme

und Lösungsversuche sowie der verwendeten Hilfsmittel und Dokumentationen stehen Freitextfelder zur Verfügung. Weiterhin ist es möglich Dateien mit Fotos, Zeichnungen, Messprotokollen u. ä. zur Veranschaulichung beizufügen.

Über Auswahlfelder legt der Ersteller fest, ob es sich nur um eine Meldung (Report Only) handelt oder ob eine Hilfestellung benötigt wird und auf welche Weise (DTAC, Telefon, E-Mail etc.) er durch den Produktspezialisten kontaktiert werden möchte. Die Dringlichkeit des Falles wird ebenfalls über ein Auswahlfeld bewertet.

Die Richtigkeit und Vollständigkeit sämtlicher Angaben hat für die korrekte und zielführende Bearbeitung und Bewertung des Falles durch einen Produktspezialisten zentrale Bedeutung.

Eingehende Lösungsvorschläge und Rückfragen zu erstellten Berichten sind unter dem Menüpunkt „Nachrichten", ähnlich wie im Posteingang eines E-Mail-Programms abrufbar. Die Berichte selbst sind unter dem Punkt „Fall auswählen" abgelegt. Somit ist jederzeit der jeweilige Status des Berichts ersichtlich.

6.2.3.3 Umgang mit Problemmeldungen auf Ebene des Vertriebshauses

Die DTAC-Benutzeroberfläche der Produktspezialisten ist wesentlich komplexer als die der Werkstatt (Abb. 6.8). Entgegen der händlerseitigen Eingabemaske, die in Landessprache angezeigt wird, ist die Oberfläche für interne Mitarbeiter weltweit ausschließlich in Englisch verfügbar. Vom Vertriebspartner eingehende Fälle werden der DTAC Arbeitsgruppe des jeweiligen Verkaufshauses über die Zugangsdaten

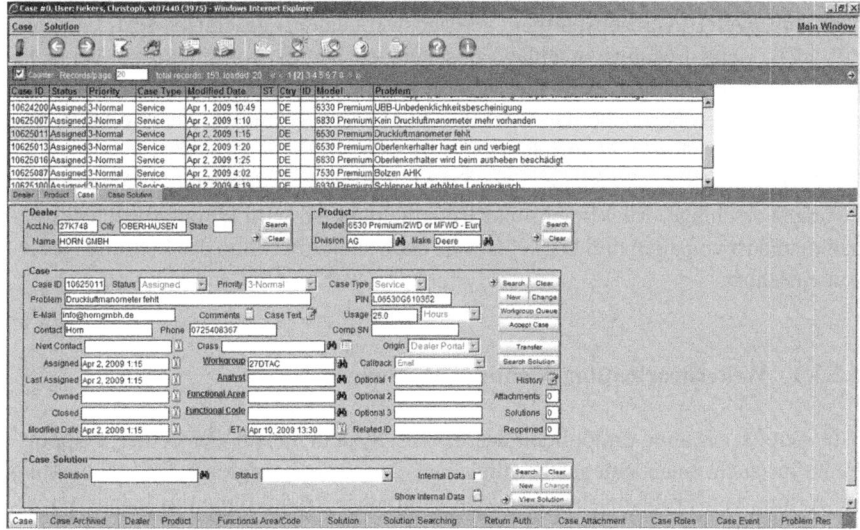

Abb. 6.8 DTAC Kundendienst Verkaufshaus (Level 2)

des Nutzers zugeordnet und im oberen Bereich des Bildschirms, nach Dringlichkeit und Erstellungsdatum geordnet, angezeigt.

Abhängig von Ihrer Zuständigkeit und Kompetenz für die verschiedenen Produktbereiche wie Traktoren, Erntemaschinen, Pflanzenschutzspritzen etc. übernehmen die Kundendienstmitarbeiter einen Fall zur Bearbeitung. Zunächst erfolgt eine kurze formale Bewertung des Berichts im Hinblick auf die vom Werkstattmitarbeiter vorgenommene Beurteilung der Dringlichkeit, die Vollständigkeit der Erläuterungen und Anlagen sowie, sofern direkte Unterstützung benötigt wird, auf die hinreichende Nutzung verfügbarer Informationen. Darüber hinaus wird auch eine Wichtung des Problems selbst vorgenommen. Diese ist für die weitere Bearbeitung und Einordnung des Sachverhaltes in die Prioritätenlisten des Verkaufshauses von großer Bedeutung. Eine solche, intern als Top Situation Liste (TSL) bezeichnete Rangfolge der aus Sicht des Verkaufshauses wichtigsten Punkte, existiert für sämtliche Produktlinien und wird durch die jeweiligen Produktteams monatlich überarbeitet.

Handelt es sich bei einem eingehenden DTAC-Fall um eine Anfrage, wird diese auf Basis der zur Verfügung stehenden Mittel und Erfahrungen bevorzugt über das System selbst beantwortet und sinnvoll erscheinende Vorgehensweisen und Lösungsansätze übermittelt. Häufig ist es möglich und erfolgversprechend, bereits abgewickelte, ähnlich gelagerte Fälle zur Hilfestellung heranzuziehen. Abhängig von der Dringlichkeit des Falles und der Präferenz des Fragestellers erfolgt zusätzlich ein Anruf des Kundendienstmitarbeiters.

Kann vom zuständigen Produktteam des Verkaufshauses kein Lösungsansatz angeboten werden, so wird der Fall an den DTAC Level 3 (verantwortlicher Werkskundendienst) transferiert. Dieser bemüht sich dann – ggf. in Zusammenarbeit mit der Entwicklungsabteilung – um einen zeitnahen Lösungsansatz, der dann zur Weiterleitung zunächst an Level 2 (zuständiges Produktteam im Verkaufshaus) und dann an Level 1 (Vertriebspartner, Vertriebswerkstätten) geschickt wird. Gleiches gilt auch, wenn Lösungsvorschläge des Vertriebshauses trotz mehrerer Versuche nicht zum Erfolg führen bzw. die Mängelursache nicht geklärt werden kann. Die DTAC-Benutzeroberfläche der Werkskundendienste ist mit der der Produktteams in den Verkaufshäusern identisch.

Die Historie bzw. der Status eines DTAC-Falles, also sämtliche Erläuterungen, Lösungsvorschläge, Rückfragen und Rückmeldungen, wird chronologisch festgehalten und ist von allen drei DTAC-Levels auch nach Abschluss des Vorgangs jederzeit einsehbar.

6.2.3.4 Weiterbearbeitung wichtiger Meldungen

Wie bereits erwähnt ermöglicht das DTAC-System neben der reinen Support-Funktion auch einen guten Überblick und damit eine vergleichsweise objektive Bewertung von Problemschwerpunkten sämtlicher Produktlinien in jedem einzelnen Markt. Diese werden von den Produktteams der Verkaufshäuser nach Häufigkeit, Kundenakzeptanz, Kosten und natürlich Sicherheitsaspekten der eingehenden

DTAC-Fälle bewertet. Wird eine Reklamation vom Produktspezialisten als Schwerpunktthema angesehen, legt er einen sog. „Master Case" an. Dieser ist im Feld für die Problembeschreibung vor der eigentlichen Erläuterung mit den Buchstaben „TSL" gekennzeichnet. Alle eingehenden gleichgelagerten Fälle können nun diesem Master Case zugeordnet werden. Die Zuordnung erfolgt durch die Fallnummer, die als Case ID bei den Folgeberichten im Feld „Related ID" eingetragen wird. So kann zu jedem Zeitpunkt eine quantitative Bewertung von vermuteten Schwerpunktproblemen vorgenommen und diese verifiziert werden.

Zur schnellen Eskalation eines gravierenden Mangels, für den noch keine zufriedenstellende Lösung verfügbar ist, steht den Produktspezialisten innerhalb der formalisierten Problemlösungskette der „Fast Path Prozess" zur Verfügung. Dieser ist ein Eilverfahren um eine Thematik, die als schwerwiegend oder kritisch bewertet wird, sehr zeitnah in eine NCCA (Non Conformance Corrective Action) umzusetzen (vgl. Abschn. 3.2). Dazu ist ein Onlineformular zu vervollständigen und zur Überprüfung an den Werkskundendienst weiterzuleiten. Dieser stellt bei Zustimmung umgehend einen „Corrective Action Request" an die Entwicklungsabteilung und erstellt einen NCCA-Fall, der auf der weltweiten TSL-Liste erscheint und dann durch alle Verkaufshäuser zu bewerten ist. Hieran sind klare und kurzfristige Zielvorgaben für die Entwicklungsabteilung hinsichtlich der zeitnahen Bereitstellung einer Zwischenlösung sowie einer endgültigen Problemlösung geknüpft.

6.2.3.5 Umgang mit Vorschlägen zur Produktverbesserung

Über die bisher beschriebenen Funktionen hinaus bietet das DTAC-System auch die Möglichkeit Ansätze für Produktverbesserungen und Problemlösungen, die durch Mitarbeiter der Vertriebspartner oder der Verkaufshäuser erarbeitet wurden, zu dokumentieren und deren Wirksamkeit zu verfolgen. Dies liefert den Werken zusätzlich wertvolle Informationen, die bei der Entwicklung und Validierung notwendiger Verbesserungen berücksichtigt werden.

Darüber hinaus erfolgt die Sammlung von Verbesserungsvorschlägen für aktuelle oder zukünftige Produkte durch systematisierte Kundenbefragungen.

6.2.3.6 Erarbeitung einer Lösung durch die Fabrik

Die Dauer für die Bereitstellung einer Problemlösung hängt in hohem Maße von den verfügbaren Ressourcen der verantwortlichen Entwicklungsabteilung, wie z. B. Personal, Prüfstandskapazität u. ä., ab und muss darüber hinaus auch stets im Zusammenhang mit bereits laufenden Projekten gesehen werden. Über die reine Bewertung der zu erwartenden Verbesserung hinaus müssen Lösungsansätze auch auf ihre Umsetzbarkeit hin überprüft werden. Neben Kosten spielen hier speziell für Feldlösungen auch Fragen hinsichtlich der Herstellung geänderter Teile bzw. deren Bezugsquellen, Montagefreundlichkeit und erforderliche Hilfsmittel und Werkzeuge eine wichtige Rolle.

Idealerweise sollte eine werksfreigegebene Servicelösung der Produktionslösung entsprechen. Aus genannten Gründen ist dies in der Praxis jedoch in manchen Fällen schwierig. Auch wenn lokal erforderliche Feldlösungen abhängig von der Problemstellung nicht immer direkt in der Produktion umgesetzt werden können, werden diese doch bei der Entwicklung neuer Produkte sowie bei größeren Änderungen an betroffenen Komponenten entsprechend berücksichtigt.

Um die zeitnahe Abstellung oder Milderung berechtigter Mängel im Feld möglichst zeitnah zu realisieren, ist es zuweilen erforderlich, neben der endgültigen und ausgereiften Verbesserung eine pragmatische Zwischenlösung bereitzustellen, die im Rahmen einer DTAC-Lösung veröffentlicht wird. Im Falle eines Fast Path lautet die Vorgabe, eine solche Zwischenlösung binnen zehn Tagen verfügbar zu machen.

Abhängig von Sicherheitsrelevanz, Häufigkeit eines Mangels, Kundenakzeptanz und Auswirkungen sowie zu erwartenden Folgekosten trifft das Werk bei Vorliegen einer Lösung die Entscheidung, ob und in welchem Umfang diese im Rahmen eines Produktverbesserungsprogramms als prophylaktische Maßnahme im Feld umgesetzt wird.

6.2.4 Erfahrungen mit dem DTAC-System

Das DTAC-System kommt bereits seit vier Jahren im deutschen Markt und zwischenzeitlich weltweit zur Anwendung. Anfängliche Schwierigkeiten bei der Einführung waren größtenteils auf die notwendige Änderung bisher gewohnter Arbeitsabläufe und Vorgehensweisen sowohl von Werkstattmitarbeitern beim Handel, als auch von John Deere eigenem Personal zurückzuführen. Überzeugungsarbeit war in hohem Maße erforderlich, um die herkömmliche Meldung von Reklamationen und die technische Unterstützung per Telefon hin zu vermehrt schriftlichem Informationsaustausch zu wandeln. Zwischenzeitlich ist diese Arbeitsweise jedoch aufgrund der nachweisbar höheren Effektivität auf allen Systemebenen, der besseren Informationsqualität und der Möglichkeit, Bewertungen objektiver vorzunehmen und dadurch Prioritäten richtig zu setzen, allgemein etabliert. Dies ermöglicht es den Werken, sich bei der Verteilung von Entwicklungsressourcen auf Fakten zu stützen und somit wichtige Verbesserungen schneller bereitzustellen.

Permanente Transparenz einzelner Fälle und ganzer Themenkomplexe für Vertriebspartner, Verkaufshäuser und Werke sowie das geringere Risiko, dass wichtige Informationen auf dem Weg vom Kunden bis zum Hersteller verloren gehen oder verfälscht werden, sind weitere unbestrittene Vorteile. Die Kombination von Berichtssystem und Lösungsdatenbank wird von den Praktikern im Feld genauso geschätzt wie die Einbindung von DTAC in das John Deere Diagnosesystem ServiceAdvisor.

Die zeitnahe und zielführende Beantwortung der eingehenden Berichte und Werkstattanfragen ist jedoch auch im DTAC-System eine permanente Herausforderung und somit zwingende Voraussetzung für eine auch dauerhaft hohe Akzeptanz in den Märkten. Um dies zu gewährleisten wird im System die Zeitdauer von der Fallerstellung über den Beginn der Bearbeitung im Verkaufshaus bis hin zum Abschluss gemessen und monatlich ausgewertet. Die qualitative Bewertung erfolgt anhand des Anteils der Fälle, die wieder geöffnet, also nachbearbeitet, werden müssen.

Bei allen Vorzügen die DTAC unstrittig bietet, muss jedoch stets berücksichtigt werden, dass auch ein gewisser persönlicher und telefonischer Kontakt zwischen den beteiligten Parteien für ein gegenseitiges Verständnis und damit eine effektive Zusammenarbeit zwingend erforderlich ist.

6.2.5 Zusammenfassung

Gerade bei Investitionsgütern, die den weitaus größten Teil des John Deere Portfolios ausmachen, kommt es neben Produktqualität auf Kundennähe und Geschwindigkeit bei der Beantwortung und nachhaltigen Beseitigung berechtigter Reklamationen an. DTAC leistet hier als zentrales Werkzeug für technischen Support, den Informationsaustausch zwischen Werkstätten vor Ort, Verkaufshäusern und John Deere Werken eine wichtige Koordinierungsaufgabe.

Das System dient zum einen als eine zentrale Informationsquelle für die Werkstatt und zum anderen als Kommunikations- und Dokumentationsplattform zwischen den Kundendiensten von Handel, Verkaufshaus und Werk. Die Hilfestellung, die DTAC den Werken und Verkaufshäusern bei der objektiveren Bewertung und Priorisierung von Schwerpunktthemen bietet, ist ein wesentlicher Beitrag zu mehr Effizienz bei der Entwicklung wichtiger Produktverbesserungen und reduziert somit im Mittel die Problemlösungsdauer. Die permanente Aktualisierung von DTAC, der Ausbau von Funktionalitäten und die gute Einbindung in die Systemlandschaft des Unternehmens werden auch in Zukunft wichtige Impulse für die weitere Erhöhung von Produkt- und Servicequalität und damit auch der Kundenzufriedenheit geben.

Literatur

Aurich J C, Fuchs C, Jenne F (2005) Entwicklung und Erbringung investiver Produkt-Service Systeme. wt Werkstattstechnik online 95/7-8:538–545

Aurich J C, Mannweiler C, Schweitzer E (2009) Kontinuierliche Verbesserung investiver Produkt-Service Systeme. wt Werkstattstechnik online 99/7-8:551–557

DIN (Hrsg.) (2003) DIN 31051 – Grundlagen der Instandhaltung. Beuth Verlag, Berlin et al.

Fuchs C (2007) Life Cycle Management investiver Produkt-Service Systeme – Konzept zur lebenszyklusorientierten Gestaltung und Realisierung. Technische Universität Kaiserslautern, Kaiserslautern

Gladen W (2001) Kennzahlen- und Berichtssysteme. Gabler, Wiesbaden

Groll K-H (1991) Erfolgssicherung durch Kennzahlensysteme. Haufe, Freiburg im Breisgau

Kostzka C, Kostzka S (2007) Der kontinuierliche Verbesserungsprozess: Methoden des KVP. Carl Hanser-Verlag, München

Lindahl M, Sundin E, Sakao T, Shimomura Y (2006) An Interactive Design Methodology for Service Engineering of Functional Sales Concepts – A potential Design for Environment Methodology. Conference Proceedings – 13th International CIRP Life Cycle Engineering Seminar, Leuven

Luczak H, Drews P (Hrsg.) (2005) Praxishandbuch Service-Benchmarking. Service Verlag Fischer, Landsberg am Lech

Meier H, Völker O (2008) Industrial Product-Service Systems – Typology of Service Supply Chain for IPS^2 Providing. Conference Proceedings – The 41st CIRP Conference on Manufacturing Systems, Tokyo

Mont O K (2002) Clarifying the Concept of Product-Service Systems. Journal of Cleaner Production 10/3:237–245

Wildemann H (1996) Beschaffungslogistik, Produktion und Management – Teil 2. Springer, Berlin et al.

Witt J, Witt T (2001) Der kontinuierliche Verbesserungsprozess: Konzept – System – Maßnahmen. Sauer, Heidelberg

Kapitel 7
Arbeitsintegrierter Kompetenzaufbau

Brita Modrow-Thiel, Rita Meyer, Julia K. Müller und Marcus Pier

Nachfolgend sind die Ergebnisse des Forschungsprojektes GRiPSS hinsichtlich der bisherigen Erfahrungen mit der Qualifizierung und Kompetenzentwicklung bei der Integration von Sach- und Serviceproduktentwicklung dargestellt. Aufbauend darauf werden für Unternehmen Möglichkeiten zum arbeitsintegrierten Kompetenzaufbau aufgezeigt. Im folgenden Kapitel wird zunächst der für das Projekt GRiPSS von der Abteilung Weiterbildung der Universität Trier entwickelte Forschungsansatz vorgestellt. Dieser Ansatz verfolgt die Beschreibung und Analyse neuer Arbeitsformen, die im Zuge der Integration der Funktionen Sachproduktentwicklung und Serviceproduktentwicklung entstehen. Dabei geht es um die Erforschung beruflicher und betrieblicher Qualifikations- und Kompetenzanforderungen, um die Möglichkeiten der Gestaltung eines neuen Berufsbildes und die Konsequenzen für die Gestaltung betrieblicher Maßnahmen zum arbeitsintegrierten Kompetenzaufbau. Das gesamte Projektdesign und die zum Verständnis der Forschungsschritte und der Ergebnisse notwendige theoretische Einbettung werden in Abschn. 7.1 vorgestellt. In Abschn. 7.2 werden die Ergebnisse der Analysen von Aufgabeninhalten an Arbeitsplätzen der Sach- und der Serviceproduktentwicklung diskutiert sowie arbeitsbezogene Qualifikationen und Kompetenzen der Beschäftigten abgeleitet. Sie ergeben eine erweiterte „Funktionsbeschreibung" für Mitarbeiter, die sich zukünftig mit Produkt-Service Systemen beschäftigen und bilden die Grundlage für die in Abschn. 7.4 entwickelten Möglichkeiten eines arbeitsintegrierten Kompetenzaufbaus.

In Abschn. 7.3 werden aus der Perspektive eines Unternehmens Erfahrungen und Herausforderungen hinsichtlich Qualifizierung und Kompetenzentwicklung bei der Gestaltung neuer Aufgabenzusammenhänge – hier der geplanten Integration von Sach- und Serviceproduktentwicklung – vorgestellt und erläutert.

Als Ergebnis zeigt sich, dass eine Vielfalt informeller und formeller Weiterbildungsmaßnahmen für jeden Beschäftigten zur Entwicklung von Qualifikation und Kompetenz gestaltet und kombiniert werden muss. Optionen dazu werden auf Basis der bisherigen betrieblichen Weiterbildungspraxis vorgestellt, wobei sich die

---

B. Modrow-Thiel (✉)
Professur für berufliche und betriebliche Weiterbildung, Universität Trier,
54286 Trier, Deutschland
e-mail: modrowth@t-online.de

Realisierung von arbeitsintegrierten Qualifizierungskonzepten an den betrieblichen Anforderungen einerseits und den Qualifizierungsbedürfnissen der Beschäftigten andererseits ausrichten sollte.

7.1 Analyse von Arbeitsanforderungen, Anforderungen an Qualifikation und Kompetenzen – der Forschungsansatz

Ziel des (Teil-)Forschungsprojektes, das an der Universität Trier durchgeführt wurde, war es, die Grundlage für ein arbeitsprozessorientiertes Qualifizierungskonzept für Mitarbeiter von Investitionsgüterherstellern, die im Bereich Produkt-Service Systeme tätig sind, zu entwickeln. Daraus ergaben sich drei forschungsleitende Fragen:

- Was sind Aufgaben eines Sachproduktentwicklers und eines Serviceproduktentwicklers?
- Welche Qualifikationen und Kompetenzen benötigen die Beschäftigten, um ihren neuen Arbeitsanforderungen innerhalb eines integrierten prozessorientierten Managementsystems für die Gestaltung und Realisierung investiver Produkt-Service Systeme nachkommen zu können?
- Wie muss die betriebliche Lernumgebung gestaltet sein, in der diese Qualifikationen und Kompetenzen erworben werden können?

7.1.1 Projektdesign

Ausgehend von den oben genannten Fragestellungen wurden folgende Forschungs- und Entwicklungsschwerpunkte bearbeitet: Analyse der Qualifizierungsprozesse im Sach- und Serviceproduktentwicklung, Analyse und Typisierung von Aufgaben, Qualifikationen und Kompetenzen der für die Integration von Sach- und Serviceprodukten relevanten Funktionsträger und die Entwicklung von Möglichkeiten zum arbeitsprozessintegrierten Kompetenzaufbau. Das Untersuchungsfeld bildeten zwei international agierende Unternehmen der Landmaschinenbranche.

Der Forschungs- und Entwicklungsprozess lässt sich grob in vier Phasen beschreiben. Zu Beginn des Projektes wurden arbeitspsychologische und pädagogische Verfahren zur Aufgaben- und Kompetenzanalyse recherchiert und zwei Verfahren, die entsprechend der Fragestellung besonders geeignet waren, ausgewählt. Die Verfahren wurden entsprechend den Anforderungen des Einsatzbereichs modifiziert, und in einem Pretest auf ihre Anwendbarkeit untersucht (Phase I).

Die Analysephase umfasste vier Schritte: Zunächst erfolgte eine Analyse der bisherigen betrieblichen Qualifizierungsprozesse (1). Sie bildeten die Basis für das zu entwickelnde Qualifizierungskonzept. Daran schloss sich die Erhebung der Arbeitsaufgaben der Beschäftigten und, daraus abgeleitet, der aufgabenbezogenen Qualifikationen und Kompetenzen der beiden Zielgruppen, Beschäftigte aus Sach- und

Serviceproduktentwicklung, an (2). Im Rahmen des Projektes wurde jeweils die gesamte Palette an Arbeitsaufgaben eines Mitarbeiters aus der Sach- bzw. Serviceproduktentwicklung erhoben. Im Ergebnis entstanden Funktionsbeschreibungen mit Anforderungen an Qualifikationen und Kompetenzen, die für die Erfüllung der jeweiligen Arbeitsaufgaben notwendig sind. Im nächsten Schritt wurden die tatsächlich vorhandenen Kompetenzen der Beschäftigten in der Sach- und Serviceproduktentwicklung ermittelt (3). Aus den Unternehmen konnten hierzu je bis zu fünf Personen aus dem Bereich Sach- und Serviceproduktentwicklung befragt werden. Dabei handelt es sich um Mitarbeiter mit Leitungsfunktion sowie um Personen mit Produkt-, Projekt- und Gebietsverantwortung. Die Zugehörigkeit zum Betrieb und die Berufserfahrung umfassten eine Zeitspanne von einem Jahr bis zu über 30 Jahren. Den Schwerpunkt bildete eine Betriebszugehörigkeit von zehn Jahren und länger. Abschließend wurde aus den Ergebnissen der Arbeitsplatz- und Kompetenzanalysen ein Anforderungsprofil an durchzuführenden Tätigkeiten und dazu notwendigen Kompetenzen – eine Funktionsbeschreibung – für Mitarbeiter, die sich zukünftig mit der Entwicklung von Produkt-Service Systemen beschäftigen werden, abgeleitet (4) (Phase II).

In der Phase der Konsolidierung und Konzeptionierung wurden die Analyseergebnisse aus Phase II im Abschlussbericht dokumentiert. Darüber hinaus wurde ein Rahmen für die unternehmens- und mitarbeiterspezifische Gestaltung von Möglichkeiten der betrieblichen Qualifizierung und der individuellen Kompetenzentwicklung entwickelt, der den integrierten Arbeitsanforderungen eines PSS-Entwicklers Rechnung trägt. Elemente dieses Konzeptes bilden sowohl Maßnahmen der formellen Qualifizierung als auch die Integration von Lernen in den Prozess der Arbeit. Sie sind konkret auf einzelne Arbeitsanforderungen und Kompetenzerfordernisse der Beschäftigten in den beiden Beispielunternehmen bezogen (Phase III).

Abschließend wurden die Projektergebnisse in beiden Unternehmen präsentiert und Handlungsempfehlungen zur Entwicklung kompetenzbasierter Qualifizierungsszenarien erstellt (Phase IV).

7.1.2 Theoretische Verortung

In Rahmen des Projekts wurden die Begriffe Qualifikation und Kompetenz analytisch unterschieden. Mit dem Begriff der Qualifikation werden die durch die Arbeitsgestaltung und -organisation bestimmten beruflichen Arbeitshandlungen bezeichnet; Sie stehen damit für die objektive Seite des beruflichen Wissens und Könnens, während die subjektiven Leistungsvoraussetzungen für das berufliche Handeln mit dem Begriff der Kompetenz belegt werden (Rauner 2005). Mit dem Begriff der Qualifikation wird der Sachbezug bzw. werden die Anforderungen an Arbeit und Beruf gekennzeichnet, während der Begriff der Kompetenz den Subjektbezug bzw. die Potenziale der Lernenden und Arbeitenden betont (Büchter u. Gramlinger 2006). Das heißt: Qualifikation wird eher als materiale Größe im

Zusammenhang mit Inhalten gesehen, Kompetenz hingegen wird als vornehmlich formale Einheit in Beziehung zur Persönlichkeitsentwicklung betrachtet. Kompetenzen sind als Selbstorganisationsdispositionen, also als Anlagen, Bereitschaften, Fähigkeiten, zum selbstorganisierten und kreativen Handeln sowie zum Umgang mit unscharfen oder fehlenden Zielvorstellungen und mit Unbestimmtheit umzugehen, zu verstehen (Heyse et al. 2002).

Qualifikationen sind dementsprechend tätigkeitsbezogen und ihre Vermittlung erfolgt durch Fremdorganisation. Inhaltlich geht es dabei um die Vermittlung von Sachverhalten und Wissen sowie zertifizierbaren Kenntnissen und Fertigkeiten. Hingegen fordern Kompetenzen einen eindeutig ganzheitlichen Anspruch. Sie sind durch Selbstorganisation sowie durch die Vermittlung von Werten und Einstellungen bestimmt und zeichnen sich durch eine Vielfalt von Handlungsdimensionen aus (Arnold u. Steinbach 1998; Baitsch 1996; Deutscher Bildungsrat 1970, 1974; Roth 1968, 1971). Sie münden in eine umfassende berufliche Handlungskompetenz (Dehnbostel 2007; Arnold u. Steinbach 1998). Diese wird in „Fachkompetenz", „Sozialkompetenz", „Personalkompetenz" und „Methodenkompetenz" differenziert.

Unter dem Begriff Fachkompetenz wird die Bereitschaft und Fähigkeit verstanden, auf der Grundlage fachlichen Wissens und Könnens, Aufgaben und Probleme zielorientiert, sachgerecht, methodengeleitet und selbständig lösen und das Ergebnis beurteilen zu können. Als Beispiele für Fachkompetenz können in der hier thematisierten Domäne der Landmaschinenbranche gelten: Fachwissen und fächerübergreifende Kenntnisse, Organisationsfähigkeit und Projektmanagement, Überblickswissen entlang von Geschäftsprozessen, Dokumentation von Arbeitsschritten, Prozessen und Ergebnissen sowie eine kritische Reflexion der eigenen Arbeitsergebnisse und das Wissen gesetzlicher Vorgaben.

Sozialkompetenz beinhaltet die Bereitschaft und Fähigkeit, soziale Beziehungen und Interessen zu erkennen und zu gestalten, darinliegende Spannungen und Zuwendungen zu erfassen und zu verstehen sowie sich mit anderen Personen verantwortungsbewusst auseinanderzusetzen und zu verständigen. Dabei geht es im Speziellen auch um die Entwicklung sozialer Verantwortung und Solidarität. Sozialkompetenz kommt beispielsweise in der Fähigkeit zur Kritik und Selbstkritik, der Integrationsfähigkeit, der Kommunikations- und Kooperationsfähigkeit sowie der Teamfähigkeit und der Verantwortungsbereitschaft zum Ausdruck.

Die Personal- oder auch Humankompetenz bezeichnet die Bereitschaft und Fähigkeit, die eigene Entwicklung zu reflektieren und in Bindung an individuelle und gesellschaftliche Wertvorstellungen weiterzuentfalten. Sie beinhaltet z.B. Eigenverantwortung, Hilfsbereitschaft, Lernbereitschaft und damit auch Offenheit für Veränderungen sowie Entscheidungs- und Verhandlungsfähigkeit und Loyalität.

Methodenkompetenz umfasst die Anwendung von Verfahrensweisen und Techniken, die der Gestaltung der eigenen Arbeit und der Arbeit in der Gruppe sowie der Persönlichkeitsentwicklung und der Entwicklung sozialer Beziehungen dienen. Methodenkompetenz wird dabei – je nach analytischem Ansatz – als querliegend zu den drei Hauptkompetenzarten gesehen (Linderkamp et al. 2007; Sekretariat der Kultusministerkonferenz 2007; Dehnbostel 2007).

Als Kern der beruflichen Handlungskompetenz ist die reflexive Handlungskompetenz zu bewerten, die sowohl die Qualität des individuellen Handlungsvermögens anstrebt, als auch die Souveränität des gesellschaftlichen Handelns zu steigern versucht (Meyer 2006).

Als Leitziel der beruflichen Bildung hat sich das Konzept der umfassenden beruflichen Handlungskompetenz weitgehend durchgesetzt. Es ist mit dem Anspruch verbunden, eine über die Qualifizierung hinausgehende Bildungsarbeit zu ermöglichen und damit nicht mehr wie bisher vorrangig die Verwertungsperspektive, sondern die Perspektive des Subjekts zu betonen. Hier setzt die strategische Ausrichtung bei der Gestaltung von Möglichkeiten zur Qualifizierung und Kompetenzentwicklung an.

7.1.3 Verfahren zur Arbeitsplatz-/Aufgaben- und Kompetenzanalyse

Aufgrund der Tatsache, dass sich Qualifikationsforschung mit der Entwicklung von Arbeitsaufgaben und Handlungsfeldern einerseits und mit der Analyse von Kompetenzen als der subjektiven Seite der Qualifikationsanforderungen andererseits beschäftigt, stellen Arbeitsplatz- und Kompetenzanalysen zentrale Verfahren der Qualifikationsforschung dar und bilden damit die Basis der Forschungs- und Entwicklungsarbeit in dem Projekt.

Das zur Aufgabenerhebung genutzte Instrument wurde aus zwei bewährten Verfahren zur Arbeitsplatz- bzw. Aufgabenanalyse entwickelt: dem Instrument zur Analyse von Tätigkeiten und zur prospektiven Arbeitsgestaltung bei Automatisierung (ATAA) (Wächter et al. 1999; Wächter et al. 1989a, b) sowie dem Tätigkeitsbewertungssystem-Geistige Arbeit (TBS-GA) (Richter u. Hacker 2003). Das TBS-GA basiert – ebenso wie das ATAA – auf einem tätigkeitspsychologischen Hintergrund. Beide Verfahren wenden für die Datenerfassung Beobachtungsinterviews und Befragungen an. Das ATAA wurde bei der Verfahrensentwicklung hinsichtlich der kognitiven Anforderungen, der Komplexität (Umfang) und Kompliziertheit (Schwierigkeitsgrad) der Aufgaben eng an das Verfahren zur Ermittlung von Regulationsanforderungen (VERA) (Volpert et al. 1983) und an das Tätigkeitsbewertungssystem (Hacker et al. 1983) angelehnt, weshalb eine Verknüpfung der beiden Verfahren ATAA und TBS-GA möglich ist (Wächter et al. 1989b).

Beide Verfahren sind durch ihre Ausrichtung auf den Produktionsbereich einerseits, die Konzentration auf hochqualifizierte, geistige Arbeit andererseits und letztlich durch die gemeinsamen theoretischen Grundlagen gut zur Abbildung von Aufgabenanforderungen geeignet. Aus den Aufgabenanforderungen werden sowohl Qualifikationen als auch aufgabenbezogene Kompetenzen der Mitarbeiter zur jeweiligen Aufgabenlösung abgeleitet.

ATAA und TBS-GA wurden auf Basis der zentralen Annahmen der Handlungsregulationstheorie entwickelt, nämlich dass menschliches Handeln zielorientiert und bewusst erfolgt und hierarchisch-sequentiell organisiert ist. Es lässt sich in einzelne

Handlungsschritte zerlegen, die aufeinander aufbauen und voneinander abhängig – also miteinander verknüpft – sind (Wächter et al. 1999; Hacker 1983; vgl. zur Handlungsregulationstheorie grundlegend Volpert 1974).

Aus beiden Verfahren wurde zur Analyse der Arbeitsplätze, Aufgaben und Kompetenzen ein Interviewleitfaden – nach Handlungsblöcken strukturiert – entwickelt. Die Ergebnisse des Interviews wurden wörtlich transkribiert. Die Auswertung erfolgte nach den Verfahren der Zusammenfassung, Explikation und Strukturierung der Qualitativen Inhaltsanalyse nach Mayring (Mayring 2008). Mit Hilfe der Items der beiden Verfahren zur Arbeitsanalyse konnte ein inhaltliches Profil der Aufgaben in Sach- und Serviceproduktentwicklung erstellt und die Anforderungen an Qualifikationen und aufgabenbezogene Kompetenzen der Mitarbeiter abgeleitet werden.

7.1.3.1 Analyse von Tätigkeitsstrukturen und prospektive Arbeitsgestaltung bei Automatisierung (ATAA)

Das ATAA kommt als Leitfaden oder Checkliste dann zum Einsatz, wenn es um die Gestaltung von Arbeitsinhalten und -situationen geht (Wächter et al. 1989b). Es dient dabei als ein Hilfsmittel zur Antizipation und Prognose sowie zur zielstrebigen Gestaltung von Tätigkeiten, Arbeitsinhalten und Qualifikationsanforderungen für bestimmte Aufgaben und ermöglicht so eine detaillierte sachliche Beurteilung der zukünftigen Tätigkeitsstrukturen an bestimmten Arbeitsplätzen (Wächter et al. 1989b).

Das ATAA besteht aus drei unterschiedlich ausdifferenzierten Ebenen der Aufgabenerfassung und hat als Ausgangspunkt die Aufgabe eines Stelleninhabers. Dabei gilt das Prinzip der ganzheitlichen Arbeitsaufgabe, in der der Stelleninhaber die Phasen des Orientierens, des Planens, des Ausführens und des Kontrollierens in der Interaktion mit anderen durchlaufen muss, wenn er eine Aufgabe bewältigen will. Die erste Ebene dient der Einordnung der allgemeinen Rahmenbedingungen. Hierbei werden die Aspekte der Ganzheitlichkeit des Aufgabenzusammenhangs, das Ziel und die Planung zur Bewältigung der Aufgabe und jeweils die Vorgehensweise und die Handlungsinhalte zur Lösung der Aufgabe betrachtet. Auf der zweiten Ebene werden Entscheidungs-, Tätigkeits-, Kontroll- und Interaktionsspielraum mit Bezug auf das Aufgabenspektrum des Stelleninhabers genauer untersucht. Dabei werden in der Analyse Umfang und Schwierigkeitsgrad der einzelnen Handlungsarten grob eingeschätzt. Auf der dritten Ebene werden 24 Handlungsarten untersucht, die bei der Bewältigung einer Aufgabe notwendig sind. Hierbei wird jede der 24 Handlungsarten durch eine Anzahl von Merkmalen erfasst, welche immer in Beziehung zueinander zu betrachten sind (Wächter et al. 1989a). Aus den Ergebnissen, die auf der dritten Ebene gewonnen wurden, lässt sich abschließend ein Anforderungsprofil erstellen. Das ATAA kann sowohl zur korrigierenden als auch zur vorausschauenden Arbeitsgestaltung verwendet werden.

7.1.3.2 Tätigkeitsbewertungssystem für Geistige Arbeit (TBS-GA)

Das TBS-GA dient der Analyse von Arbeitstätigkeiten mit vorwiegend geistigen Anforderungen. Geistige Arbeiten unterscheiden sich von körperlichen bezüglich der möglichen Einseitigkeiten der beteiligten Ebenen der Tätigkeitsregulation: Eine Beschränkung auf nichtbewusste Vorgänge ist höchstens als Ausnahme möglich (Richter u. Hacker 2003). Mit dem TBS-GA können Ausprägungen von Tätigkeitsmerkmalen hinsichtlich ihrer Beeinträchtigungsfreiheit und ihrer Lern- und Gesundheitsförderlichkeit für den Menschen bewertet sowie korrigierende oder präventive arbeitsgestalterische Maßnahmen abgeleitet werden (Richter u. Hacker 2003).

Nach Richter und Hacker übertragen, verändern oder erzeugen geistige Arbeiten Informationen. Daher teilen sie die geistigen Anteile einer Tätigkeit in vier Grundklassen auf:

- Klasse 1: Reine Informationsaufnahme und -übertragungsprozesse als Wahrnehmen und kurzfristiges Behalten,
- Klasse 2: Prozesse der Beurteilung der Informationen als Schlussfolgern,
- Klasse 3: Algorithmische, d.h. nach bekannten Regeln ablaufende Denkprozesse,
- Klasse 4: Problemlösendes und dabei teilweise kreatives Denken (Richter u. Hacker 2003).

Da moderne Arbeitsgestaltung optionale Arbeitsgestaltung ist, d.h., dass z.B. Angebote für die individuelle Anpassung von Arbeitsverfahren mit Bezug auf die altersabhängigen Stärken und Schwächen der Beschäftigten gemacht werden (Richter u. Hacker 2003), bezieht das TBS-GA die Arbeitsplatzinhaber in den Analyse-, Bewertungs- und Gestaltungsprozess als Experten ihrer Tätigkeit mit ein. In Abb. 7.1 sind die fünf Handlungsblöcke zur Beschreibung einer ganzheitlichen Arbeitsaufgabe nach ATAA/TBS-GA zu sehen.

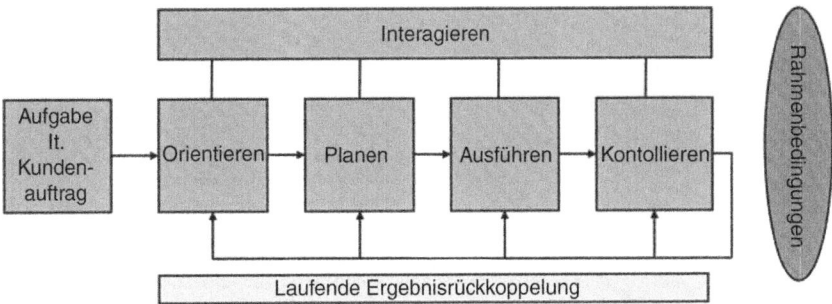

Abb. 7.1 Analytische Verfahren ATAA/TBS-GA

7.1.3.3 Verfahren zur Kompetenzanalyse

Für das Verfahren der Kompetenzanalyse werden im wissenschaftlichen Diskurs in Abhängigkeit von der jeweiligen Fachdisziplin synonym auch die Begriffe Kompetenzbeurteilung, Kompetenzbewertung oder auch Kompetenzbilanzierung bzw. -messung verwendet. Die Analysen von Kompetenzen haben eine doppelte Funktion. Einerseits sind sie geeignet, die unterschiedlichen Arten von informellen und formellen Lernprozessen zu diagnostizieren, andererseits stellen sie einen Ansatz dar, um Prozesse der Kompetenzentwicklung innerhalb der beruflich-betrieblichen Weiterbildung systematisch zu entwickeln und zu begleiten. Folglich können sie als Bestandsaufnahme die offenen Prozesse der Kompetenzentwicklung einschätzbarer machen und selbstgesteuerte Lernprozesse unterstützen (Gillen 2006).

Bezüglich dieser Herausforderung erweist sich der Kompetenzreflektor als ein geeignetes Instrument, da er als Analyse- und Beratungsinstrument das Individuum und seine Persönlichkeitsentwicklung in gemeinschaftlicher und sozialer Verantwortung (Linderkamp et al. 2007) betrachtet und sich damit von rein anforderungsorientierten und betriebswirtschaftlichen Konzepten unterscheidet. Das bedeutet, dass bei der Nutzung des Kompetenzreflektors eine arbeitnehmerorientierte Sichtweise eingenommen wird. Mit ihm können die persönlichen Kompetenzen von Beschäftigten erschlossen werden. Sie liefern die Grundlage, um die berufliche Entwicklung der Mitarbeiter zu überdenken. Mit dem Kompetenzreflektor soll zum einen die Förderung des individuellen Reflexionsprozesses, die Schaffung eines Bewusstseins (und Selbstbewusstseins) für die eigenen Kompetenzen und für die Steuerung der eigenen Kompetenzentwicklung erreicht werden. Zum anderen können durch den Kompetenzreflektor die persönlichen Chancen am Arbeitsmarkt besser eingeschätzt werden. Ein Ziel des Reflektors wird in der Erweiterung der reflexiven Handlungsfähigkeit gesehen. Reflexivität bedeutet in diesem Zusammenhang die bewusste kritische und verantwortliche Bewertung des beruflichen Handelns auf Basis eigener Erfahrungen. Diese Ziele werden in den sechs Handlungsschritten Erinnern, Sammeln, Ordnen, Analyse der in der Biographie erworbenen Kompetenzen, berufliche Ziele setzen und der Kompetenzreflexion als letzten Schritt, in dem Lern- und Entwicklungsmöglichkeiten zur beruflichen und persönlichen Weiterentwicklung fixiert werden, erreicht (Linderkamp et al. 2007). Der Kompetenz-

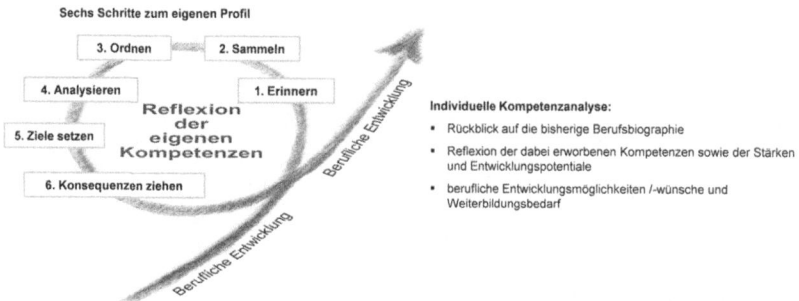

Abb. 7.2 Analytisches Instrument Kompetenzreflektor

reflektor wurde im Rahmen des Projekts GRiPSS als Analyseinstrument eingesetzt, um einerseits die in der Biographie erworbenen Kompetenzen der Beschäftigten und ihre Entwicklung zu erfassen. Andererseits dienen die erfassten Kompetenzen als Grundlage zur Gestaltung des arbeitsprozessorientierten Konzeptes zur Qualifizierung und Kompetenzentwicklung. In Abb. 7.2 werden die sechs Schritte des Kompetenzreflektors dargestellt.

7.1.3.4 Synergetische Effekte bei Arbeitsplatz- und Kompetenzanalysen

Durch den strukturellen Wandel werden in Unternehmen Reorganisations- und Umstrukturierungsprozesse hervorgerufen und Arbeitsabläufe ständig optimiert. Die Folge ist eine Veränderung in Bezug auf die Bedeutung des Lernens und der betrieblichen Lernprozesse. Arbeitsplatz- und Kompetenzanalysen erheben diese Veränderungen und reagieren auch darauf. Arbeitsplatzanalysen konzentrieren sich auf konkrete Arbeitstätigkeiten, Arbeitsbedingungen und -organisationen. Sie versuchen, Schwachstellen bei Arbeitsgestaltung und Arbeitsabläufen zu ermitteln, Folgen für die Beschäftigten bei der Einführung neuer Technologien abzuschätzen und Vorschläge zur lernförderlichen Arbeitsgestaltung und -umgebung zu unterbreiten. Kompetenzanalysen erfassen informelle und formelle Lernprozesse, sammeln Kompetenzen und zeigen Möglichkeiten zur deren Weiterentwicklung. Sie unterstützen mit ihren Analyseergebnissen das selbstgesteuerte Lernen und tragen somit zur Entwicklung beruflicher Handlungsfähigkeit bei.

Allerdings lassen sich auch Analogien zwischen beiden Verfahren feststellen. Kompetenzanalysen können einerseits betriebliche Umstrukturierungen und Neuorientierungen flankieren, die durch die Implementierung neuartiger Technologien notwendig werden. Andererseits thematisieren Arbeitsanalysen auch reflexive Handlungsfähigkeit, da eine Kombination von Erfahrungswissen und Fachwissen auch hier grundlegend ist. Jede Analyseart erbringt für sich genommen einen Beitrag für ein tätigkeitsorientiertes bzw. tätigkeitsintegriertes Lernen am Arbeitsplatz (Schüßler u. Thurnes 2005). Aufgrund der o. g. Überschneidungspunkte und im Sinne einer gegenseitigen Bezugnahme von Kompetenzentwicklung und Bildungsanspruch einerseits sowie Qualifikationsentwicklung und arbeitsmarktorientiertem Verwertungsanspruch andererseits (Huisinga u. Buchmann 2003) erscheint eine Kombination beider Analysearten folglich sinnvoll.

7.2 Aufgabenanforderungen und Anforderungen an Qualifikationen und Kompetenzen – eine erweiterte Funktionsbeschreibung

Im Folgenden werden die Ergebnisse der Aufgaben- und Kompetenzanalysen präsentiert, die in den beiden untersuchten Unternehmen der Landmaschinenbranche durchgeführt wurden. Insgesamt konnten siebzehn Beschäftigte zu ihren Tätigkeiten und Aufgabeninhalten sowie bezüglich ihres individuellen Kompetenzenprofils befragt werden. Dabei ergab sich folgende Verteilung:

- In Unternehmen I wurden drei Arbeitsplatzinhaber aus der Sachproduktentwicklung und vier Arbeitsplatzinhaber aus der Serviceproduktentwicklung zu den Aufgabenanforderungen und den vorhandenen Kompetenzen untersucht.
- In Unternehmen II wurden fünf Arbeitsplatzinhaber aus der Sachproduktentwicklung und fünf Arbeitsplatzinhaber aus der Serviceproduktentwicklung zu den Aufgabenanforderungen und den vorhandenen Kompetenzen befragt. Urlaubsbedingt fielen beim Durchführen der Kompetenzanalyse zwei Mitarbeiter aus der Sach- sowie ein Mitarbeiter aus der Serviceproduktentwicklung aus.

Ergänzend wurden als Arbeitsgrundlage in beiden Unternehmen je eine Qualifizierungsanalyse in Bezug auf die Weiterbildungsprozesse bei angeschlossenen Kunden und je eine Qualifizierungsanalyse in Bezug auf die intern beschäftigten Mitarbeiter als Grundlage für mögliche weitere Maßnahmen durchgeführt.

Die Ergebnisse der Analysephase ergaben eine um notwendige Qualifikationen und Kompetenzen erweiterte Beschreibung der integrierten Funktionen aus Sach- und Serviceproduktentwicklung. Sie diente als Grundlage für die in den letzten Kapiteln aufgeführten Maßnahmen zur Qualifizierungs- und Kompetenzentwicklung.

7.2.1 Arbeitsprozesse und Aufgabenanalyse

Die Beschreibung und Analyse der Arbeitsaufgaben der Beschäftigten aus Sach- und Serviceproduktentwicklung wurde mit Hilfe der beiden Analyseverfahren ATAA und TBS-GA durchgeführt. Die Verfahren bilden nach dem Prinzip der vollständigen Tätigkeit die kognitiven, praktischen und sozialen Anforderungen einer Arbeitsaufgabe an die Beschäftigten ab. Eine Arbeitsaufgabe zeichnet sich dabei immer durch ein Ziel aus, das durch bestimmte Vorgehensweisen und Handlungsinhalte im Arbeitsprozess erreicht werden muss. Die oben aufgeführten Handlungsblöcke „Orientieren", „Planen", „Ausführen", „Kontrollieren" sowie „Interagieren" erfassten – grob differenziert – folgende Funktionen:

- Im Block „Orientieren":
  Die Funktionen „Wahrnehmen", „Analysieren", „Wissen aktualisieren" (Fachwissen, organisatorisches Wissen), „notwendige Sollqualifikation" und „bleibende Lernerfordernisse für die Arbeit",
- Im Block „Planen":
  Die Funktionen „Ziele setzen", „Entscheiden", „Organisieren", „Verantwortungsübernahme"; für die Arbeit,
- Im Block „Kontrollieren":
  Das „Vergleichen der geplanten und durchgeführten Arbeitsergebnisse und Arbeitsabläufe", „Prüfen der Arbeitsergebnisse", „Suchen von Fehlerursachen",
- Im Block „Interagieren":
  Die Gestaltung der sozialen Beziehungen in den Bereichen „Kooperieren", „Kommunizieren" verbunden mit den „Formen des Informationsaustausches".

7 Arbeitsintegrierter Kompetenzaufbau

Aufgrund fehlender Verfahren, die die Aufgabenzusammenhänge aus Sach- und Serviceproduktentwicklung umfassend beschreiben, konnten die Aufgaben im Handlungsblock „Ausführen" nur erfragt werden. Die so in Funktionsbereiche unterteilten fünf Handlungsblöcke lassen sich weiterführend durch Handlungsarten beschreiben, die durch eine unterschiedliche Anzahl von Merkmalen, die immer im inhaltlichen Zusammenhang stehen, erfasst werden. Diese Merkmale beschreiben die Komplexität der Anforderungen, d. h. die Vielfalt der zu lösenden Teilschritte, die notwendig sind, um eine Aufgabe bewältigen zu können. So besteht im Handlungsblock „Orientieren" der Funktionsbereich „Wahrnehmen" aus den Merkmalen „Informationsvielfalt" und „Informationsverknüpfung". Diese beiden Merkmale sind durch Stufen beschrieben, die den Schwierigkeitsgrad – die Kompliziertheit – der einzelnen Handlungen beschreiben. Mit Hilfe der Stufenbeschreibung kann nun herausgefunden werden, ob die Anforderungen hoch, mittel oder gering sind. So muss eine Aufgabe, die über das Merkmal „Informationsvielfalt" beschrieben wird und vom Stelleninhaber fordert, mehr als drei voneinander abhängige Informationen aufnehmen und miteinander verknüpfen zu müssen, mit höherer Anstrengung bewältigt werden als eine Aufgabe, bei der der Stelleninhaber höchstens drei unabhängige Einzelinformationen aufnehmen muss. Diese Aufgabe kann mit wesentlich weniger Anstrengung gelöst werden. Im ersten Fall sind die Anforderungen – wenn die Stufenskala maximal vier Items umfasst – mit Stufe 4 hoch. Im zweiten Fall sind sie nur gering (Stufe 1). Mittelwerte – die Stufen 2 oder 3 – lassen auf eine mittlere Anforderungshöhe schließen. Da jede Handlungsart durch Merkmale unterteilt ist und diese wiederum durch Stufen inhaltlich beschrieben werden, lässt sich abschließend ein Anforderungsprofil erstellen, durch das die Komplexität und Kompliziertheit der Aufgaben optisch sichtbar werden. Abschließend bleibt

Erhebungs-/Anforderungsprofil	Ist relevant?	Geringste Stufe ()------------------() Höchste Stufe
1. Orientieren		
1.1 Wahrnehmen		
1.1.1 Informationsvielfalt	ja	1 – 2 – 3 – 4
1.1.2 Informationsverknüpfung	ja	1 – 2 – 3 – 4
1.2 Analysieren		
1.2.1 Bewerten der Informationen aus der Wahrnehmungsphase	ja	1 – 2 – 3 – 4
1.2.2 Denkanforderungen	ja	1 – 2 – 3 – 4

Abb. 7.3 Erhebungs-/Anforderungsprofil ATAA/TBS-GA (Beispiel)

festzuhalten, dass zu einer korrekten Aufgabenanalyse die inhaltliche Beschreibung der Handlungsarten, der Merkmale und ihrer Ausprägungen notwendig ist. Nur auf dieser Basis lassen sich Qualifikationen und Kompetenzen ableiten und eine Grundlage für notwendige betriebliche Maßnahmen zum Kompetenzaufbau schaffen.

Abbildung 7.3 zeigt den Auszug eines Erhebungsprofils mit hohen Anforderungen an den Beschäftigten.

7.2.1.1 Aufgaben und Arbeitsprozesse in der Sachproduktentwicklung: Funktionskonzentration

Beschäftigte in der Sachproduktentwicklung konzentrieren sich ausschließlich auf die ihnen zugeteilten bzw. dieser Tätigkeit immanenten Aufgaben (Funktionskonzentration). Das Spektrum reicht dabei von der Konstruktion eines Einzelteils, über Bauteile und Baugruppen bis hin zur Gesamtkonstruktion einer Maschine. Konstruktionstätigkeiten umfassen bspw. den Hydraulikbau, Werkzeugbau, Prototypenbau, Musterbau und die Montage. Eine Variante ist die Übernahme von Aufträgen zur Änderung bei Verbesserung bereits laufender Serienprodukte im Werk. Diese Veränderungen können entweder vom Service, aus der kontinuierlichen Verbesserung innerhalb Fertigung und Montage oder aus dem Engineering heraus initiiert werden.

Ein Mitarbeiter ist i. d. R. entweder für die Betreuung eines gesamten Serienstandes inklusive der Montage oder für den Bau von Sondermaschinen zuständig. Für die Konstruktionen werden vom Verantwortlichen parallel die Materialanforderungen sowie die Kostenkalkulationen erstellt. Die Betreuung von Kunden oder Servicetechnikern im Feld stellt eher eine Ausnahme dar. Sie wird nur dann notwendig, wenn die Kenntnisse eines Servicemitarbeiters bei schwierigen Problemen nicht mehr ausreichen. Ein Beispiel hierfür ist das fehlende Wissen über die genaue Bemaßung einzelner Bauteile. National und international sowie interdisziplinär besetzte Konstruktionsteams entwerfen Sondermaschinen, die stark an den (Verbesserungs-)Wünschen des Kunden orientiert sind. Die Aufgabeninhalte eines Konstruktionsteams richten sich nach den zu betreuenden Maschinentypen. Die Projektarbeit ist zeitlich eng determiniert und fordert diszipliniertes Erarbeiten einzelner Teilaufgaben, was eine permanente Anwesenheit der einzelnen an der Projektarbeit beteiligten Berufsgruppen und Funktionsinhaber im Team nach sich zieht. Beschäftigte mit Gesamtverantwortung (Maschinen-, Gebiets- oder Teamverantwortung und Gruppenleitung) in Großprojekten, in denen komplette Anlagen projektiert werden, nehmen i. d. R. auch Aufgaben der Personalführung und -entwicklung wahr.

Eine besondere Aufgabe innerhalb der Sachproduktentwicklung ist das von jedem Beschäftigten durchzuführende Schnittstellenmanagement, das hohe Anforderungen an die innerbetriebliche Kommunikation und Kooperation stellt. Da sich die Produkte und somit der Produktionsbedarf saisonbedingt über das Jahr hinweg ändern – jahreszeitenabhängig sind in der Landwirtschaft unterschiedliche Anbauprodukte zu betreuen (Kartoffeln, Rüben, Weizen) – müssen die Absprachen mit den Kollegen systematisch und verlässlich getroffen werden. Dadurch treten verschiedene Schnittstellen auf, so dass die Zahl der Verfahrensweisen zur Durchführung der Konstruktionsarbeit entsprechend hoch ist. Dabei muss in der Regel aus mehreren Verfahren aus verschiedenen Fachbereichen gewählt werden. Kommt es zu Fehlern bei der Ausführung, so kann der gesamte Konstruktions- bzw. später der Fertigungsfluss Schaden nehmen.

Die Sachproduktentwickler arbeiten i. d. R. mit elektronischen Medien – nur in Ausnahmefällen (bei Besuchen in Montage oder Fertigung) werden Werkzeuge zur Handarbeit genutzt. Auf ihren PCs verfügen sie über eine Vielfalt von Konstruktionsprogrammen, z. B. CAD-Programme. Im Zuge der verstärkten IT-Implementierung in Produktion und Service ersetzt eine Vielzahl vernetzter Programme die Arbeit mit Werkzeugen. Die Anforderungen an die sinnlich-abstrakte Wahrnehmung und Leistungsfähigkeit sind somit bei den Beschäftigten sehr hoch. Meist ist die körperliche Aktivität beim Arbeiten nur auf das Arbeiten am PC beschränkt. Zur korrekten Arbeitsausführung ist Wissen über Werkstoffe, Betriebsmittel und deren Zusammenspiel, über die Bestandteile und Funktionen der Geräte, deren Aufbau und die Bearbeitungsschritte notwendig. Die Anforderungen an ein – die Konstruktion begleitendes – Grundlagenwissen sind ebenfalls hoch. Die erforderlichen Fachkenntnisse sind aus verschiedenen Wissenschaftsgebieten durch den jeweiligen Stelleninhaber sachgerecht in die Konstruktionssituation einzubringen. Da die Sachproduktentwickler eng mit Fertigung, Montage, Hydraulik, Elektrik und anderen Abteilungen zusammenarbeiten, ist ein interdisziplinär ausgerichtetes Wissen über deren Arbeitsgebiete notwendig, um einzelne relevante Inhalte, z. B. Umwelteinflüsse bei Kälte oder Hitze antizipativ in die Konstruktion einbinden zu können. Beispielhaft ist auch eine montagefreundliche Konstruktion zu nennen. Der Zeichnungsumfang sowie die Komplexität und Schwierigkeit von Berechnungen sind hoch, da überwiegend neue Lösungen für komplette Systeme erarbeitet werden müssen. Mittlere bis hohe Anforderungen fordert auch das laufende Dokumentieren und Weiterleiten der für die Konstruktion und andere Abteilungen relevanten Daten, da diese Daten gezielt auszuwählen und auch ohne eindeutige Ordnungskriterien, wie bspw. Projektzusammenhängen, strukturiert zu speichern sind. Aufgrund der Vielzahl der zu verrichtenden anspruchsvollen Teiltätigkeiten, ist der Tätigkeitsspielraum der Konstrukteure zusammenfassend sehr hoch.

Sachproduktentwickler müssen in ihrer Arbeit in hohem Maße Orientierungsleistungen erbringen: Es sind zahlreiche unabhängige Informationen wahrzunehmen, die nach eigenen Regeln verknüpft und nach bekannten allgemeinen oder auch speziellen Regeln verarbeitet werden müssen, um Lösungen im Bereich des Konstruierens (Neukonstruktion oder Änderungskonstruktion) zu entwickeln. Umfang und Schwierigkeitsgrad beim Treffen von Entscheidungen sind sehr hoch: I. d. R. gibt zwar der Kunde bzw. im Arbeitsprozess dann der Vertrieb das Produktionsziel vor, jedoch ist durch den Stelleninhaber bzw. das Konstruktionsteam eine Vielzahl von Zwischenzielen zu setzen. Zur Realisierung dieser Zwischenziele sind Aufträge an andere Abteilungen zu vergeben, für deren termingerechte Erledigung die Verantwortung ebenfalls vom Sachproduktentwickler übernommen werden muss. Unterlaufen ihm Fehler bei seiner Tätigkeit, so kann im schlimmsten Falle das jeweilige Konstruktionsvorhaben scheitern, was zu hohen finanziellen Einbußen und unternehmerischem Reputationsverlust führen kann. Die Konstrukteure sind sich dieser Verantwortung bewusst. Sie sind neben der anforderungsgerechten Erfüllung der Konstruktionsaufträge auch für die Gesundheit und Sicherheit der Mitarbeiter und der Kunden verantwortlich. Damit sind der Entscheidungs- und der Verantwortungsspielraum von Konstrukteuren sehr groß.

Die Mitarbeiter in der Sachproduktentwicklung kontrollieren sich selbst. Sie überprüfen ihre jeweiligen erreichten Teilziele im Gesamtzusammenhang der Konstruktion und stellen Fehler situationsabhängig durch gedankliche Systematisierung fest. Sie müssen mehrere Konstruktionsprozesse gleichzeitig überwachen. Die Anforderungen an Kontrollieren, Überwachen und Fehlerprüfung sowie -suche im eigenen Arbeitshandeln sind somit hoch.

Der Interaktionsspielraum der Sachproduktentwickler ist sehr groß. Zusätzlich zu dem im Prozess der Konstruktion durchzuführenden Schnittstellenmanagement, kommunizieren und kooperieren sie überwiegend mit Kollegen aus der eigenen Abteilung, auch in interdisziplinär und international zusammengesetzten Teams. In diesen Teams sind Personen aus wechselnd relevanten Abteilungen des Betriebes Mitglied, bspw. aus Montage, Fertigung, Hydraulik, Vertrieb etc. Die Notwendigkeit, unterschiedliche „Sprachen und Denkweisen" sowie interkulturelle Verhaltensmuster zu verstehen, stellt hohe Anforderungen an Kommunikations- und Kooperationsfähigkeiten der Beschäftigten.

Die Ergebnisse der durchgeführten Aufgabenanalysen ergeben hohe Anforderungen an die Beschäftigten der Sachproduktentwicklung, da sie viele auf die Konstruktion bezogene Teiltätigkeiten durchführen müssen – der Tätigkeitsspielraum ist groß. Anforderungen an Entscheidungs-, Kontroll- und Interaktionsleistungen sind hoch. Abschließend bleibt festzuhalten, dass der Handlungsspielraum der Sachproduktentwickler insgesamt durch die Vielfalt wechselnder und schwieriger Anforderungen als sehr hoch zu bewerten ist, nicht zuletzt dadurch, dass deutliche Freiheitsgrade bei der Gestaltung der eigenen Arbeitsprozesse und der Prozesse innerhalb der betriebsweit angelegten Arbeitsteams vorhanden sind.

7.2.1.2 Aufgaben und Arbeitsprozesse in der Serviceproduktentwicklung: Funktionsstreuung

Demgegenüber stellen sich die Aufgabenzusammenhänge bei den Beschäftigten im Service deutlich anders dar. Dort kann eine Vielfalt unterschiedlicher Aufgaben identifiziert werden. So umfasst z. B. die Serviceleistung im Sinne eines telefonischen, technischen Supports rund 30–40% des Aufgabenspektrums. Weitere, nachfolgend aufgeführte Aufgaben hängen direkt und indirekt mit dem Service zusammen:

- Schulungskoordinator/Service Training Koordinator: Planen von Schulungen und Absprache mit Trainern, Erstellen von Schulungsunterlagen,
- Manager Technical Information: Erstellen technischer Dokumentationen, Verantwortung für technische Übersetzungen,

7 Arbeitsintegrierter Kompetenzaufbau

- Organisationstätigkeiten: Organisation von Messen, Ausstellungen,
- Controlling im Service,
- Personalentwicklung,
- Durchführen von Maschinenaudits,
- Bearbeiten von Gewährleistungsangelegenheiten,
- Planen und Betreuen von Monteureinsätzen,
- Betreuung von Maschinenersteinsätzen,
- Projektarbeit.

Im Unterschied zu den Beschäftigten in der Sachproduktentwicklung ist die Projektarbeit im Servicebereich nicht durch Kontinuität sondern vielmehr durch temporäre Mitarbeit gekennzeichnet, da in den sehr kundenorientiert agierenden Unternehmen die Beratungsleistung für einen hilfesuchenden Kunden unbedingte Priorität vor der zeitlich gebundenen Projektarbeit hat.

Hinsichtlich des notwendigen Schnittstellenmanagements ergibt sich beim Service – als telefonischem technischen Support – ein weniger komplexes Tätigkeitsfeld als bei der Sachproduktentwicklung: Innerbetrieblich sind Kommunikation und Kooperation vor allem auf die Bereiche Konstruktion und Vertrieb konzentriert. Im Prozess der Fehlersuche und -lösung wird je nach Relevanz mit ausgewählten Abteilungen innerhalb des Unternehmens kommuniziert und kooperiert. Diese Kontakte werden temporär und ad hoc im Laufe der Erntesaison, wenn die meisten Fehlermeldungen eingehen, aktiviert. Überbetrieblich erfolgen die Kontakte durch Anrufe der Kunden (z. B. Händler, Vertriebshäuser, eventuell der Landwirte als Großkunden) zur Hilfe bei Fehlern. Ein etwas erweitertes Schnittstellenmanagement, das sowohl innerbetriebliche und überbetriebliche Kontakte erfordert, wird notwendig, wenn die inhaltlich in sich geschlossenen Aufgaben wie beispielsweise „Organisation von Messen", „Koordination von Schulungen" oder „Durchführen eines Maschinenaudits" erledigt werden. Es sind vielfältige, inhaltlich und personell relativ oft wechselnde Kommunikations- und Kooperationszusammenhänge aufzubauen und zu nutzen. Hier ist ein deutlicher Unterschied zu den Mitarbeitern der Sachproduktentwicklung zu verzeichnen, bei denen zwar komplexe, aber personell relativ stabile Kommunikations- und Kooperationsbeziehungen zu finden sind.

Im Vergleich zur Sachproduktentwicklung sind im Service nur geringfügig weniger sachproduktbezogene Anforderungen bei der Entwicklung des Serviceproduktes an die Mitarbeiter gerichtet. So müssen sich Serviceproduktentwickler generell beim telefonischen, technischen Support mit Sachprodukten auseinandersetzen, jedoch spielen Werkstückgeometrie, Maßhaltigkeit und Oberflächenbeschaffenheit dabei i. d. R. eine gegenüber der Konstruktionstätigkeit untergeordnete Rolle. Die Serviceleistung wird als Endprodukt definiert. Diese Definition umfasst zum einen den erbrachten telefonischen Support, d. h. die direkte Hilfeleistung. Zum anderen sind darin auch die oben aufgeführten zusätzlichen Funktionen des Servicemitarbeiters einbezogen, wie bspw. die Koordination von Schulungsmaßnahmen, das Erstellen eines Maschinenaudits oder die Organisation von Messen. Ähnlich wie die Konstrukteure nutzen auch die Servicemitarbeiter den PC mit verschiedenen Softwareprogrammen als Hauptarbeitsmittel.

Dieses wird durch Werkzeuge ergänzt, die situationsabhängig zur Behebung von Maschinenfehlern bei Unterstützung des Monteurs auf dem Feld eingesetzt werden. Die Arbeit zwischen dem PC und Mitarbeiter erfolgt entweder in einem frei gesteuerten Dialog, oder sie ist vorstrukturiert, aber vom Mitarbeiter beeinflussbar. Die verschiedenen Aufgaben bewältigt der Servicemitarbeiter durch die Auswahl eines Verfahrens aus unterschiedlichen Fachbereichen, wobei er ein hohes Risiko zu verantworten hat. Das Schadensrisiko bei Ausführungsfehlern im Prozess seiner Arbeit kann von Schäden an der Maschine bis zum Scheitern/Nichterreichen des Gesamtergebnisses oder zu lebensgefährlichen Verletzungen der Monteure oder des Kunden reichen.

Die Arbeit der Servicemitarbeiter – wie auch die der Sachproduktentwickler – zeigt wenige Anforderungen an die körperliche Aktivität. Sie erfordert jedoch die Bereitschaft, in der Phase des verstärkten Produkteinsatzes (Erntesaison) erhöhte Präsenz – auch in der Freizeit – zu zeigen. Die Arbeit des Servicemitarbeiters erfordert hohe fachliche Kenntnisse in Wissensbereichen, die Werkstoffe, Betriebsmittel und deren Zusammenspiel betreffen. Breites und fundiertes Wissen benötigt der Servicemitarbeiter bei Fragen über Bestandteile und Funktionen der Maschinen und Geräte, deren Aufbau, die Bearbeitungsschritte zu ihrer Erstellung und den Einfluss der Umwelt auf diese Maschinen und Geräte. Im Gegensatz zur Arbeit der Sachproduktentwickler zeichnen Servicemitarbeiter nicht und führen keine Berechnungen durch – ggf. erstellen sie Kalkulationen im Rahmen der Serviceerbringung bzw. im Rahmen des Erstellens von Schulungsangeboten. Aufgrund der Aufgabenvielfalt sind die Anforderungen an das Dokumentieren und Verwalten durchgängig sehr hoch. Dies ist nicht zuletzt darauf zurückzuführen, dass sowohl ausgewählte Daten des eigenen Arbeitsplatzes als auch anderer Geschäftsbereiche zu verwalten sind. Viele zusammenhängende Werte und Informationen, die aus unterschiedlichen Gebieten stammen, sind ohne Formvorschriften zu systematisieren. Die Ablagekriterien sind nicht eindeutig, bspw. erfolgt die Ablage nach Projekten oder anderen Zusammenhängen, die der Stelleninhaber bestimmen muss. Empfänger von weiterzuleitenden Daten sind i. d. R. eindeutig bestimmbar, wobei Zeitpunkt der Informationsweitergabe bei der Aufgabenerledigung aufgrund des Zeitdrucks unter dem die Servicemitarbeiter stehen, eine große Rolle spielt. Insgesamt ist der Tätigkeitsspielraum der Servicemitarbeiter groß. Zum einen sind viele unterschiedliche Aufgaben, wie bspw. die Auditierung, die Organisation von Schulungen, von Ausstellungen und Teilnahmen an Messen oder das Controlling zusätzlich zum technischen telefonischen Support zu bewältigen. Zum anderen sind diese Tätigkeiten und die damit verbundenen komplexen Teilziele selbst wieder in sich differenziert und entsprechend anspruchsvoll hinsichtlich des notwendigen Wissens und Könnens.

Wie bei den Sachproduktentwicklern sind die geforderten Orientierungsleistungen bei den Servicemitarbeitern ebenfalls sehr hoch. Die Aufgabenvielfalt erfordert die gleichzeitige Aufnahme und selbstorganisierte Verknüpfung einer Vielzahl von Informationen aus unterschiedlichen Fachgebieten. Sie sind aus einer begrenzten Zahl von Informationsquellen sachgerecht zu beurteilen und zur Entwicklung neuer

Lösungen oder Konzepte für die verschiedenen zu bearbeitenden Sachgebiete herauszusuchen. Die Anforderungen im Planungsprozess sind sehr hoch. Der Kunde bzw. der jeweilige Vorgesetzte geben zwar die Ziele vor, diese sind jedoch sehr komplex und bedürfen zu ihrer Lösung mehrere Planungsetappen. Zwischenziele zum Erreichen der Teilziele sind von den Beschäftigten selbst zu setzen. Dabei müssen gegenseitige funktionale und zeitliche Abhängigkeiten in den Arbeitsprozessen in die eigenen komplexen Handlungsschritte eingeplant werden. Wirtschaftliche Rahmenbedingungen dominieren zwar, sind aber mit anderen gleichrangigen Zielen, wie beispielsweise Kundengewinnung und Erlangung von Kundenzufriedenheit, abzuwägen. Wenn Beschäftigte – auch mit langer Berufserfahrung – ihre einzelnen Zwischenziele oder Planungsetappen festlegen, können sie aufgrund der vielfach wechselnden Aufgabenzusammenhänge oft nicht mehr auf Erfahrungswerte zurückgreifen. Es erfolgt eine fortwährende Informationssuche, wie bspw. das Nachlesen fachlicher Informationen im Internet, in international veröffentlichter Fachliteratur oder auch das Befragen von Kollegen. Entscheidungen im Service differieren durch leistungsbestimmende und damit letztlich finanziell kalkulierbare Unterschiede. Personen mit Führungsverantwortung delegieren komplexe Aufgaben. Dementsprechend sind die Verantwortlichkeiten ausgelegt: Die Gruppe der Führungsverantwortlichen hat Verantwortung für alles, die Gruppe ohne direkte Führungsverantwortung hat überwiegend materielle und zeitliche Verantwortung. Entscheidungs- und Verantwortungsspielraum sind somit für die Beschäftigten im Service sehr groß.

Auch die Servicemitarbeiter vergleichen ihre komplexen Handlungspläne und Aufgabenzusammenhänge für die einzelnen Aufgabenbereiche selbst. Mangelhaftes Vergleichen der zusammenhängenden Daten und Arbeitspläne kann das Erreichen des Gesamtergebnisses verhindern. I.d.R. überwacht und überprüft der Stelleninhaber seine Arbeitsprozesse und die Arbeitsergebnisse selbst. Ein Misserfolg wird in erster Linie durch das Feedback der Kunden mit dem Ergebnis sinkender Kundenzufriedenheit und sinkender Umsätze aufgedeckt. Die Suche der Fehlerursachen erfolgt dann durch gedankliche Fehlersystematisierung im Team und durch die Einzelperson. Der Kontrollspielraum ist somit groß, da der Mitarbeiter autonom handeln kann.

Die Servicemitarbeiter kommunizieren und kooperieren je nach Aufgabe mit abwechselnden Zielgruppen: Beim technischen Support erfolgen Kommunikation und Kooperation überwiegend im Dialog mit dem hilfesuchenden Partner am Telefon. Ggf. bedingt der Hilferuf weitere innerbetriebliche Interaktionsnotwendigkeiten mit temporär einzuschaltenden Kontakten – bspw. zu Konstruktion, Montage, Vertrieb. Bei den anderen Teilaufgaben können weitere, innerbetriebliche und außerbetriebliche Kommunikations- und Interaktionsbeziehungen aufgebaut werden. Je nach Aufgabenwechsel werden sich aber auch diese Beziehungen ändern, so dass eine Netzwerkbildung im Rahmen der Kommunikation und Kooperation erschwert wird. Der Interaktionsspielraum ist sehr groß, die Beziehungen sind nicht stabil sondern eher flüchtig, wobei ein Ausbau von Interaktionsnetzwerken im Laufe der Zeit dennoch möglich ist.

7.2.2 Aufgabenbezogene Qualifikationen

Bei den Beschäftigten aus Sach- und Serviceproduktentwicklung liegen trotz der unterschiedlichen Aufgaben, die sie wahrnehmen, ähnliche Qualifikationsmuster vor. Generell sind die Beschäftigten mehrfach qualifiziert: Entweder durch eine technisch orientierte Ausbildung (z. B. Landmaschinentechniker) und Hochschulstudium (Maschinenbau, Schwerpunkt: Konstruktion)/Duales Studium oder durch eine technisch orientierte Ausbildung/Lehre und langjährige Berufserfahrung in Verbindung mit zertifizierten Weiterbildungskursen. Dieses letzte Qualifikationsmuster ist besonders bei älteren Mitarbeitern zu finden, deren Zugehörigkeit im Unternehmen ca. 20–30 Jahre oder mehr beträgt. Die Beschäftigten aus dem Service absolvieren ergänzend Grund- und Aufbaukurse in spezifischer Maschinentechnik. Alle Mitarbeiter müssen laufend ihre Fachkenntnisse und Fertigkeiten erweitern. Informelles und formelles Lernen sind notwendig, um sich den ständig wechselnden sozialen und fachlichen Veränderungen im Arbeitsfeld anpassen zu können. Auffallend ist bei allen Beschäftigten, dass sie – dank systematischen, auch international orientierten Karriereaufbaus – dauerhaft im Unternehmen beschäftigt bleiben (wollen).

7.2.3 Kompetenzen

Für die Beschäftigten aus Sach- und Serviceproduktentwicklung sind alle vier Kompetenzarten, welche die umfassende berufliche Handlungskompetenz begründen, relevant – dies jedoch aufgabenspezifisch in unterschiedlicher Gewichtung. Einige Kompetenzen sind zentral, andere spielen für die Ausübung der Tätigkeit eher eine untergeordnete Rolle. Als dominant fielen vor allem die Kompetenzen auf, die in den Befragungen als psychisch besonders belastend oder anstrengend genannt wurden.

7.2.3.1 Kompetenzen bei Beschäftigten in der Sachproduktentwicklung

Bei Beschäftigten aus der Sachproduktentwicklung werden besonders Fach-, Personal- und Methodenkompetenz gefordert. Kompetenzen aus dem sozialen Spektrum sind eher begleitend relevant.

Fachkompetenz zeigt im Konstruktionsbereich folgende Ausprägungen: „Fachspezifisches Wissen" dominiert im Hinblick auf die Zielsetzung der zu entwickelnden Maschine bzw. der einzelnen Teile, die geändert werden sollen. Wichtig ist „Überblickswissen über Tätigkeiten" der Beschäftigten in den Abteilungen, die im Rahmen der interdisziplinären Projektarbeit an der Konstruktion einer Maschine oder eines Maschinenteils arbeiten (z. B. Produktion, Elektrik, Elektronik, Montage,

Vertrieb). Die „Kritische Reflexion der eigenen Arbeitsergebnisse" ist vor allem im Hinblick auf Teilziele im Konstruktionsprozess notwendig, da durch ständige Überprüfung der Teilergebnisse Rückkoppelungsschleifen in der Konstruktionstätigkeit eingebaut werden können, um die Präzision der Ergebnisse zu bestätigen. „Fachspezifische Fremdsprachenkenntnisse" nehmen an Bedeutung zu – vor allem in international und interdisziplinär besetzten Produktentwicklungsteams.

Personalkompetenz innerhalb der Sachproduktentwicklung bedeutet vor allem „Eigenverantwortung für die Konstruktionen" mit Bezug auf Funktionsfähigkeit und Sicherheit der Maschine beim Kunden und den Geschäftserfolg, „Offenheit für Veränderungen" hinsichtlich der Kundenwünsche und ggf. der Vorschläge aus dem Service. Außerdem beinhaltet sie „Entscheidungs- und Verhandlungsfähigkeit" in Verbindung mit „Loyalität zu den Unternehmenszielen", Kundenwünsche zu erfüllen und dabei gleichzeitig den angesetzten Etat, den eine Maschine kosten darf, nicht zu überschreiten. Die unterschiedlichen Erwartungen an den Sachproduktentwickler sind von ihm auszubalancieren, im Kundengespräch zu vermitteln und ggf. mit den anderen Abteilungen – bis zur Geschäftsleitung – auch unter dem Aspekt der Erweiterung des Kundenspektrums abzustimmen.

Methodenkompetenz ist in der Sachproduktentwicklung mit den Ausprägungen „Denken und Problemlösen" notwendig, die bei Ausführung der Kernaufgabe – dem Konstruieren (Entwickeln) der Einzelteile, Bauteile, Baugruppe oder Gesamtmaschine – aktuell wird. „Kreativität" ist zum Schaffen von neuen Denkmustern notwendig, um Kundenwünsche erfüllen oder auf Fehlermeldungen des Service eingehen zu können (Lösungsfindung). Bei der Entwicklung neuer Lösungen werden mitunter neue Verfahrenswege notwendig, damit innovative Benutzungsmuster für den Kunden möglich werden. Das bedeutet, „Lernfähigkeit" des Sachproduktentwicklers ist in Verbindung mit Fachkompetenz gefordert. „Zeitmanagement" und „Zielorientierung" werden besonders relevant, da die Phasen für die Konstruktionstätigkeiten begrenzt sind. Sie liegen im Segment des Landmaschinenbaus bei ca. einem halben Jahr. Dabei ist ein zeitlich limitiertes und zielorientiertes Handeln notwendig, um mögliche Kunden- oder Servicewünsche, die sich aus den Erfahrungen der Maschinennutzung ergeben haben, in neue Entwicklungen (Änderungsentwicklungen) einzubinden. Dazu ist ein präzises Zeitmanagement des Sachproduktentwicklers mit diszipliniertem Arbeiten, einem Setzen von Teilzielen und dem Abarbeiten im zeitlichen Limit notwendig.

Sozialkompetenz ist dann besonders erforderlich, wenn „Produktteams" gebildet werden und sich die Aufgaben im Zuge der Betreuung von Kunden auf dessen Produktionsaufgaben und -prozesse beziehen. Dann werden die „Fähigkeit zur Kritik und Selbstkritik", die „Integrationsfähigkeit in interdisziplinäre Teams (z.B. bestehend aus Konstruktion, Service, Vertrieb, kaufmännischen Bereichen, mit eventueller Kundenanwesenheit)" aktuell. Dazu bedarf es der Fähigkeit, mit anderen Personen „kommunizieren" und „kooperieren" zu können. Damit verbunden sind „Akzeptanz von anderen Einstellungen", „Eingehen auf einen anderen Sprachgebrauch", ggf. die „Anwendung von Fremdsprachen" (Fachkompetenz) sowie die „Auseinandersetzung mit anderen kulturellen Hintergründen", z.B. Kunden aus Russland oder Frankreich.

7.2.3.2 Kompetenzen bei Beschäftigten in der Serviceproduktentwicklung

Bei Beschäftigten aus dem Service sind Fachkompetenz und Sozialkompetenz von besonderer Wichtigkeit. Eher begleitend und nach den vielfältigen, differenzierten Aufgabenanforderungen wechselnd notwendig sind Anforderungen an Methoden- und Personalkompetenz zu finden.

Um Maschinenfehler identifizieren und verorten zu können, besitzt die Fachkompetenz im Service eine besonders wichtige Rolle. „Abläufe und Funktionen" der einzelnen Maschinenteile müssen genau bekannt sein und beherrscht werden – hierzu ist eine Qualifikation zum Ingenieur in Verbindung mit einer technisch orientierten Ausbildung eine gute Voraussetzung. Hinsichtlich der Geschäftsprozesse ist ein „Überblickswissen" notwendig, um die Differenziertheit und Vernetztheit von Maschinenfehlern, Bedienungsfehlern, Materialfehlern und Umwelteinflüssen erkennen zu können. Das stetig wachsende Überblickswissen ist die Voraussetzung, damit sich langsam und erfahrungsbezogen „Diagnosefähigkeit" entwickeln kann. Im Service wird „Wissensmanagement" durch einen Austausch zwischen Kollegen und die Intensivierung von Kunden-/Servicebeziehungen zur Fehlerbehebung forciert. Beim telefonischen Support ist gleichzeitig eine „kritische Reflexion der eigenen Arbeitsschritte" notwendig, um die Ratschläge, die den Kunden gegeben werden, auf Machbarkeit und Fehlerhaftigkeit zum Zeitpunkt des telefonischen Supports zu überprüfen. Falsche oder unvollständige Ratschläge können für den Monteur bei dem Versuch der Schadensbehebung fatal sein. „Fachbezogene Fremdsprachkenntnisse" sind relevant, um in einer Fremdsprache mit internationalen Kunden am Telefon komplexe Fehler verstehen und Lösungswege erklären zu können.

Sozialkompetenz ist im Bereich des telefonischen Supports und der dem Service regelmäßig angegliederten Schulungsaufgabe besonders wichtig. Darunter fallen die „Fähigkeit zur Selbstkritik" und die „Fähigkeit, ggf. Kritik am Kunden/ Monteur hinsichtlich falscher Bedienung der beanstandeten Maschine ausdrücken zu können". Diese Ausprägung harmoniert eng mit der in der Personalkompetenz vorkommenden Ausprägung der „Verhandlungsfähigkeit". Wichtig sind „Kommunikations- und Kooperationsfähigkeit", d. h. mit Kunden und anderen Personen aus Vertrieb, Niederlassungen, Händlern professionell umgehen zu können. „Wahrung der Contenance" ist das Schlagwort, besonders dann, wenn unzufriedene Kunden am Telefon Kritik anbringen. Zur „Kommunikations- und Kooperationsfähigkeit" gehört auch die „Integrationsfähigkeit in technik- und serviceverantwortliche Teams". Bedeutsam wird dabei ein „interdisziplinäres Denken und Kommunizieren". Die „Übernahme von Verantwortung" ist für den Mitarbeiter im Servicebereich immanent.

Personal- und Methodenkompetenz sind im Bereich des Service zwar notwendig, flankieren jedoch eher die im Service dominanteren Fach- und Sozialkompetenzen.

Personalkompetenz wird in den folgenden Ausprägungen relevant: Im Umgang mit dem Kunden ist die „Entscheidungs- und Verhandlungsfähigkeit" des Servicemitarbeiters bedeutsam. Dies wird vor allem in Gewährleistungsfragen, mit denen Kunden an den Service herantreten, relevant. Der Servicemitarbeiter muss in Kooperation mit dem Vertrieb den Sachverhalt abwägen. In diesem Fall besteht die „Loyalität zum Unternehmen" darin, die Balance zu finden zwischen Erhalt und Ausbau der Kundenbeziehungen einerseits und der Notwendigkeit, die punktuellen Kosten des Unternehmens im Zuge der Gewährleistungsansprüche des Kunden andererseits gering zu halten. Die geforderte Personalkompetenz ist dabei intensiv mit der Sozialkompetenz verbunden, d. h. mit der Fähigkeit, auf den Kunden eingehen und mit ihm umgehen zu können. Die Stressbelastung für die Produktverantwortlichen ist je nach Einsatzmuster der Maschinen innerhalb der Jahreszeiten unterschiedlich hoch. Im Service ist das Wissen über Folgen bei falscher/problematischer Beratung belastend, z. B. kann die Arbeit für den Monteur, der mit der Maschine arbeitet, unter Umständen zu schweren Verletzungen führen, wenn Beratungsfehler auftreten. Diese Belastungen steigen in den verstärkten Nutzungszeiten der Maschinen, z. B. der Erntezeit, an und erfordern Strategien zur Stressbewältigung.

Methodenkompetenz wird dann relevant, wenn neue Maschinensysteme und -techniken erlernt werden müssen. „Denken und Problemlösen" ist grundlegend, wenn Kundenanfragen hinsichtlich Fehlerursachen bearbeitet werden. Bedeutend wird das Herausbilden von „Diagnosefähigkeit", „Zeitmanagement" sowie „Zielorientierung", wenn andere, mit dem Service verbundene, Aufgaben (Organisation von Messen, Maschinenaudits, Projektarbeit etc.) durchgeführt werden. Da es sich bei telefonischem Support eher um Einzelarbeit am Telefon handelt, ist ein umfangreicheres Zeitmanagement – wie das bei der engen zeitlichen Terminierung der Konstruktionsarbeit der Fall ist – nicht notwendig. Zieht man jedoch alle komplexen und anspruchsvollen Teilaufgaben des Serviceproduktentwicklers in Betracht, so wird deutlich, dass zur Kombination des Gesamtspektrums an Teilaufgaben sehr wohl ein Zeitmanagement notwendig wird. Erst dadurch können die einzelnen, in sich inhaltlich relativ geschlossenen, unterschiedlichen Fachgebiete und Teilaufgaben termingerecht durchgeführt werden.

7.2.4 Integration von Sach- und Serviceprodukten – eine Funktionsbeschreibung

Die Untersuchung hat gezeigt, dass Sach- und Serviceproduktentwicklung unterschiedliche funktionale Ausprägungen besitzen. Die Sachproduktentwicklung konzentriert sich vorwiegend auf eine komplexe Hauptfunktion während die Serviceproduktentwicklung durch inhaltlich-thematisch unterschiedliche Funktionen gekennzeichnet ist. Diese sind zwar auf das Serviceprodukt bezogen – etwa in Form von Organisation, Konzeption und Durchführung von Schulungen – weiten aber das Tätigkeitsspektrum erheblich aus. Daher haben sie auch Konsequenzen für die Qualifikationsanforderungen. Ein Beispiel dafür ist die ökonomische Ausrichtung bei

Maschinenaudits und Controlling im Service, zu deren Durchführung ggf. zusätzlich betriebswirtschaftliche Qualifikationen erworben werden müssen. Die Anforderungen an die Prozesse des Orientierens, Planens, Entscheidens, Ausführens, Kontrollierens und Interagierens sind – bis auf die Handlungsarten des Zeichnens und Berechnens in der Serviceproduktentwicklung – bei allen Befragten sehr hoch.

Die zur Besetzung der Stellen für Sach- und Serviceproduktentwicklung notwendigen formalen Qualifikationen sind einander grundsätzlich sehr ähnlich. Neben hoher Fachqualifikation, die auf einer Mehrfachausbildung mit technischer Berufsausbildung und Studium (Hochschule oder Duales Studium) basiert, sind langjährige Berufserfahrung, verbunden mit Kenntnissen über die branchenspezifische Arbeit und Empathie für die dort tätigen Personen notwendig, um die Aufgaben anforderungsgenauer erfüllen zu können.

Die zur Funktionsausübung notwendigen Kompetenzen der beiden Berufsgruppen unterscheiden sich jedoch in Inhalt und Bedeutung einiger Ausprägungen. Bei den Sachproduktentwicklern liegt der Schwerpunkt auf Fach-, Personal- und Methodenkompetenz. Hohe Fachkompetenz, verbunden mit Personal- und Methodenkompetenz, die ein zeitlich eng begrenztes Konstruieren erst möglich machen, bildet die Basis für erfolgreiche komplexe und komplizierte Entwicklungen. Sozialkompetenz wird bei der der Sachproduktentwicklung vor allem unterstützend im Aufbau innerbetrieblicher Kommunikations- und Kooperationsnetzwerke eingesetzt. Durch kurze Dienstwege und gut funktionierende Netzwerke werden Konstruktionsprozesse erleichtert und zeitlich beschleunigt. Im Zuge der Vergrößerung, weiteren Ausdifferenzierung und der hohen internationalen Ausrichtung der untersuchten Unternehmen werden soziale Kompetenzen jedoch für den Erfolg der Planungen, die durch die hohe Kundenorientierung auf internationaler und interdisziplinärer Ebene stattfinden, immer wichtiger. Langfristig müssen insofern zur Steigerung dieser Kompetenzen Maßnahmen initiiert werden, die formelle Qualifizierung und informelles Lernen zugleich ermöglichen und systematisch miteinander verbinden.

Die Gruppe der Serviceproduktentwickler benötigt für die zentrale Funktion des telefonischen technischen Supports eine hohe Fachkompetenz und darüber hinaus hohe Sozialkompetenzen, um mit inhaltlich rasch wechselnden Problemstellungen und sozialen Beziehungen souverän und professionell umgehen zu können. Im Zuge der immer stärkeren Ausdifferenzierung des Tätigkeitsspektrums werden weitere Fachkompetenzen notwendig, die zu großen Teilen formal erworben werden müssen, da im Rahmen der neuen Aufgabenstellung nicht auf bisherige Ausbildungsinhalte und Erfahrungen zurückgegriffen werden kann. Begleitend werden neue Kompetenzen notwendig, die vor allem die Bereiche der Methodenkompetenz und der Personalkompetenz ansprechen. Punktuelle Einzelfallarbeit geht einher mit komplexen Aufgaben und langfristig angelegten Arbeitsphasen – wie bspw. dem Controlling oder der Maschinenauditierung. Entsprechend flexibel sind die jeweils notwendigen Kompetenzen durch die Stelleninhaber abzurufen und einzusetzen. Die Funktion des Serviceproduktentwicklers zeichnet sich durch die Notwendigkeit hoher Funktions- und Kompetenzeinsatzflexibilität aus.

7.2.5 Fazit

Das Ziel der Forschung bezog sich darauf, Erkenntnisse über eine mögliche Funktionsintegration von Sachproduktentwicklung und Serviceproduktentwicklung zu gewinnen. Die Analyseergebnisse lassen nun diesbezüglich folgende Schlüsse zu:

- Die Funktionen von Sach- und Serviceproduktentwicklung können miteinander verschränkt werden. Dies erfordert allerdings eine entsprechende Qualifizierung der Beschäftigten. Hier wäre eine Kombination formeller und informeller Maßnahmen der Kompetenzentwicklung denkbar. Erreicht werden soll damit, dass antizipatorisch Abläufe, Funktionen und Teilergebnisse in Planungen und Entscheidungen bei Konstruktion und Support einbezogen werden können.
- Die hohe technische Grundqualifikation der Beschäftigten ist die Basis dafür, dass eine Integration von Sach- und Serviceproduktentwicklung überhaupt möglich ist. Beschäftigte aus dem Service verfügen i. d. R. über eine Ausbildung zum Maschinenbauer, Maschinentechniker, technischen Zeichner und zum Ingenieur mit dem Schwerpunkt Konstruktion. Die oft langjährige Berufserfahrung hat i. d. R. Schwerpunkte entstehen lassen, die gewinnbringend in Konstruktions- oder auch Serviceteams eingebracht werden und zu einer Qualitätssteigerung der Produkte beitragen können.
- Die Integration weiterer Tätigkeiten des Serviceproduktentwicklers in einen, die Sach- und Serviceproduktentwicklung langfristig und sukzessive zusammenführenden, Aufgabenzusammenhang erfordert bei komplexen Funktionen (bspw. der Maschinenauditierung und dem Controlling) eine formale – hier z. B. betriebswirtschaftliche – Qualifizierung der Personen, die diese Funktionen übernehmen sollen. Ebenso könnte z. B. eine Anlernphase durch Instruktion stattfinden, wenn der traditionelle Servicemitarbeiter im Zuge einer Funktionsverschränkung die Maschinen in allen Einzelteilen, Bauteilen, Baugruppen bis zur fertigen Maschine im Team mit Sachproduktentwicklern mitentwickelt.

Möglichkeiten eines solchen arbeitsintegrierten Lernens, die auch die Berufserfahrung der hochqualifizierten Mitarbeiter berücksichtigen, werden in den beiden folgenden Abschnitten diskutiert. Diese Überlegungen können jedoch nur einen Planungshorizont darstellen, da dazu ganze Berufsbilder und Curricula geändert und innovativen Funktions- und Arbeitsanforderungen angepasst werden müssten.

7.3 Arbeitsbezogene Qualifizierung und Kompetenzentwicklung zur Realisierung kundenindividueller Dienstleistungen – Erfahrungen aus der Praxis

7.3.1 Ausgangslage bei der Grimme Landmaschinenfabrik GmbH & Co. KG

Noch bis Mitte der neunziger Jahre war die Serviceauslastung bei der Grimme Landmaschinenfabrik stark saisonal geprägt, da der Anteil der Kartoffelerntetechnik bei über 90% lag. Dies führte zu einer sehr prägnanten Arbeitsspitze im Zeitraum Juli bis Oktober und während des restlichen Jahres zu personellen Überkapazitäten. Durch die zunehmende Diversifikation im Bereich der Frühjahrs-, Einlagerungs- und Zuckerrübenerntetechnik sowie nicht zuletzt durch den starken Anstieg des Exportanteils auf über 85% wandelte sich dieses Saison- in ein Ganzjahresgeschäft.

Als Innovationsführer mit modernster Technologie und kurzen Entwicklungszeiten, d. h. die Zeit von der Idee bis zur Vorserie, von unter einem Jahr müssen sich auch die Mitarbeiter ständig wachsenden Herausforderungen stellen. Die täglichen Anforderungen an die Mitarbeiter mit den technologischen Fortschritten mitzuhalten, resultiert in einer persönlich geprägten Motivation des Qualifikationsaufbaus in Theorie und Praxis.

Der Mensch hat im Rahmen seiner Möglichkeiten ein natürliches Bestreben sein Wissen und seine Fertigkeiten auszubauen – der Mensch möchte Lernen – was in seinem ausgeprägten Neugierverhalten, welches auch positiv angeregt werden kann, begründet ist. Diese Neugierde auf Wissen beruht auf Maslows Hierarchie der Bedürfnisse, indem das Bestreben nach Selbstverwirklichung das höchste Bedürfnis des Menschen ist. Um eine gewisse Macht, Anerkennung und Verantwortung zu tragen, spielt das fachspezifische Wissen als Grundvoraussetzung eine große Rolle.

Gerade bei neuen Mitarbeitern im Servicebereich gilt es, diesen ständigen Wissenshunger zu fördern, aber auch zu befriedigen. Diese sog. „Novizen", meist ohne lange Berufserfahrung, kommen oft relativ „unfertig" im Unternehmen an.

Zu Beginn des Forschungsvorhabens zeigten fehlende organisatorische Strukturen und fehlende Erfahrung im Serviceentwicklungsbereich die Notwendigkeit der Entwicklung geeigneter Prozesse und des Aufbaus notwendiger Qualifikationen. So stand bspw. im Service vor der Prozesssystematisierung während des Projekts die Kundenbetreuung im Vordergrund, wohingegen die Informationsgewinnungsfunktion des Service vernachlässigt wurde. Der riesige Vorteil eines Unternehmens, das unbelastet von eingefahren Strukturen ist, besteht jedoch in der Möglichkeit zur flexiblen und unvoreingenommenen Neugestaltung von Prozessen, so dass die während des Projekts erarbeiteten Neuerungen schnell und mit kaum merkbarem Widerstand in der Belegschaft umgesetzt werden konnten.

7.3.2 Verknüpfung von Sach- und Serviceprodukten und die daraus resultierende Notwendigkeit zum zielgerichteten Qualifikationsaufbau

Die Herausforderungen auf der Sachproduktentwicklungsseite sowie die Systematisierung der Serviceproduktentwicklung stellen besondere Anforderungen an das Unternehmen und seine Mitarbeiter. Unzureichende Kenntnisse der Kundenerwartung, gerade bei neuen Produkten oder Märkten, sind für einen Globalplayer wie Grimme ständige Begleiterscheinungen im Tagesgeschäft.

Eine systematische Einbindung des Service in die Sachproduktentwicklung kann in verschiedenen Phasen und auf unterschiedliche Weise erfolgen. Bei Grimme wird der Service im Wesentlichen durch die Mitarbeit in interdisziplinären Produktteams eingebunden. Hier hat der jeweilige Serviceproduktverantwortliche frühzeitig die Möglichkeit sich über zukünftige Herausforderungen und Aufgaben zu informieren und kann gleichzeitig sein servicespezifisches Wissen schon in den ersten Schritten der Sachproduktentwicklung einbringen.

Die Gestaltung der Sachproduktentwicklungsprozesse im Unternehmen stellte somit einen möglichen Anknüpfungspunkt für den Service dar. Die Formen der Einbindung des Service in die Sachproduktentwicklungsprozesse mussten jedoch genauer detailliert werden, um das Ziel einer systematischen Gestaltung von Serviceprodukten mit gezielter Kundeninteraktion und den Aufbau notwendiger Qualifikationen des Serviceteams zu erreichen.

Die Motivation für die Systematisierung der Serviceproduktentwicklung ist auch auf die Professionalisierung der Abläufe im Servicebereich, insbesondere auf die Prozesse der Serviceproduktentwicklung analog zur Sachproduktentwicklung, zurückzuführen. Spätestens zur Umsetzung hochinnovativer Produkt-Service Systeme benötigt ein Unternehmen Ressourcen, um diese Produkte und Leistungen zu erbringen. Die wesentliche Ressource bei der Serviceerbringung stellen dabei die zur Verfügung stehenden Mitarbeiter dar. Nun kann beim Mitarbeitereinsatz jedoch nicht einfach nach dem Schema einer Kapazitätsplanung vorgegangen werden, da Serviceprodukte bei den Mitarbeitern eine entsprechende Qualifikation und eine gewisse Begeisterung für ihre Produkte erfordern. Dieses Kapitel befasst sich somit im Wesentlichen mit der Ressource Mitarbeiter und die Möglichkeiten zur Mitarbeiterqualifizierung.

7.3.3 Analysephase mit dem Fachbereich Pädagogik der Universität Trier

Die Durchführung der Aufgaben- und Kompetenzanalyse bei Grimme stellte aufgrund des offen Miteinanders von administrativer Seite keine große Herausforderung dar. Im Wesentlichen musste versichert werden, dass die persönlichen Rechte der Mitarbeiter nicht gefährdet werden und die Teilnahme freiwillig erfolgt.

Durch die Zusammenarbeit mit der Universität Trier, die Auswertung der Analyseergebnisse sowie die Betrachtung des Informationsaustauschs zwischen Hersteller, Händler und Kunde wurde ersichtlich, dass ein erheblicher, immer weiter steigender Qualifizierungsbedarf bestehen wird. Aufgrund des Projektziels, die Abläufe im Servicebereich sowie die Prozesse der Serviceproduktentwicklung zu systematisieren und somit einen neuen Unternehmensstandard zu generieren, wurde schnell klar, dass auch der Bereich der Qualifizierung einer Standardisierung zu unterliegen hat. Zurzeit ist jedoch noch kein auf die speziellen Bedürfnisse zugeschnittener Standard vorhanden.

7.3.4 Qualifikationsmatrix – Ein Beispiel für arbeitsbezogene Qualifizierung mit nachgewiesener Praxistauglichkeit

Der Einsatz einer Qualifikationsmatrix ist im Bereich der nach ISO 9001 zertifizierten Unternehmen seit kurzem bekannt und wird zumindest im Bereich der Qualifikationserfassung angewendet. Hier dient der Matrixeinsatz zum Nachweis der Befähigung, ein Qualitätsmanagement-System überhaupt standardisiert führen zu können.

Bei Grimme wird die Qualifikationsmatrix als wesentliches Werkzeug zur arbeitsbezogenen Qualifizierung eingesetzt. Hierzu ist die Qualifikationsmatrix dem Regelkreis der Qualifizierung zu Grunde gelegt (Abb. 7.4). Der zeitliche Ablauf des Regelkreises umfasst derzeit noch den Zeitraum von einem Jahr, wird jedoch bei

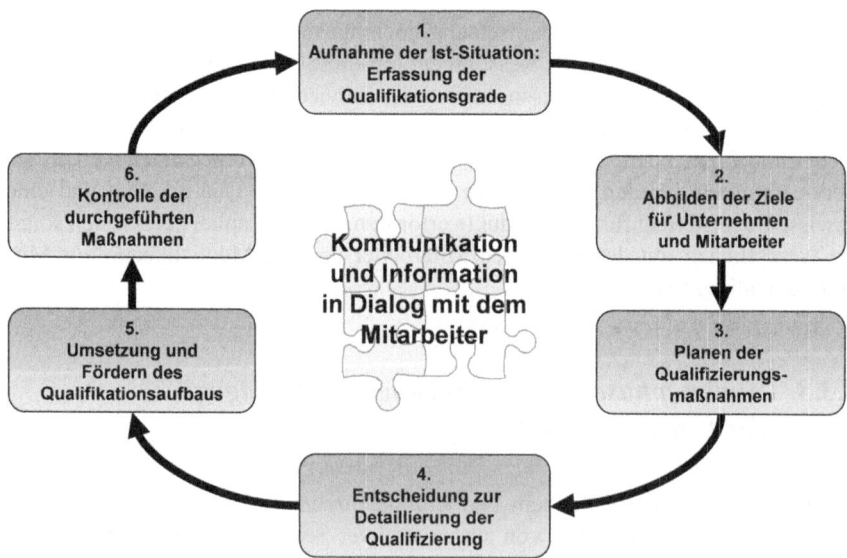

Abb. 7.4 Regelkreis Qualifikationsmatrix

7 Arbeitsintegrierter Kompetenzaufbau

verschiedenen Maßnahmen schon auf sechs Monate reduziert. Die einzelnen, immer wiederkehrenden Regelkreisschritte sind:

- Schritt 1: Aufnahme der Ist-Situation der Qualifikation,
- Schritt 2: Abbildung der Ziele (Mitarbeiter- und Unternehmensziele),
- Schritt 3: Planung der Qualifizierungsmaßnahmen,
- Schritt 4: Entscheidung zur Qualifizierung,
- Schritt 5: Umsetzung der Qualifizierungsmaßnahmen,
- Schritt 6: Kontrolle der Qualifizierungsmaßnahmen/Rückmeldung der Wirksamkeit.

Im ersten Schritt, der Aufnahme der Ist-Situation und somit der Erfassung vorhandener Qualifikationen, wird eine sog. Dialogmatrix erstellt. Die Aufnahme der Ist-Situation erfolgt dabei im Dialog mit den Mitarbeitern, wodurch eine persönliche Atmosphäre geschaffen und eventuelle Widerstände abgebaut werden. Dieser erste Dialog findet meist in einem Gespräch zu zweit statt, kann aber auch in Gruppen mit bis zu drei Personen durchgeführt werden. Bei Gruppen muss der Interviewer darauf achten, dass die Teilnehmer sich nicht gegenseitig bei der Selbsteinschätzung beeinflussen.

Des Weiteren hat der Interviewer die Aufgabe, auf einen möglichst einheitlichen Maßstab der Bewertung durch die Mitarbeiter zu achten, jüngeren Mitarbeitern Hinweise über die Qualifizierungsgrade, die sie noch nicht erreicht haben, zu geben und ältere Mitarbeiter bei der Differenzierung der höheren Qualifizierungsgrade zu unterstützen.

Durch den Dialog hat der Interviewer wesentlichen Einfluss auf persönliche Über- oder Unterbewertung der Mitarbeiter und kann in seiner Rolle als Moderator durch offene Fragen passende Mitarbeiterbewertungen erreichen.

Zur einheitlichen Beschreibung der Ist-Situation war es notwendig, für die Mitarbeiter angepasste und verständliche Qualifikationsgrade zu schaffen. Die Qualifikationsgrade umfassen sechs Stufen, wobei die Stufe Null mit keiner Qualifikation gleichzusetzen ist. Es sei hier noch darauf hingewiesen, dass die Begriffe zur Kenntnisbeschreibung der jeweiligen Qualifikationsgrade den entsprechenden Zielgruppen anzupassen sind, um auch an dieser Stelle möglichst schnell eventuelle Missverständnisse und Widerstände abzubauen. Die Qualifikationsgrade sind für Grimme folgendermaßen benannt worden:

- Keine Kenntnisse (0. Grad),
- Grundkenntnisse (1. Grad),
  Kenntnisse in Aufbau und Wirkungsweise der Maschinen; Reparatur unter Anleitung möglich,
- Fachkenntnisse (2. Grad),
  Kenntnisse in Aufbau und Wirkungsweise der Maschinen; Wartung und Regelfall-Reparatur selbstständig möglich,
- Praxiskenntnisse (3. Grad),
  Einsatzerfahrung in Bedienung, Fehlersuche und Reparatur der Maschinen; auch Sonderfall-Reparatur selbstständig möglich,

- Ersteinsatzkenntnisse (4. Grad),
  Erklärung in Aufbau und Wirkungsweise der Maschinen für den Endanwender mit Hinweisen zur Einstellung, Bedienung und Wartung; Ersteinsatz kann beim Kunden selbstständig durchgeführt werden; Hinweise zur Selbsthilfe können gegeben werden; Anlernen neuer Mitarbeiter ist möglich; gutes Fachwissen (auch über Optionsmöglichkeiten) ist vorhanden,
- Trainerkenntnisse (5. Grad),
  Erklärung der Maschine in vielen Disziplinen möglich; umfassendes Fachwissen und Felderfahrung vorhanden; Einsatz des Mitarbeiter als Trainer für Servicetechniker und Helpdesk-Mitarbeiter am Telefon; Erklärungskompetenz, Kenntnisse im Erstellen didaktischer Lehrmittel und Definieren von Lernzielen sowie Lernerfolgskontrolle sind vorhanden.

Anhand dieser Definitionen ist zu erkennen, dass ein Teil der Qualifikation durch Trainingsmaßnahmen gefördert werden kann. Es wird aber auch ersichtlich, dass der Aufbau gewisser Qualifikationen schon teilweise durch Berufs- und Lebenserfahrung bedingt ist. Speziell der Qualifikationsgrad 5 „Trainerkenntnisse" ist nur durch zusätzliche didaktische Weiterbildung oder Trainingsmaßnahmen wie z.B. „Train the Trainer" zu erreichen. Darüber hinaus benötigen Mitarbeiter dieser Stufe ein hohes persönliches Interesse, andere Menschen weiterzubilden.

Gerade für die interne Vermittlung von Grundkenntnissen hinsichtlich der Produkte können und werden Mitarbeiter des Qualifikationsgrads 4 „Ersteinsatzkenntnisse" herangezogen, da diese einen hohen Praxisbezug in die Qualifizierungsmaßnahmen mit einbringen.

7.3.5 Die Ist-Situation – Erstellen der Dialogmatrix

Die Erfassung der Ist-Situation ist für die betroffenen Mitarbeiter die erste Aufforderung zum eigenverantwortlichen Handeln. Hierbei wird mit dem Mitarbeiter das Formular zur Selbsteinschätzung ausgefüllt und das damit verfolgte Ziel besprochen.

In dieser sog. Dialogmatrix (Abb. 7.5) sind die Maschinenbaureihen und ggf. auch ihre Komponenten sowie Grundlagenkenntnisse in verschiedenen Fachgebieten aufgeführt und möglichst weit zusammengefasst. Für neue Kollegen, die erst kurze Zeit im Unternehmen tätig sind, ist eine ausführliche Beschreibung der einzelnen Position verfügbar. Mit Hilfe der Dialogmatrix soll eine möglichst genaue Selbsteinschätzung durchgeführt werden. Die Auswirkung einer zu hohen Selbstbewertung, wie z.B. die Einordnung als Trainer, wird bei Bedarf nochmals vom Interviewer angesprochen. Aber auch das Resultat einer zu niedrigen Bewertung, bspw. die Teilnahme an Grundkursen, bei denen eventuell gar keine höheren Kenntnisse mehr erworben werden können, werden geklärt. Hierbei ist ein transparentes Vorgehen für die Motivation der Mitarbeiter und den Erfolg der Ist-Situationserfassung notwendig.

7 Arbeitsintegrierter Kompetenzaufbau

Dialogmatrix 2008/2009				
Name, Vorname			Datum __.__.2008	
Anmerkungen	Soll	Ist		
			BF, CS	
			GL 32/34/36/38	
			GL 42/44	
			GF 75/90-4 GH	
			DK / BK / GP/KS	
			GT 170	
			GV 3000	
			RL / GVR 1500-3600	
			DL/ DLS 1500/1700 / RS	
			DR / GB 1500 / RS / ST	

Abb. 7.5 Ausschnitt Dialogmatrix

Es liegt in der Verantwortung des Interviewers darauf zu achten, dass der Mitarbeiter sich selbst gegenüber fair ist und zweifelhafte Einschätzungen direkt hinterfragt. Durch die Schaffung eines positiven Umfelds bei der Erfassung ist der Mitarbeiter i. d. R. auch bereit, eventuelle Schwächen zu nennen. Nach einer erfolgreichen Einführung schwinden die Verlustängste automatisch, da der Mitarbeiter weiß, dass daraus ein persönlicher Nutzen resultiert. Zusätzlich wird er von seiner mehr oder weniger ausgeprägten Neugier angetrieben, an den Qualifizierungsmaßnahmen teilzunehmen. Diese Motivation zum Lernen dient als aktivierendes und lenkendes Element zur Akzeptanzsteigerung der Qualifikationsmatrix.

7.3.6 Abbilden der Ziele für Mitarbeiter und Unternehmen

In diesem Schritt findet ein Interessenaustausch zwischen Unternehmens- und Mitarbeiterzielen statt. Es kann nicht im Sinne des Mitarbeiters sein, alle möglichen Qualifizierungsangebote wahrzunehmen, ohne gezielt auf seine möglichen Fähigkeiten zu achten. Trotzdem sollte an diesem Punkt der Blick auf die eigentlichen Motive nicht ganz außer acht gelassen werden. Persönliche Ziele des Mitarbeiters können sein:

- Wünsche,
- Interessen,
- Prestige,
- Zukunftssicherung,
- Anschlussmotiv,
- Streben nach Anerkennung,
- Leistung,
- Verantwortung.

Der Mitarbeiter, auf der einen Seite, kann an dieser Stelle seine persönlichen Wünsche äußern und im Dialog mit dem Interviewer darlegen. Der Interviewer, auf der anderen Seite, hat die Möglichkeit dem Mitarbeiter schon einen Ausblick auf zukünftige Arbeitsschwerpunkte zu geben, so dass dieser befähigt wird, bestimmte Unternehmensziele in seine eigenen Qualifizierungswünsche einzubeziehen. Folgende Unternehmensziele können dabei u. a. definiert werden:

- Mindestens zwei Trainer für fachliche Qualifikation,
- Mindestens Grundkenntnisse der Mitarbeiter in jeder fachlichen Qualifikation nach drei Jahren Betriebszugehörigkeit,
- Ausreichende Verfügbarkeit qualifizierter Mitarbeiter für die zu erwartenden Tätigkeiten,
- Bedarfsorientierte Qualifizierung (kein „Gießkannen-Prinzip").

Gerade das Ziel für jede Qualifikation mindestens zwei Trainer zu haben ist enorm wichtig, um nachhaltig die Qualifikationsmaßnahmen überhaupt durchführen zu können. Vernachlässigt man diesen Punkt, so kann es passieren, dass ein Unternehmen seine eigenen Produkte nicht mehr erklären kann und in der Folge seine Marktposition verliert.

Qualifizierung nachhaltig und bedarfsorientiert durchzuführen sollte eine Selbstverständlichkeit sein, die aber von Vorgesetzten oft noch als notwendiges Übel gesehen wird. Dabei kann gerade durch gut qualifiziertes Personal der Unternehmenserfolg gesteuert und positiv entwickelt werden. Es liegt in der Verantwortung des Abteilungsleiters, Personal mit der passenden Qualifikation an der richtigen Stelle einzusetzen. Es liegt aber auch genauso in seiner Verantwortung, zukünftige Herausforderungen zu erkennen und durch rechtzeitigen Qualifikationsaufbau die Mitarbeiter zu befähigen, diesen gerecht zu werden.

7.3.7 Planen der Qualifizierungsmaßnahmen

Aus der Dialogmatrix lässt sich dann die Qualifikationsmatrix (Abb. 7.6) mit einem sehr genauen Überblick über vorhandene Ist- und Soll-Qualifikationen ableiten. Anhand von Auswertungen der Einsatzhäufigkeiten an bestimmten Produkten oder bestimmten Produkteinheiten aus der Vergangenheit sowie von Vertriebsprognosezahlen lässt sich feststellen, in welchem Bereich Qualifizierung nötig ist und wo die meiste Wirkung erzielt werden kann. Somit können zukünftige Herausforderungen erkannt und durch hochqualifiziertes Personal entgegengetreten werden. Weiterhin besteht die Möglichkeit, mit diesen Auswertungen ein Weiterbildungscontrolling zu betreiben.

7.3.8 Entscheidung zur Detaillierung der Qualifizierung

Die Entscheidung über die durchzuführenden Maßnahmen liegt in der Hand der Abteilungsleitung. In diesem Schritt wird zeitgleich auch über den sinnvollen Einsatz des Weiterbildungsbudgets entschieden und im Wesentlichen der zielgerichtete Ein-

7 Arbeitsintegrierter Kompetenzaufbau

Abb. 7.6 Qualifikationsmatrix Service 2009

satz dieser Finanzen gesteuert. Dabei zählt aber auch das Sprichwort: „Wer glaubt, dass Bildung viel Geld kostet, hat noch nicht erfahren was Dummheit kostet."

Bei der Ableitung von Maßnahmen durch die Abteilungsleitung muss zwischen den persönlichen Zielen des Mitarbeiters und den Unternehmenszielen abgewogen werden. Denn es ist nicht automatisch gegeben, dass der Mitarbeiter sich als Einzelner im Gesamtkonzept immer genau passend einbringt. Deswegen sollte eine manuelle Korrektur zu Gunsten des Gesamtkonzepts, d. h. der Unternehmensziele, erfolgen. Dies schließt jedoch nicht eine gewünschte Spezialisierung einzelner Mitarbeiter aus, sondern kann diese ebenso fördern.

Ergebnis des Schrittes „Planen" ist ein für jeden Mitarbeiter detailliertes Qualifizierungsangebot, welches er schriftlich nach Hause geschickt bekommt (Abb. 7.7).

>TERMINE TECHNISCHES TRAINING >   22.12.2008

Hallo Bernd,

hiermit möchte ich Dich zu den folgenden technischen Schulungen einladen. Solltest du an einem oder mehreren Terminen nicht teilnehmen können, bitte ich dich zwingend mir dieses ab dem 08.01.2009 mitzuteilen. Somit können andere Teilnehmer, die bislang nur auf der Warteliste stehen, teilnehmen.

Datum	Uhrzeit	Raum	Schulung
12.01.09	07.30 - 12.00	Schulungsraum 1	Elektrik Grundlagen
	12.30 - 17.00	Schulungsraum 1	Elektronik Grundlagen
13.01.09	07.30 - 12.00	Schulungsraum 2	MCS 2000/3000 Grundlagen
15.01.09	12.30 - 17.00	Schulungsraum 2	GUB/VC 100 Grundkurs
16.01.09	07.30 - 12.00	Schulungsraum 1	Hydraulik Grundlagen
19.01.09	12.30 - 17.00	Schulungsraum 1	LS Grundkurs
21.01.09	07.30 - 12.00	Schulungsraum 2	Hydrostatisches Getriebe
22.01.09	07.30 - 12.00	Schulungsraum 1	GL 30 Grundkurs
23.01.09	07.30 - 12.00	Schulungsraum 1	GL 40 Grundkurs
28.01.09	07.30 - 17.00	Schulungsraum 2	Lagertechnik Aufbaukurs

Abb. 7.7 Ausschnitt einer persönlichen Einladung

Die schriftliche Einladung wertet die Qualifizierungsmaßnahmen dahingehend auf, dass es sich dabei um ein persönlich zugeschnittenes und nicht um ein Standardangebot handelt. Dies ist dann auch nochmals die Aufforderung und der Nachweis: „Sie sind dem Unternehmen wichtig, wir möchten mit ihnen die Zukunft gestalten. Aus diesem Grund bieten wir ihnen diese Leistungen an". Der Mitarbeiter merkt an dieser Stelle auch ganz genau, zu welchem Ergebnis seine Selbsteinschätzung geführt hat und kann dieses Ergebnis für sich bewerten.

Das Angebot wird gleichzeitig in die Mitarbeiterplanung integriert, so dass ein betriebsbedingtes Fehlen des Mitarbeiters ausgeschlossen ist. Es liegt also auch hier die Verantwortung bei jedem Mitarbeiter selbst, sich für die Zukunft zu rüsten.

7.3.9 Umsetzung und Fördern des Qualifikationsaufbaus

Zur Teilnahme an den einzelnen Maßnahmen ist durch die persönliche Einladung noch keiner gezwungen. Sie stellt lediglich ein Angebot des Unternehmens an den Mitarbeiter dar, auf das er eingehen kann, aber nicht muss. Nimmt er das Angebot jedoch an, so ist eine aktive Teilnahme verpflichtend und muss ggf. auch durch einen Eigenanteil, wie z. B. Teilnahme in der Freizeit, erbracht werden. Verweigert er die Teilnahme, so wird dies vorerst nur festgehalten, die Gründe hierfür aber spätestens bei der nächsten Ist-Erfassung hinterfragt.

Die fachliche Qualifizierung der Service- und Prüfstandmitarbeiter bei Grimme wird durch eigene Mitarbeiter mit Trainerqualifikation durchgeführt. Diese Trainer bedienen sich dann gerade bei den Aufbaukursen jeweils noch eines Co-Trainers aus der jeweiligen Fachabteilung, der zusätzliches Detailwissen mitbringt, um auf alle Fragen der Teilnehmer sofort fachkundig antworten zu können.

7.3.10 Kontrolle der durchgeführten und Ableitung weiterer Maßnahmen

Eine Überprüfung der durchgeführten Maßnahmen erfolgt spätestens bei der Wiederholung der Erhebung im Rahmen der Qualifikationsmatrix. Der Mitarbeiter trägt einen Teil der Verantwortung (persönliche Verursachung) über den Erfolg der Maßnahme selbst. So sollte dieser selbst auch nach der Wirksamkeit der Qualifikationsmaßnahme befragt werden.

Darüber hinaus wird im täglichen Servicegeschäft eine ungenügende Qualifikation der Mitarbeiter in Form von häufigen Rückfragen, Reklamationen oder sogar Mitteilungen Dritter auffällig. Gerade den Rückmeldungen Dritter wird sehr detailliert nachgegangen, da diese Einzelfälle auch auf eine Dunkelziffer von Fällen ungenügender Qualifikation schließen lassen.

Fehlende oder ungenügende Qualifikation lässt sich meist nicht auf einen Grund reduzieren, sondern resultiert meistens aus einer Kombination unterschiedlichster Faktoren. Nachfolgend sind beispielhaft Gründe für einen Mangel an Qualifikation aufgeführt, für die es jedoch auch Abhilfemaßnahmen gibt:

- Servicemitarbeiter treffen auf ein Produkt für das sie nicht qualifiziert worden sind.
- Die Qualifizierungsmaßnahme hat nicht das geplante Ziel erreicht.
- Die eingesetzte Technologie mit ihren Eigenschaften existierte zum Trainingszeitraum noch nicht oder war nicht geeignet dokumentiert.
- Fehleinschätzung des Mitarbeiters.

Ergebnisse aus der Qualifizierungskontrolle können aufgrund der Regeldauer erst im nächsten Durchlauf der Qualifikationsmatrix erfolgen. Bei sehr grober oder häufiger Verfehlung der geplanten Qualifikation ist dann auf außerplanmäßige Qualifizierungsmaßnahmen zurückzugreifen.

Bei Grimme sind dies bspw. kurze Trainings, die zwei bis vier Stunden dauern und einen hohen Praxisanteil haben. Diese Maßnahme ist gerade bei einem Innovationsführer mit sehr kurzen Entwicklungszeiten nötig, um die Servicemitarbeiter auf dem neusten Stand der Technik zu halten.

Eine Qualitätssicherung des Trainings muss natürlich auch stattfinden und wird in bekannten Formen durchgeführt. Für jedes Training erfolgt die Durchführung einer Seminarbefragung, um hierdurch sicherzustellen, dass das gewünschte Ergebnis erreicht werden kann. Anhand der Befragung wird dann ein Zufriedenheitsindex ermittelt, der nicht unter einen definierten Soll-Wert fallen darf. Weiterhin werden einzelne Teilnehmer stichprobenartig befragt und deren Aussage in die Bewertung miteinbezogen.

7.3.11 Zusammenfassung

Die wesentliche Voraussetzung für erfolgreiche Serviceproduktentwicklungsprojekte in interdisziplinären Projektteams sind hochqualifizierte Mitarbeiter. Mit dem Regelkreis der Qualifikationsmatrix ist während des Forschungsvorhabens eine praxistaugliche Methode der arbeitsbezogenen Qualifizierung entwickelt und umgesetzt und somit die notwendigen Voraussetzungen für die Sicherung von hochqualifiziertem Personal geschaffen worden.

Der Dialog über durchgeführte Entwicklungen in der Vergangenheit führt zur kontinuierlichen Verbesserung im Unternehmen, u. a. im Bezug auf das Projektmanagement. Die während der Projektdurchführung erstellte Dokumentation bietet weiterhin eine erfolgversprechende Basis für die Teilnahme an nachfolgenden Vorhaben. Die Teilnahme am Forschungsvorhaben mit der Serviceabteilung ist mit Sicherheit noch nicht in allen Branchen etabliert, führt jedoch auch intern zur Imagesteigerung, die bis hin zur Geschäftsleitung reicht.

Die Zusammenarbeit mit dem Fachbereich Pädagogik der Universität Trier als externem Berater hat bei Grimme zu einer erheblichen Verbesserung der Qualifizierungsprozesse geführt. Darüber hinaus ist der Regelkreis der Qualifikationsmatrix als professionelles Mittel zur arbeitsbezogenen Qualifizierung weiterentwickelt worden. Der seit drei Jahren durchgeführte Einsatz beweist dessen Praxistauglichkeit und ist durch die hier beschriebenen Schritte auch für andere Unternehmen adaptierbar geworden.

Für die nahe Zukunft wird an der Erweiterung der Qualifikationsmatrix zur Kompetenzmatrix gearbeitet, wobei der Regelkreis als Grundlage dient und entsprechende Anpassungen vorgenommen werden müssen. Die besondere Herausforderung bei der Erweiterung wird die Entwicklung geeigneter Maßnahmen zur Beschreibung und Erhebung der Kompetenzgrade sein. Hierzu kann der Bereich der Erwachsenenbildung einen entscheidenden Beitrag leisten.

7.4 Möglichkeiten des arbeitsintegrierten Kompetenzaufbaus

Eine umfassende Qualifizierung und Kompetenzentwicklung der Beschäftigten ist für die Integration der Funktionen von Sach- und Serviceproduktentwicklung zur Gestaltung investiver Produkt-Service Systeme unerlässlich. Entsprechende Maßnahmen und Konzepte sind je nach Situation im Unternehmen flexibel einzusetzen. Sie müssen sowohl den organisatorischen Anforderungen als auch den Bedürfnissen der jeweiligen Beschäftigten entsprechen. Handlungsleitendes Ziel der betrieblichen Bildungsmaßnahmen ist die Orientierung an den Kriterien einer umfassenden beruflichen Handlungskompetenz (vgl. Abschn. 7.1). Diese Kriterien sind im Einzelnen:

- Vollständigkeit einer Handlung mit einer Vielzahl von Rückkoppelungsprozessen, die Lernen im Prozess der Arbeit fördern,
- Weiter Handlungsspielraum, der Entscheidungen und Möglichkeiten selbstgesteuerten Handelns zulässt,
- Problem- und Komplexitätserfahrung durch vielschichtige und miteinander vernetzte Arbeitsaufgaben,
- Soziale Unterstützung und Kollektivität der Beschäftigten untereinander,
- Chance zur individuellen Entfaltung,
- Entwicklung von Professionalität – Expertentum – in der Arbeit,
- Reflexion über Arbeitsstrukturen und -umgebungen sowie über die arbeitende Person selbst (Dehnbostel 2007).

Je nach den persönlichen Voraussetzungen des Beschäftigten, der Aufgabenstruktur der Tätigkeit und der jeweiligen Unternehmenskultur wirken sich diese Kriterien unterschiedlich lern- und entwicklungsförderlich auf den einzelnen Mitarbeiter aus. Es gibt innerhalb einer Organisation keinen eindeutigen Weg, um für die Beschäftigten lernförderliche Arbeitsbedingungen und Lernumgebungen zu schaffen. Die unterschiedlichen Voraussetzungen von Beschäftigten hinsichtlich ihrer Qualifikation und Kompetenz, die u. a. durch die jeweilige Ausbildungs- und Berufsbiographie geprägt sind, bilden die Grundlage für weitere Maßnahmen der Kompetenzentwicklung. Weitere Einflussfaktoren sind Betriebsgröße, Branche, Organisationsstrukturen, Arbeitsprozesse sowie Kommunikations- und Kooperationsstrukturen. Es geht darum, durch geeignete Lernformen Möglichkeiten des Lernens in der Arbeit zu schaffen und damit die Erschließung und Gestaltung des Arbeitsortes als Lernort zu leisten. Wie dies geschehen kann, soll im Folgenden gezeigt werden.

7.4.1 Modelltypen arbeitsbezogenen Lernens

In der berufspädagogisch orientierten Literatur werden fünf Modelltypen des arbeitsbezogenen Lernens unterschieden, denen unterschiedliche Lernformen zuzuordnen sind (Dehnbostel 2007):

- Lernen durch Arbeitshandeln im realen Arbeitsprozess:
  Diese Lernform ist die am weitesten verbreitete Form der beruflichen Qualifizierung. Der Lernvorgang schließt kognitive, affektive und psychomotorische Dimensionen gleichermaßen ein. Durch die Ernsthaftigkeit der Arbeitssituation werden Erfahrungen, Motivation und soziale Bezüge besonders angesprochen. Dazu ist das Vorhandensein der oben aufgeführten Kriterien lernförderlicher Arbeit, die eine umfassende berufliche Handlungskompetenz ermöglichen, besonders wichtig. Die Möglichkeiten, im Prozess des Arbeitens berufliche Handlungsfähigkeit zu erwerben, sind von der Unternehmenskultur, den Organisationsstrukturen, den jeweiligen Organisations- und Personalentwicklungsstrategien innerhalb der einzelnen Fachbereiche oder Abteilungen des Unternehmens abhängig. In diesem Modell wird das Lernen in der Arbeit vor allem durch das informelle Lernen, durch Communities of Practice (Praktikergemeinschaften-Konzept), die Anpassungsqualifizierung oder die traditionelle Lehre realisiert. In der arbeitswissenschaftlichen, arbeitspsychologischen und der auf betriebswirtschaftliche Personalentwicklung ausgerichteten Literatur wird vor allem auf den Prozess des Lernens in der Arbeit und das Herausbilden umfassender beruflicher Handlungskompetenz als eine Grundlage erfolgreicher, lernfähiger Organisationen hingewiesen (Sonntag u. Stegmaier 2007; Bergmann u. Sonntag 2006; Frieling et al. 2005; Wächter u. Modrow-Thiel 2002; Dunckel 1999; Modrow-Thiel 1999; Frieling et al. 1999; Hacker u. Skell 1993).
- Lernen durch Instruktion und systematische Unterweisung am Arbeitsplatz:
  In der betrieblichen Weiterbildung werden systematische Unterweisungen vor allem in der Anpassungsqualifizierung und der Einstiegsqualifizierung eingesetzt. Sie entsprechen zwar nicht den Grundsätzen eines selbstgesteuerten und selbstbestimmten Lernens, haben aber im Rahmen einer Methodenpluralität weiter hin einen wichtigen Stellenwert beim Kompetenzerwerb. Dem Ausbilder kommt dabei eine Schlüsselrolle zu, da er die Unterweisungs- und Anlernformen bestimmt. Die Komplexität der Aufgabe und die Vielfalt vorhandener Fähigkeiten

und Fertigkeiten sollen schrittweise, angepasst an den Lernfortschritt des Neulings, gesteigert werden. Im Rahmen einer „cognitive apprenticeship" (Rauner 2002; Collins et al. 1989; Dreyfus u. Dreyfus 1987) wird eine Vielfalt von Methoden beschrieben, wie der Neuling Schritt für Schritt berufliche Handlungskompetenz aufbauen kann.

- Lernen durch Integration von informellem und formellem Lernen:
Dieses Lernen erfolgt dadurch, dass informelle und formelle Lernarten in neue Lernformen, wie bspw. Qualitätszirkel und Lernstatt, integriert werden. Diese Lernformen sind seit den 80er Jahren vor allem in Mittel- und Großbetrieben anzutreffen (Breisig 1990) und haben in der Berufsbildung und Weiterbildung an Aktualität gewonnen. In kleinen Unternehmen haben sich vor allem Lernaufgaben bewährt, in denen systematische Planungs- und Lernprozesse im unmittelbaren Arbeitsprozess durchlaufen werden. Das Konzept des „Structured Learning on the Job" (Jacobs 1999) steht dafür.

- Lernen durch Hospitation und betriebliche Erkundungen:
Betriebliche Praktika stellen eine Verbindung zwischen schulischer und akademischer Lernwelt und der Arbeitswelt her. Hierbei kann das Theoriewissen in praktische Anwendung umgesetzt werden. Theorie und Praxis können miteinander im realen Anwendungsbezug verknüpft werden. Betriebliche Erkundungen geben für Aus- und Weiterzubildende einen gezielten Überblick über Gebiete, die im eigenen Unternehmen oder Ausbildungsbereich nicht vorhanden sind. Sie dienen dem Erwerb von arbeitsplatz- und berufsspezifischen Qualifikationen und werden auch zunehmend im Rahmen eines Benchmarking als Lernformen durchgeführt. Dabei erfolgt vor allem ein Vergleich von Methoden, Dienstleistungen und Organisationsprozessen. Diese Ansätze sind Ausdruck von organisierten, formellen Lernmaßnahmen, die aber ausdrücklich das informelle Lernen über Erfahrungen einbeziehen, ohne es formalisieren zu wollen (Dehnbostel 2007).

- Lernen durch Simulation von Arbeitsprozessen:
Dieser Typ findet in Schulen, Hochschulen und über- sowie außerbetrieblichen Bildungszentren statt. Durch Simulationen können keine authentischen betriebsbezogenen Erfahrungen gemacht werden, jedoch kann das Lernen durch realitätsnahe arbeitsorganisatorische, räumliche und ökonomische Kriterien beeinflusst werden. Die Simulation von Arbeitsprozessen zielt auf das Erleben einer möglichst realitätsnahen Arbeitssituation, die die Aneignung komplexer Qualifikationen und Erfahrungen/Kompetenzen sowie deren Reflexion möglich macht (Dehnbostel 2007).

Dieses Spektrum unterschiedlicher Modelle und Formen arbeitsbezogenen Lernens wird in Zukunft weiter ausdifferenziert werden. Ein Beispiel dafür ist die Typisierung und Qualifizierung für Interaktionsarbeit (Brater u. Rudolf 2006; Böhle 2006). Zum Erwerb einer umfassenden beruflichen Handlungskompetenz ist das Lernen im realen Arbeitsprozess und dessen Reflexion von herausragender Bedeutung. Informelles Lernen wird in Zukunft – auch im Hinblick auf schnelle technische und organisatorische Änderungen sowie zunehmende Internationalisierung – einen hohen Stellenwert im gesamten Aus- und Weiterbildungsspektrum einnehmen.

7.4.2 Arbeiten und Lernen verbinden

Lernformen, die als solche im Prozess der Arbeit gezielt eingesetzt werden, verbinden organisiertes bzw. formelles Lernen und informelles Erfahrungslernen. Ihnen ist gemeinsam, dass Arbeitsplätze und Arbeitsprozesse unter lernsystematischen und arbeitspädagogischen Gesichtspunkten erweitert und angereichert werden. Es wird damit bewusst ein Rahmen geschaffen, der das Lernen unter organisatorischen, personalen und didaktisch-methodischen Aspekten unterstützt. Kennzeichnend für diese integrativen Lernformen ist eine doppelte Infrastruktur. Sie bildet zum einen als Arbeitsinfrastruktur mit Arbeitsaufgaben, Technik, Arbeitsorganisation und Qualifikationsanforderungen den Rahmen der jeweiligen Arbeitsumgebung. Zum anderen stellt sie als Lerninfrastruktur zusätzliche räumliche, zeitliche, sachliche und personelle Ressourcen, wie bspw. lernhaltige, gestaltungsorientierte Arbeitsaufgaben, ausgewiesene Lerninhalte und -ziele sowie kooperative Arbeits- und Lernformen bereit. Informelles und formelles Lernen werden durch die Verschränkung der Arbeitsinfrastruktur mit einer Lerninfrastruktur systematisch miteinander verbunden (Dehnbostel 2007). Das Arbeitshandeln und darauf bezogene Reflexionen stehen somit auch in einer Wechselbeziehung zu ausgewiesenen Zielen und Inhalten betrieblicher Bildungsarbeit und Prozessen der Personalentwicklung.

Betriebliches Lernen kann im Prozess der Arbeit also durch zwei unterschiedliche Organisationstypen – Lernformen und Arbeitsformen – gefördert werden. Unter die Lernformen fallen Coaching, Lernstatt, Lerninsel, Lernstation, Arbeits- und Lernaufgaben und Qualifizierungsnetzwerke sowie Communities of Practice (CoP) (Dybowski et al. 1999). Sie sind dadurch gekennzeichnet, dass formelles und informelles Lernen zusammenfallen. Zu den Arbeitsformen gehören Gruppenarbeit, Job Rotation, Projektarbeit, Tandemarbeit, Innovationszirkel und strategische Netzwerke. In diesen Arbeitsformen erfolgt Lernen weitgehend informell und erfahrungsbasiert. Ein formelles, organisiertes Lernen findet nur in Ausnahmefällen statt. Generell gilt für die betriebliche Bildungsarbeit, dass durch einen stetigen Bezug der Lernformen auf Arbeits-, Geschäfts- und Innovationsprozesse neue Lernzusammenhänge entstehen. Aber auch die Lernformen außerhalb der Arbeit (z. B. Kurse, Seminare, Workshops, Veranstaltungen, Benchmarking, Lernen in Bildungszentren und Hochschulen, Lernbüros) verändern sich. Sie beinhalten zunehmend auch zeitlich abgegrenzte Lernelemente, die informell im Prozess der Arbeit erbracht werden, wie bspw. organisierte Projektarbeit im Rahmen einer Serviceschulung. Zugleich unterliegen informell erbrachte Lernleistungen, bspw. Leistungen innerhalb eines kontinuierlichen Verbesserungsprozesses zum Ziele der Produkt- und Prozessverbesserung, durchaus formalen Leistungsbeurteilungen. Sie werden überprüft, d. h. sie enthalten Merkmale des formalen Lernens, die Lernleistungen werden jedoch informell im Prozess des Arbeitens – oft auch im Team – erbracht. An diesen Beispielen wird deutlich, dass es zu einer Entgrenzung traditioneller Arbeits- und Lernformen kommt. Lernstrukturen innerhalb und außerhalb der Arbeit müssen daher miteinander verknüpft werden, um maximale Lerneffekte zu erzielen.

Vor dem Hintergrund dieser Entgrenzung und mit Blick auf das Aufeinanderangewiesensein formellen und informellen Lernens werden im folgenden

Abschnitt Beispiele für Möglichkeiten einer arbeitsintegrierten Kompetenzentwicklung im Rahmen unserer Zielsetzung – der Gestaltung und Realisierung investiver Produkt-Service Systeme – entwickelt. Die Ausführungen basieren zum einen auf den Ergebnissen der Unternehmensbefragung und den Aussagen der Beschäftigten selbst. Zum anderen wurden aus den Lernformen, die oben dargestellt wurden, diejenigen ausgewählt, die für eine arbeitsintegrierte Qualifizierung von Sach- und Serviceproduktentwicklern in den befragten Unternehmen adäquat erschienen.

7.4.3 Möglichkeiten eines arbeitsintegrierten Kompetenzaufbaus zur Realisierung investiver Produkt-Service Systeme

Die Analyse der Arbeitsaufgaben von insgesamt siebzehn Beschäftigten aus der Sach- und der Serviceproduktentwicklung in zwei Unternehmen der Landmaschinenbranche ermöglichte es, aufgabenbezogene Anforderungen an die Qualifikationen und die Kompetenzen weitgehend objektiv zu ermitteln. Die Analyse der individuellen Kompetenzen beinhaltete auch die subjektive Einschätzung der Befragten im Hinblick auf ihren eigenen Qualifizierungsbedarf und die Einschätzung ihrer Berufsgruppe bzw. der jeweils anderen Berufsgruppe, die im Fokus dieser Untersuchung stand. Die Sach- und Serviceproduktentwickler wurden u.a. dahingehend befragt, welche Maßnahmen ihrer Meinung nach erfolgen sollten, um eine Integration von sach- und serviceproduktspezifischen Prozessen zu erreichen. Dabei wurde von den befragten Mitarbeitern ein Perspektivenwechsel gefordert: Die Beschäftigten aus der Sachproduktentwicklung wurden veranlasst, sich in die Perspektive des Servicemitarbeiters einzudenken und umgekehrt. Grundlage dazu waren Fragen nach den Kompetenzen, die ein Beschäftigter aus dem Service (Frage an den Sachproduktentwickler) bzw. aus der Sachproduktentwicklung (Frage an den Serviceproduktentwickler) bei der Funktionsverknüpfung haben sollte und den dazu vorstellbaren formell und informell unterstützenden Maßnahmen.

Die hier präsentierten Ergebnisse bilden insofern sowohl den objektiv ermittelten Qualifizierungsbedarf als auch die subjektiv eingeschätzten Qualifizierungsmaßnahmen der Befragten ab. Beide Perspektiven bilden hier jeweils die Grundlage zum Ansatz arbeitsintegrierten Kompetenzaufbaus. Die infrage kommenden „Bündel von Maßnahmen" werden auf Grundlage der oben aufgeführten Modelle und den Lern- und Arbeitsformen abgeleitet.

Im Zuge der Analyse ließen sich grundsätzlich drei Typen von Beschäftigten unterscheiden, wobei die Grundlage für die Typisierung die Beschäftigungsdauer und damit die vorhandene Erfahrung und Kompetenz in den beiden Funktionsbereichen war. Differenziert wurde zwischen Novizen (Beschäftigungsdauer bis zu drei Jahren), Beschäftigten mit einer mittleren Beschäftigungsdauer (bis zu 15 Jahren) und einer langen Beschäftigungsdauer (über 15 Jahre, meist über 20–30 Jahre).

7.4.3.1 Personen mit geringer Beschäftigungsdauer

Die Novizen (bis maximal drei Jahre Berufszugehörigkeit) betonen vor allem die Notwendigkeit der Kommunikation zwischen Service und Konstruktion hinsichtlich der jeweiligen Vorstellungen über die eigene Arbeit und den Austausch von Informationen zur Gestaltung von Sach- und Serviceprodukten. Dies beinhaltet z. B. das Konstruieren eines Gelenks in der Weise, dass dazugehörende Teile leicht montiert und demontiert werden können, wobei die Kundenfreundlichkeit hinsichtlich der Kosten bei Reparaturen handlungsleitend sein sollte. Für diesen Aspekt des forcierten Informationsaustauschs ist somit die Entwicklung einer hohen Kommunikationsfähigkeit, verbunden mit einem Ausbau der Teamfähigkeit, notwendig – ggf. in interdisziplinär und international zusammengesetzten Teams. Für die Beschäftigten bedeutet dies, die Sozialkompetenz zu stärken, um letztlich das Fachwissen im Dialog mit Beschäftigten des anderen Bereiches erhöhen zu können. Dazu gehört auch das gemeinsame praktische Erproben der Maschinen im Feld, wodurch Fehler und Unregelmäßigkeiten des Maschinenlaufs aus verschiedenen Perspektiven analysiert und verstanden werden können.

Die Entwicklung der für den Sach- und Serviceproduktbereich notwendigen Fachkompetenz hinsichtlich neuer Maschinentypen und deren Funktionen kann durch formelle Weiterbildungsmaßnahmen erfolgen. Ziele sind das Kennenlernen der Produkte für welche die Beschäftigten im Service verantwortlich sind, sowie das Erfahren eines gemeinsamen Arbeits- und Problemverständnisses der Beschäftigten aus Sach- und Serviceproduktentwicklung. Dies schließt auch das Verständnis für integrierte Teil- bzw. Randfunktionen – wie bspw. die Montage, den Einkauf oder das Marketing – in der Produkterstellung ein. Dieses gegenseitige Verständnis füreinander kann durch Lernen im realen Arbeitshandeln, durch Integration von informellem und formellem Lernen oder Lernen durch Simulation von Arbeitsprozessen erfolgen. Lernformen, die Arbeiten und Lernen miteinander verbinden, können die laufende Kommunikation und Kooperation dauerhaft steigern. Dazu gehört z. B. gemeinsames Arbeiten von Service und Konstruktion – auch im Feld. In interdisziplinär zusammengesetzten Lerninseln, in denen Praktikanten, Novizen und erfahrene ältere Mitarbeiter miteinander arbeiten, können Probleme der Kunden unter verschiedenen Erfahrungsperspektiven gemeinsam erarbeitet und Lösungen zu aktuellen Problemen der Kunden erzielt werden.

Durch diese verstärkte interdisziplinäre Zusammenarbeit werden gleichzeitig dienstleistungsorientierte Innovationen des Sachproduktes bei Neu- und Änderungskonstruktionen möglich. Die Kommunikation und ein gegenseitiges kollegiales Verständnis zwischen Sach- und Serviceproduktentwicklung werden erhöht und das Sachprodukt wird durch Integration der Ideen der Servicemitarbeiter verbessert.

Zu einem ähnlichen Ergebnis können Lernprozesse in Communities of Practice führen, in denen Personen mit unterschiedlichen Qualifikations- und Kompetenzgraden (vom Novizen zum Experten) durch gemeinsames Arbeiten und Lernen innerhalb eines sozialen Raumes und mit denselben Arbeitszielen Kompetenzen erwerben. Es werden dabei nicht nur Wissen und Fähigkeiten im realen Arbeitshandeln weitergegeben, sondern ebenso Gewohnheiten, Einstellungen und Werte anderer Personengruppen und Abteilungen vermittelt, diskutiert und reflektiert. Hinsichtlich der Integration von Sach- und Serviceproduktentwicklung ist in beiden untersuchten Unternehmen die gemeinsame Arbeit mit der Kommunikation von Werten und berufsspezifischen (Arbeits-)Einstellungen grundlegend. Dies gilt z. B. auch für den Umgang mit reklamierenden Kunden. Kommunikation in Communities of Practice trägt ebenso zur betrieblichen Integration und Sozialisation von Anfängern durch Erfahrungsträger bei. Gleichzeitig können kritische Fragen von Novizen zu praktizierten Routinen oder Handlungsnormen zu einer Reflexion der betrieblichen oder abteilungsspezifischen Werte und Normen führen, wodurch Änderungen im betrieblichen Geschehen erfolgen können. Neben Produktinnovationen können moderne situierte Lernformen in betrieblicher, lernförderlicher Umgebung auch zu sozialen Innovationen der Unternehmens- oder der Abteilungskultur führen. Die Voraussetzungen zu einer lernenden Organisation sind somit gegeben.

7.4.3.2 Personen mit mittlerer Beschäftigungsdauer

Personen mit mittlerer Beschäftigungsdauer (bis 15 Jahre), sowohl aus dem Sach- als auch dem Serviceproduktbereich, reflektieren vor allem die berufspraktischen Erfahrungen. Diese Erfahrungen beinhalten das Wissen über die Funktion des Produktes und den Einsatz auf dem Feld. Fragestellungen hierzu sind bspw. „Was tut die Maschine im Feld? Wie arbeitet sie unter bestimmten wetterspezifischen Bedingungen? Welche Probleme könnten bei der Nutzung bestimmter stark belasteter Teile bei bestimmten Materialien auftreten?". Bei beiden Funktionsgruppen sollte nach Ansicht der Befragten gleiches Fachwissen hinsichtlich der technischen Besonderheiten der Maschine beim Einsatz auf dem Feld vorhanden sein. Dieses Wissen kann ihrer Ansicht nach durch formelle Weiterbildung – bspw. durch Kurse in Elektronik, Mechanik, Hydraulik oder anderen Bereichen erworben werden. Externe Schulungen, Abendseminare, Berufskolleg und Fachhochschule werden ergänzend und vertiefend genannt. Neben dem punktuellen Erwerb von Qualifikationen und Kompetenzen kommt aus der Perspektive der Beschäftigten das Denken in Prozessketten als weitere Kompetenzanforderung in der Konstruktion und im Service hinzu. In diesem Prozess, der kognitiv zu erbringen ist, wird das Entstehen und der Einsatz eines Produktes in seiner ganzen Komplexität erfasst, in (Teil-)Prozesse gesplittet und hinsichtlich seiner Funktionen und möglicher Probleme bei der Nutzung und ihrer Behebungsmöglichkeiten neu verkettet. Dieses Denken erhöht die Analyse- und Diagnosefähigkeit der Beschäftigten.

Ähnlich ist der Vorschlag der Befragten, das analytische Denken mit Hilfe von Instrumenten zur Entscheidungsfindung und Problemlösung, bspw. durch Matrixlogik, morphologischen Kasten oder Diagnoseverfahren, zu steigern und dadurch die geeigneten Problemlösungen für den Kunden zu generieren.

Die Mitarbeiter betonen zudem die Bedeutung des Aufbaus und der Entwicklung von Kundenbeziehungen, um so Wissen über die Anforderungen an die Produktionsaufgaben und -prozesse der Kunden zu erhalten. Ein entsprechend geprägter

Erfahrungs- und Lebenshintergrund der Mitarbeiter wird von diesen als vorteilhaft für die Berufsausübung gesehen. Daraus lässt sich folgern, dass Personalkompetenz der Beschäftigten hinsichtlich der Verhandlungsfähigkeit bei der Produktgestaltung und ggf. einer Gewährleistungsabwicklung durch diesen Hintergrund gestärkt wird. Empathie für die Probleme und Wünsche der Kunden ist somit eine gute Voraussetzung für ein sachgerechtes und individuelles Problemlösungshandeln von Sach- und Serviceproduktentwickler. Durch das Schaffen einer gemeinsamen Kommunikationsbasis, die auf einer geteilten Weltsicht basiert, ist die Grundlage für eine langfristige Kundenbeziehung gegeben.

Mit Blick auf die internationalen Geschäftsbeziehungen der beiden untersuchten Unternehmen sind Sprachkenntnisse und Auslandserfahrungen unabdingbar. Entsprechende Kompetenzen können durch formelle Schulungen in Seminaren, Sprachlabors und Arbeiten im Ausland mit den ausländischen Partnern erworben werden. Dieses formelle und informelle Lernen impliziert auch den Erwerb von interkultureller Kompetenz. Durch die gemeinsame Arbeit mit den ausländischen Partnern werden deren Werte, Einstellungen und Normen erfahren und reflektiert. Gegenseitige Anpassungsleistungen werden erbracht und können zu einer gewinnbringenden Arbeitsbeziehung beitragen. Um Sprache und kulturelle Besonderheiten des jeweiligen Gastlandes und -unternehmens besser kennenzulernen, bieten sich Tandemarbeit, Coaching und spezifische Lernaufgaben an.

Von den Beschäftigten selbst werden für die Verbesserung der Leistungen aus Sach- und Serviceproduktentwicklung zusätzlich unterstützende organisatorisch-inhaltliche Maßnahmen vorgeschlagen. Dazu zählen der mögliche Aufbau von Datenbanken zur Dokumentation fehlerhafter Serviceleistungen und ihrer Ursachen und Korrekturen. Durch systematisches Controlling können Konstruktion, Service und Schulungen qualitativ verbessert werden, weil so Bezug auf die bisherigen Fehler und Unregelmäßigkeiten genommen werden kann.

7.4.3.3 Personen mit langer Beschäftigungsdauer

Personen mit einer langen Beschäftigungsdauer (über 15 Jahre, meist über 20–30 Jahre) betonen die Notwendigkeit einer langfristigen und intensiven Anlernphase der neu eingestellten Beschäftigten im Sach- und Serviceproduktbereich. Der Wechsel zwischen Abteilungen, die mittelbar oder unmittelbar etwas mit den Funktionsbereichen Konstruktion und Service zu tun haben, wird als Lernoption herausgestellt. Dies betrifft Bereiche wie Hydraulik, Elektrik, Elektronik, Mechanik, Montage, Fertigung, Hardbusiness, Qualitätskontrolle, Training, Serviceorganisation und den vorübergehenden Einsatz in Auslandsniederlassungen. Ein „über den Tellerrand hinausgehendes Denken" wird als notwendig für den Prozess der Funktionsintegration gesehen. Basis ist ein gutes Fachwissen, das im Studium und durch den Beschäftigungswechsel zwischen den Abteilungen und Niederlassungen im In- und Ausland erworben werden kann. Auch in dieser Gruppe wird das Verständnis für die Arbeitsweise und Probleme des Endkunden als notwendige Voraussetzung für die Tätigkeit in Konstruktion und Service gesehen. So hat der Mitarbeiter die

Bedürfnisse des Kunden in Prozesse der Konstruktion und des Service zu integrieren. Ein Hineindenken in die Arbeits- und Denkweise des Kunden im Sinne eines Perspektivenwechsels – zum Monteur und/oder Kunden – bildet demnach die Grundlage einer erfolgreichen Kundenakquisition und -betreuung.

Beschäftigte mit langer Berufserfahrung sind in beiden Unternehmen meist selbst in der Rolle des Leitenden und/oder Lehrenden und müssen damit pädagogische Aufgaben übernehmen. Als eine didaktische Schwierigkeit wird dabei die Aufteilung des zu vermittelnden Stoffes in kleine Schritte beschrieben. Im Prozess des telefonischen technischen Supports erfolgt bei Personen mit hoher Kompetenz das Entwickeln einer Problemlösung durch schnelles Abarbeiten und Ableiten von Maschinenprozessen. Fakten werden – sowohl bei dem telefonischen technischen Support als auch im Konstruktionsprozess – im Gedächtnis zusammengesetzt und zu Lösungsmustern verdichtet. Der Kunde bekommt die Ergebnisse dieses Prozesses präsentiert. Für den Lehrvorgang bei Novizen sind diese Schritte demgegenüber offenzulegen und zu begründen. Für einzelne Lehrpersonen besteht die Schwierigkeit, den Stoff zu differenzieren und entsprechend darzustellen. Von diesen Personen wird die Notwendigkeit einer didaktischen Kompetenzentwicklung geäußert. Komplexe Wissensbestände und ihre fachkompetente Anwendung in der Domäne sind durch geeignete didaktische Methoden zu reduzieren und den Lernenden zu vermitteln. Eine Schulung in Sozialkompetenz, besonders der Kommunikationsfähigkeit, und in Methodenkompetenz mit der Vermittlung didaktischer Inhalte und deren Anwendung in geeigneten Lernaufgaben, Workshops oder beim Benchmarking, sind Grundlage für die Kompetenzentwicklung höchsterfahrener und -qualifizierter Personen.

In diesen Zusammenhang fällt auch die von dieser Beschäftigtengruppe besonders hervorgehobene „Diagnosefähigkeit". Aus der Sicht der Konstruktion muss ein Servicemitarbeiter in der Lage sein, den Kunden so zu befähigen, dass dieser selbst zu einer Strukturierung seiner Maschinenprobleme gelangt. Er sollte dem Service Details übermitteln können, die den ungefähren Maschinenfehler beschreiben und herleiten. Aus der Sicht der Konstruktion ist das eine Kompetenz des Servicemitarbeiters, die aus der Sorgfalt zum Arbeiten und der Fachkenntnis herrührt. Fähigkeit und Wille, die Prozesse aufzubereiten, müssen vorhanden sein. Dazu sind diszipliniertes Arbeiten nach bestimmten Diagnoseregeln und eine hohe soziale Kompetenz – die Fähigkeit und die Bereitschaft zur Kommunikation – notwendig. Großraumbüros und Teamarbeit werden generell von den Beschäftigten in Service und Konstruktion als räumliche und organisatorische Erleichterungen zur Kommunikation angesehen.

7.4.3.4 Erkenntnisse der Aufgabenanalyse

Wie die Aufgabenanalysen gezeigt haben, gilt generell für alle Beschäftigten aus Sach- und Serviceproduktbereich, dass – selbst bei der Trennung der Funktionen Sach- und Serviceproduktentwicklung – ein sehr ähnliches Wissen hinsichtlich des Aufbaus und der Funktion des jeweiligen Maschinentyps vorhanden sein muss, wenn die Arbeit aus Konstruktion und Service zufriedenstellend durchgeführt werden soll. Dies wird nach Aussagen der Beschäftigten vor allem durch temporäres Arbeiten in Abteilungen erreicht, die Tätigkeiten verrichten, in denen der Beschäftigte Wissens- und Kompetenzentwicklungsbedarf hat. So finden Wechsel zu den Bereichen Hydraulik, Elektrik, Elektronik, Fertigung oder auch Montage statt. Diese Wechsel dauern oft Wochen oder sogar Monate, damit eine differenzierte Einsicht in das jeweils andere Arbeitsgebiet erreicht werden kann. Im Studium kann diese Interdisziplinarität kaum erzielt werden, so dass betriebliche Weiterbildung hier unbedingt erforderlich ist. Diese orientiert sich zum einen an realen Arbeitsaufgaben des Unternehmens, zum anderen unterstützen erfahrene Mitarbeiter im Rahmen des Coaching ihre Kollegen, die ihnen für den Zeitraum des Aufenthalts in der jeweiligen Abteilung zur Schulung zugeordnet sind. Begleitend werden Arbeits- und Lernaufgaben aus tatsächlich vorkommenden Kundenzusammenhängen gestaltet. Interdisziplinär zusammengesetzte Teams (Communities of Practice) arbeiten dann jeweils so zusammen, dass neben der Entwicklung von neuer Fachkompetenz auch soziale Kompetenzen, Personalkompetenz und Methodenkompetenz erworben werden können. Diese Lernformen können durch spezifische Anlernphasen des professionell weitentwickelten Beschäftigten durch erfahrene Kollegen/Ausbilder ergänzt werden. Neben dem eigenen Fachwissen ist die Kenntnis der fachlich zuständigen Ansprechpartner im Unternehmen von großer Bedeutung. Dazu kann das Mentoring durch einen erfahrenen Kollegen einen wichtigen Beitrag leisten. Ein gelungenes Mentoring kann auch Grundlage für den weiteren Karriereverlauf in den beiden Unternehmen sein.

7.4.4 Fazit und Ausblick

Die in den zwei Unternehmen durchgeführten Erhebungen erbrachten wissenschaftlich fundierte Arbeitsprozessanalysen innovativer Funktionsbereiche der Landmaschinenbranche. Auf der Basis der Analysen konnten die zur Gestaltung und Realisierung investiver Produkt-Service Systeme notwendigen Aufgabenanforderungen und die dazu notwendigen Qualifikations- und Kompetenzanforderungen abgeleitet werden. Durch die individuellen Kompetenzanalysen konnten bei den Befragten darüber hinaus Entwicklungschancen und -vorstellungen erhoben werden, die bei einer Funktionsverknüpfung zwischen Sach- und Serviceproduktentwicklung zielführend sind.

Die Befragungsergebnisse zeigten grundsätzliche Differenzen zwischen den Beschäftigtengruppen mit geringer, mittlerer und mit langer Beschäftigungsdauer. Wissen und Kompetenzen werden mit zunehmender Beschäftigungsdauer und Berufszugehörigkeit immer komplexer und vernetzter. Die bei einer Funktionsannäherung von Sach- und Serviceproduktentwicklung notwendigen Muster eines arbeitsintegrierten Kompetenzaufbaus unterscheiden sich folgendermaßen: Bei Beschäftigten mit geringer Zugehörigkeitsdauer zu Beruf und/oder Unternehmen sind vor allem innerbetriebliche Kommunikation mit den anderen Berufsgruppen im

Unternehmen und gemeinsames interdisziplinäres Arbeiten mit den zu erstellenden Produkten im Arbeitsalltag notwendig. Demgegenüber liegt der Qualifizierungsbedarf von Personen mit mittlerer Beschäftigungsdauer eher in der Steigerung überbetrieblicher Kommunikation und Kooperation. Es geht darum, ein Verständnis für den Kunden zu entwickeln, damit Kundenbeziehungen auf- und ausgebaut werden können. In dieser Beschäftigtengruppe finden sich hohe reflexive Anteile, d.h. es wird über die Systematisierung der eigenen Arbeit und einer möglichen organisatorischen Strukturierung ihres eigenen Abteilungsumfeldes nachgedacht. Bei Beschäftigten mit langer Berufszugehörigkeit dominiert die Reflexion über die eigene Tätigkeit und die Notwendigkeit eines kontinuierlichen berufsbegleitenden Aufbaus der Kompetenz. In ihrer beruflichen Position als Lehrender bzw. Leiter einer Gruppe oder Abteilung wird die Vermittlung einzelner Lösungswege an Novizen oder Beschäftigte mit mittlerer Berufsdauer zur wesentlichen Aufgabe. Hier wird über den Beruf „an sich" reflektiert.

Ziel des Projektes GRiPSS war die Erarbeitung eines Rahmens von Modellen und Formen zu einer arbeitsintegrierten Qualifizierung. Es wurden einzelne Modelle, die von eher formalem Lernen durch Instruktion bis hin zu Lernen im Prozess der Arbeit durch Erfahrung reichen, aufgezeigt. Es wurde deutlich, dass – und hier überschneiden sich die abgeleiteten Lernnotwendigkeiten der Wissenschaft und die Lernwünsche der beteiligten Beschäftigten – es kein einheitliches Lernmuster geben kann. Für die drei Beschäftigtengruppen konnten unterschiedliche Muster des Kompetenzerwerbs konstatiert werden. Zum einen wurde vom Wissenschaftsteam direkt auf die von den Beschäftigten geäußerten Wünsche Bezug genommen, die sich an ihre berufliche Situation anschlossen. Zum anderen wurde aus den Analyseergebnissen durch das Wissenschaftsteam ein Bündel von Maßnahmen zur arbeitsintegriertem Kompetenzentwicklung abgeleitet. Als charakteristisches Ergebnis ist bei beiden Wegen – dem Weg der Beschäftigten und dem Weg der Wissenschaft – festzuhalten, dass Kommunikation und Praxiserfahrung im Zuge einer Funktionsannäherung zunehmend an Bedeutung gewinnen.

Literatur

Arnold R, Steinbach S (1998) Auf dem Weg zur Kompetenzentwicklung? Rekonstruktionen und Reflexionen zu einem Wandel der Begriffe. In: Markert W (Hrsg) Berufs- und Erwachsenenbildung zwischen Markt und Subjektbildung. Schneider-Verlag, Hohengehren
Baitsch C (1996) Kompetenz von Individuen, Gruppen und Organisationen. Psychologische Überlegungen zu einem Analyse- und Bewertungskonzept. In: Denisow K, Fricke W, Stieler-Lorenz B (Hrsg) Partizipation und Produktivität. Zu einigen kulturellen Aspekten der Ökonomie. Forum Zukunft der Arbeit. satz+druck, Düsseldorf
Bergmann B, Sonntag K (2006) Transfer: Die Umsetzung und Generalisierung erworbener Kompetenzen in den Arbeitsalltag. In: Sonntag K (Hrsg) Personalentwicklung in Organisationen. Hogrefe, Göttingen
Böhle F (2006) Typologie und strukturelle Probleme von Interaktionsarbeit. In: Böhle F, Glaser J (Hrsg) Arbeit in der Interaktion - Interaktion als Arbeit. VS Verlag für Sozialwissenschaften, Wiesbaden

Brater M, Rudolf P (2006) Qualifizierung für Interaktionsarbeit - ein Literaturbericht. In: Böhle F, Glaser J (Hrsg) Arbeit in der Interaktion - Interaktion als Arbeit. VS Verlag für Sozialwissenschaften, Wiesbaden

Breisig T (1990) Betriebliche Sozialtechniken. Luchterland, Neuwied, Frankfurt am Main

Büchter K, Gramlinger F (2006) Qualifikationsforschung als berufs- und wirtschaftspädagogischer Schwerpunkt – Selbstverständnisse in Theorie und Empirie. In: Dies. (Hrsg): Qualifikationsentwicklung und –forschung für die berufliche Bildung. Berufs- und Wirtschaftspädagogik online. bwp [at], Ausgabe 11

Collins A, Brown J S, Newmann S E (1989) Cognitive apprenticeship: Teaching the crafts of reading, writing, and mathematics. In: Resnick L B (Hrsg) Knowing, learning and instruction. Erlbaum, Hillsdale, New York

Dehnbostel P (2007) Lernen im Prozess der Arbeit. Waxmann, Münster

Deutscher Bildungsrat (1970) Strukturplan für das Bildungswesen. Verlag Dt. Bildungsrat, Stuttgart

Deutscher Bildungsrat (1974) Empfehlungen der Bildungskommission. Zur Neuordnung der Sekundarstufe II Konzept für eine Verbindung von allgemeinem und beruflichem Lernen. Ohne Verlag, Bonn

Dreyfus H L, Dreyfus S E (1987) Künstliche Intelligenz. Von den Grenzen der Denkmaschine und dem Wert der Intuition. Rowohlt, Reinbeck bei Hamburg

Dunckel H (1999) Handbuch psychologischer Arbeitsanalyseverfahren. vdf Hochschulverlag, Zürich

Dybowski, G et al. (1999) Betriebliche Innovations- und Lernstrategien. Implikationen für berufliche Bildungs- und betriebliche Personalentwicklungsprozesse. Bertelsmann, Bielefeld

Frieling E, Bernard H, Grote S (1999) Unternehmensflexibilität und Kompetenzerwerb. In: Arbeitsgemeinschaft Qualifikations-Entwicklungs-Management (Hrsg) Kompetenzentwicklung '99. Aspekte einer neuen Lernkultur: Argumente, Erfahrungen, Konsequenzen. Waxmann, Berlin

Frieling E, Bernard H, Schäfer E, Fölsch T (2005) Lebensbegleitendes Lernen im Unternehmen. Personalführung 1:38–46

Gillen J (2006) Kompetenzanalysen als berufliche Entwicklungschance. Bertelsmann Verlag, Bielefeld

Hacker W (1983) Kognitive und motivationale Aspekte der Handlung. Deutscher Verlag der Wissenschaften, Berlin

Hacker W, Skell W (1993) Lernen in der Arbeit. Bundesinstitut für Berufsbildung, Luchterland, Berlin

Hacker W, Iwanowa A, Richter P (1983) Tätigkeitsbewertungssystem TBS. Psychodiagnostisches Zentrum an der Umboldt-Universität Berlin

Heyse V, Erpenbeck J, Michel L (2002) Kompetenzprofiling. Waxmann, Münster

Huisinga R, Buchmann U (2003) Curriculum und Qualifikation: Zur Reorganisation von Allgemeinbildung und Spezialbildung. G.A.F.B. Verlag, Frankfurt am Main

Jacobs R (1999) Structured On-the-job Training in the U.S. In: Dehnbostel P, Markert W, Novak H (Hrsg) Erfahrungslernen in der beruflichen Bildung - Beiträge zu einem kontroversen Konzept. Hochschultage Berufliche Bildung 1998, Kiser, Neusäß

Linderkamp R, Krämer M, Proß G, Skroblin J-P (2007) Arbeitnehmerorientierte Beratung und Weiterbildung. Bertelsmann Verlag, Bielefeld

Mayring P (2008) Qualitative Inhaltsanalyse. Grundlagen und Techniken. 10. Aufl, Beltz, Weinheim und Basel

Meyer R (2006) Theorieentwicklung und Praxisgestaltung in der beruflichen Bildung. Bertelsmann Verlag, Bielefeld

Modrow-Thiel B (1999) Ressourcenreichtum als Voraussetzung und Folge von Lernfähigkeit. Am Beispiel von Innovationen in kleinen und mittleren Unternehmen. Lit Verlag, Münster

Rauner F (2002) Berufliche Handlungskompetenz - vom Novizen zum Experten. In: Dehnbostel P, et al. (Hrsg) Vernetze Kompetenzentwicklung. Alternative Positionen zur Weiterbildung. Edition Sigma, Berlin

Rauner F (2005) Handbuch Berufsbildungsforschung. Bertelsmann Verlag, Bielefeld

Richter G, Hacker W (2003) Tätigkeitsbewertungssystem-Geistige Arbeit. vdf Hochschulverlag, Zürich

Roth H (1968) Pädagogische Anthropologie Bd I Bildsamkeit und Bestimmung. Hermann Schroedel Verlag KG, Hannover

Roth H (1971) Pädagogische Anthropologie Bd II Entwicklung und Erziehung. Hermann Schroedel Verlag KG, Hannover

Schüßler I, Thurnes C M (2005) Lernkulturen in der Weiterbildung. Bertelsmann Verlag, Bielefeld

Sekretariat der Kultusministerkonferenz Hrsg (2007) Handreichung für die Erarbeitung von Rahmenplänen der Kultusministerkonferenz für den berufbezogenen Unterricht in der Berufsschule und ihre Abstimmung mit Ausbildungsordnungen des Bundes für anerkannte Ausbildungsberufe. Ohne Verlag, Bonn

Sonntag K, Stegmaier R (2007) Arbeitsorientiertes Lernen. Kohlhammer, Stuttgart

Volpert W (1974) Handlungsstrukturanalyse als Beitrag zur Qualifikationsforschung. Pahl-Rugenstein, Köln

Volpert W, Oesterreich R, Gablenz-Kolavocic S, Krogoll T, Resch M (1983) Verfahren zur Ermittlung von Regulationserfordernissen in der Arbeitstätigkeit. (VERA) Analyse von Planungs- und Denkprozessen in der industriellen Produktion. TÜV Rheinland, Köln

Wächter H, Modrow-Thiel B (2002) Arbeitsgestaltung als Personalentwicklung – Arbeitsanalyse und die Kritik gängiger Konzeptionen der Personalentwicklung In: Moldaschl M (Hrsg) Neue Arbeit – Neue Wissenschaft der Arbeit? Asanger, Heidelberg und Krönig

Wächter H, Modrow-Thiel B, Schmitz G (1989a) Analyse von Tätigkeitsstrukturen und prospektive Arbeitsgestaltung bei Automatisierung (ATAA). TÜV Rheinland, Köln

Wächter H, Modrow-Thiel B, Roßmann G (1989b) Persönlichkeitsförderliche Arbeitsgestaltung. Hampp, München

Wächter H, Modrow-Thiel B, Roßmann G (1999) Verfahren zur Analyse von Tätigkeitsstrukturen und prospektive Arbeitsgestaltung bei Automatisierung (ATAA) In: Dunckel H (Hrsg) Handbuch psychologischer Arbeitsanalyseverfahren. vdf Hochschulverlag, Zürich

Glossar

Aufbau- und Ablauforganisation Unter der Aufbauorganisation eines Unternehmens wird dessen hierarchische Gliederung in Organisationseinheiten unterschiedlichen Umfangs verstanden (Wiendahl 1997). Die Ablauforganisation (synonym Prozessstruktur) beschreibt den Zusammenhang zwischen diesen Organisationseinheiten auf Basis der sequenziell oder parallel durchzuführenden Aufgaben (Burghardt 2002).

Lebenszyklus Der Begriff des Lebenszyklus beschreibt die Entwicklung von technischen oder natürlichen Systemen (Hayes u. Wheelwright 2003). Prozessorientierte Lebenszykluskonzepte legen ihren Betrachtungsfokus auf die Abfolge der im Rahmen der Gestaltung und Realisierung von Sachprodukten durchzuführenden Prozesse. Hierbei kann zwischen der Hersteller- und Kundenperspektive unterschieden werden. Aus Herstellerperspektive umfasst der Sachproduktlebenszyklus die Phasen Gestaltung (Planung und Entwicklung), Produktion, Service und Recycling (Westkämper u. von der Osten-Sacken 1998). Aus Kundenperspektive umfasst er die Phasen Investition, Nutzung und Desinvestition (Zehbold 1996).

Lebenszykluskosten Als Lebenszykluskosten werden die gesamten Beschaffungs-, Besitz- und Entsorgungskosten eines Produktes bezeichnet (DIN 2005).

Life Cycle Management Das Life Cycle Management (LCM) beschreibt allgemein einen Ansatz zur ganzheitlichen prozessorientierten Optimierung des Sachproduktlebenszyklus, d. h. zur Überbrückung der Schnittstellen zwischen den Phasen Sachproduktgestaltung, -fertigung, -gebrauch und End-of-Life (Westkämper et al. 2000). Hierdurch wird das Ziel verfolgt, die Kunden bei der zielgerichteten (effektiven) sowie wirtschaftlichen und gleichzeitig ressourcenschonenden, d. h. ökoeffizienten Sachproduktnutzung zu unterstützen (Westkämper et al. 2000). Darauf aufbauend beschreibt das LCM investiver PSS einen Ansatz zur Bereitstellung kundennutzenorientierter PSS basierend auf der iterativen Durchführung der Phasen PSS-Gestaltung und -Realisierung.

Life Cycle Performance Der mit Hilfe eines PSS im Lebenszyklus erzeugte Kundennutzen wird als Life Cycle Performance (Fleischer et al. 2005) bezeichnet. Die Life Cycle Performance ist demnach ein Indikator dafür, wie gut der Hersteller seine Kunden bei der Durchführung ihrer mit der PSS-Nutzung verbundenen Aufgaben unterstützt.

Nutzen Als Nutzen wird das Maß der Bedürfnisbefriedigung bezeichnet, das ein Kunde durch den Konsum eines Produktes erfährt (Gabler 1995). Er ist umso größer, je besser das Produkt in das Anwendungsfeld des Kunden passt, dort die von ihm geforderten oder geschätzten Funktionen übernimmt und zu dessen Zielen beiträgt (Schäppi et al. 2005).

Produkt-Service System Der Begriff des investiven Produkt-Service Systems (PSS) bezeichnet eine kundennutzenorientierte Problemlösung in der Investitionsgüterindustrie. Sie bestehen aus einem materiellen Sachproduktkern, der über seine Nutzungsdauer, d. h. in seinem Lebenszyklus, gezielt durch eine immaterielle Serviceprodukthülle, bestehend aus einer Vielzahl untereinander verknüpfter Serviceprodukte ergänzt und verbessert wird (Aurich et al. 2006). Der somit bereitgestellte Nutzen ist umso größer, je besser der Sachproduktkern in das Anwendungsfeld des Kunden passt und dort gemeinsam mit den Serviceprodukten die von ihm geforderten oder geschätzten Funktionen übernimmt bzw. zu seinen Zielen beiträgt (Schäppi et al. 2005).

Projekt Ein Projekt ist ein zeitlich befristetes Vorhaben mit vorhabensspezifischer, temporärer Organisation, das auf die Umsetzung definierter Zielvorgaben bei gleichzeitiger Einhaltung gegebener Restriktionen abzielt. Projekte sind bedingt durch die Einmaligkeit der zu erfüllenden Aufgaben und einzuhaltenden Rahmenbedingungen durch ein hohes maß an Neuartigkeit, Komplexität sowie ein hohes Risiko gekennzeichnet (Barbian 2005).

Prozess Der Prozessbegriff beschreibt den Vorgang der Zustandsänderung in einem System über die Zeit unter Berücksichtigung der daran beteiligten Systemelemente und ihrer gegenseitigen, kausalen Wechselwirkungen (Daenzer u. Huber 1999). Hierbei ist zwischen den Systemelementen (Personal, Einrichtungen und Anlagen, Technologie und Methodologie (DIN 1995)), auf die eine Wirkung ausgeübt wird und denjenigen, die diese Wirkung ausüben oder beeinflussen, zu differenzieren. Ein Prozess umfasst i. d. R. mehrere Teilprozesse, die sich wiederum aus einzelnen Aktivitäten zusammensetzen. Diese Teilprozesse können mit Hilfe so genannter Prozessbausteine beschrieben, d. h. modelliert werden. Ein Gesamtprozess kann folglich aus einzelnen Prozessbausteinen zusammengesetzt werden kann.

Prozessbaustein Prozessbausteine sind Teilprozesse eines Gesamtprozesses, die eine definierte Zustandsänderung der an sie übergebenen Systemelemente (Informationen und Ressourcen) bewirken (Wagenknecht 2004). Sie sind durch zusammengehörige Aktivitäten sowie eindeutige Beschreibungen ihrer ein- und ausgehenden Informationen und Ressourcen bestimmt. Diese ermöglichen im Sinne standardisierter Schnittstellen eine Kopplung mit anderen Prozessbausteinen. Somit können individuelle und dennoch vergleichbare Prozessbeschreibungen flexibel gebildet werden.

PSS-Typ Die Realisierung kundenindividueller PSS erfolgt auf Basis eines bestimmten PSS-Typs. Der Begriff „PSS-Typ" bezeichnet dabei einen Sachproduktkern sowie die in seinem Lebenszyklus prinzipiell kombinierbaren Serviceprodukte.

Sachprodukt Der Begriff „Sachprodukt" bezeichnet komplexe und langlebige materielle Produkte für den industriellen Einsatz, die vornehmlich kundenauftragsorientiert in Einzel- oder Kleinserie gefertigt werden. Sie stellen für ihre Besitzer durch die Erfüllung klar definierter Funktionen einen bestimmten Nutzen bereit. Wird ein darüber hinausgehender Nutzen gewünscht, so setzt dieser eine äußere Einflussnahme auf das System durch Erbringung zugehöriger Serviceprodukte voraus.

Serviceprodukt Der Begriff „Serviceprodukt" bezeichnet Dienstleistungen, die von einem Endprodukthersteller auftragsorientiert für industrielle Kunden erbracht werden. Mit ihrer Hilfe wird das Ziel verfolgt, den durch ein zugehöriges Sachprodukt bereitgestellten Nutzen zu erhalten oder zu erweitern. Durch die Ausschöpfung der Informationsgewinnungsfunktion sollen gleichzeitig Feldinformationen für den Hersteller gewonnen werden. Entsprechend des gewählten Bezugsobjektes lassen sich technische, qualifikatorische, prozessbezogene, logistische, informatorische oder finanzielle Serviceprodukte unterscheiden.

Serviceprodukttyp Aufgrund der Vielfalt der von einem PSS-Anbieter angebotenen Serviceprodukte können diese zu ihrer Strukturierung nach sog. „Serviceprodukttypen" unterschieden werden (Fuchs 2007). Im Rahmen von PSS werden folgende Serviceprodukttypen differenziert: technische Serviceprodukte (Wirkung auf Sachprodukt), qualifizierende Serviceprodukte (Wirkung auf mit dem Sachprodukt in Verbindung stehende Person), prozessbezogene Serviceprodukte (Wirkung auf Produktionsprozess) sowie logistische, informatorische und finanzielle Serviceprodukte (jeweils Wirkung auf das Unternehmen des Kunden).

System Ein System beschreibt eine Menge von Elementen, die in einer bestimmten Ordnung, der Systemstruktur, vernetzt sind und durch Relationen, d.h. Eingangsgrößen und Ausgangsgrößen miteinander in Wechselwirkung stehen. Es ist von seinem Umfeld, das selbst Systemcharakter besitzen kann, durch eine Systemgrenze abgegrenzt (Daenzer u. Huber 1999; Patzak 1982; Ropohl 1975).

Wertschöpfungsnetzwerk Das erweiterte Wertschöpfungsnetzwerk umfasst die zur Fertigung der materiellen sowie zur Erbringung der immateriellen PSS-Komponenten erforderlichen Partner des PSS-Herstellers. Hierbei handelt es sich einerseits um die Teile-, Komponenten-, Modul- und Systemlieferanten (Wildemann 1996) im Produktionsnetzwerk und andererseits um die eigenen Vertriebs- und Serviceniederlassungen sowie die unabhängigen Vertriebs- und Service-Vertragspartner im Servicenetzwerk (Aurich et al. 2005).

Literatur

Aurich J C, Fuchs C, Jenne F (2005) Entwicklung und Erbringung investiver Produkt-Service-Systeme. wt Werkstattstechnik online 95/7-8:538–545

Aurich J C, Fuchs C, Wagenknecht C (2006) Modular Design of Technical Product-Service Systems. In: Brissaud D, Tichkiewitch S, Zwolinski P (Hrsg) Innovation in Life Cycle Engineering and Sustainable Development. Springer, Berlin et al

Barbian P (2005) Produktionsstrategie im Produktlebenszyklus – Konzept zur systematischen Umsetzung durch Produktionsprojekte. Technische Universität Kaiserslautern, Kaiserslautern

Burghardt M (2002) Projektmanagement – Leitfaden für die Planung, Überwachung und Steuerung von Entwicklungsprojekten, 6. Aufl. Publicis Corporate Publishing, Erlangen

Daenzer W F, Huber F (Hrsg) (1999) Systems Engineering: Methodik und Praxis, 10. Aufl. Verlag Industrielle Organisation, Zürich

DIN e.V. (Hrsg) (1995) DIN EN ISO 8402: Qualitätsmanagement – Begriffe. Beuth Verlag, Berlin et al

DIN e.V. (Hrsg) (2005) DIN EN 60300-3-3 Zuverlässigkeitsmanagement – Teil 3-3: Anwendungsleitfaden – Lebenszykluskosten. Beuth, Berlin et al

Fleischer J, Weismann U, Schmalzried S, Wawerla M (2005) Life-Cycle-Performance: partnerschaftlich zum Ziel. wb Werkstatt und Betrieb 138/5:75–78

Fuchs C (2007) Life Cycle Management investiver Produkt-Service Systeme – Konzept zur lebenszyklusorientierten Gestaltung und Realisierung. Technische Universität Kaiserslautern, Kaiserslautern

Hayes R H, Wheelwright S C (2003) Link manufacturing process and product life cycles. In: Lewis M A, Slack N (Hrsg) Operations management: critical perspectives on business and management, Vol. 3:30–40. Routledge, London et al

Patzak G (1982) Systemtechnik, Planung komplexer innovativer Systeme: Grundlagen, Methoden, Techniken. Springer, Berlin et al

Ropohl G (1975) Systemtechnik – Grundlagen und Anwendung. Hanser, München et al

Schäppi B, Andreasen M M, Kirchgeorg M, Radermacher F-J (2005) Handbuch Produktentwicklung. Hanser, München et al

Wagenknecht C (2004) Konzept zur modellbasierten Regelung unternehmensübergreifender Produktionsprozesse. Technische Universität Kaiserslautern, Kaiserslautern

Westkämper E, von der Osten-Sacken D (1998) Product Life Cycle Costing Applied to Manufacturing Systems. Annals of the CIRP 47/1:353–356

Westkämper E, Alting L, Arndt G (2000) Life Cycle Management and Assessment: Approaches and Visions towards Sustainable Manufacturing. Annals of the CIRP 49/2:501–522

Wiendahl H-P (1997) Betriebsorganisation für Ingenieure, 4. Aufl. Hanser, München et al

Wildemann H (1996) Beschaffungslogistik. In: Eversheim W, Schuh G (Hrsg) Produktion und Management, Teil 2, 7. Aufl. Springer, Berlin et al

Zehbold C (1996) Lebenszykluskostenrechnung. Gabler, Wiesbaden

Sachverzeichnis

A

Ablauforganisation, 59, 163
After-Sale, 108
Analyse von Tätigkeiten und zur prospektiven Arbeitsgestaltung und Automatisierung (ATAA), 121, 123
Angebot, kundenbedarfsorientiertes, 85
Anpassungsqualifizierung, 151
Arbeitsformen, 153, 154
Arbeitsinfrastruktur, 153
Arbeitsplatzanalyse, 121
Arbeitsprozess, 126
Aufbauorganisation, 59, 163
Aufgabenanalyse, 118, 126, 158

B

Balanced Score Card, 18
Bedarfsdeckung, 97
Beschäftigungsdauer
  geringe, 155
  lange, 157
  mittlere, 156
Betreuung, 97
Bildungsmaßnahme, betriebliche, 150

C

Central Service, 77
Client-Server-Lösung, 79
Coaching, 159
cognitive apprenticeship, 152
Communities of Practice, 151, 159
Controlling, 82, 157
  betriebliches, 28
  technisches, 28
Corrective Agent Request, 119
Customer Satisfaction Index (CSI), 26

D

Dealer Technical Assistance Center (DTAC), 27, 109
Design Structure Matrix (DSM), 41, 43
Diagnosefähigkeit, 158
Dialogmatrix, 143, 146
  Erstellung, 144
Dienstleistung, 35
  produktbegleitende, 23, 53
  sachproduktbegleitende, 28
Dienstleistungsgarten, 4
Dienstleistungskonzept, 88, 89
Dienstleistungsprodukt, 78
Dienstleistungswüste, 4
Dokumentation, produktbegleitende, 62

E

Einstiegsqualifizierung, 151
Entwicklungsprojektantrag, 22, 23
Entwicklungsprozessanalyse, 34
Ergebniskennzahlen, 102
Ergebnismodell, 36
Ersatzteilabo, 90
Ersteinsatzkenntnisse, 144

F

Fachkompetenz, 120, 135, 136, 138, 155
Fast Path Prozess, 113
Feinplanung des Projektverlaufs, 40
Feldinformation, 57, 103
Feldlösung, 114
Flottenmanagement, 28, 79
Full Service, 62, 63, 75, 82

G

Garantieverlängerung, 90
Gestaltung und Realisierung investiver Produkt-Service-Systeme (GRiPSS), 5, 55, 78

H

Handlungskompetenz, berufliche, 120, 151
Hersteller-Subsystem, 7
Herstellerziel, 16, 17
Homologationsunterlagen, 44
House of Service, 18, 19
Humankompetenz, 120

I

Immaterialität, 35
Informationsanalyse, 100
Informationsaustausch, 24, 36, 47, 49, 155
Informationsbedarf, 51
Informationserfassung, 100, 102
Informationsfluss, 60
Informationsgewinnung, 10, 55, 97, 140
Informationskennzahlen, 102
Informationsmanagement, 9
Informationsquelle, 46
Informationsrückgewinnung, 4, 36
Informationssystem, EDV-gestütztes, 57
Informationsverarbeitung, 47
Inspektion, 89
Instandhaltungs-Know-How, 78
Instandhaltungsvertrag, 81
Interaktionsnetzwerk, 133
Investitionsgüter, 45
Investitionsgüterhersteller, 2, 118
Investitionsüberprüfung, 29

K

Kalkulationswerkzeug, 91
Kapazitätsplanung, 141
Kennzahlen, 100
  zur Leistungsbewertung, 101
Knowledge Transfer, 76
Kommunikationsfähigkeit, 158
Kompetenz, 119, 134
  bei Beschäftigten in der Sachproduktentwicklung, 134
Kompetenzanalyse, 118, 121, 124, 125
Kompetenzaufbau, arbeitsintegrierter, 117, 150, 154
Kompetenzentwicklung, 117, 140, 151
  individuelle, 119
Kompetenzreflektor, 124, 125
Konfiguration
  investive Produkt-Service Systeme, 67
  kundenindividuelle, 86
  lebenszyklusorientiert, 70
  technische, 71
Konstruktionsprogramm, 129
Konstruktionsprozess, 130

Konstruktionsteam, 129
kontinuierlicher Verbesserungsprozess (KVP), 48, 103
Kundenanforderung, 88
Kundenauftragsdatenblatt, 86
Kundenbedarfserfassung, 26
Kundenbetreuung, lebenszyklusorientierte, 8
Kundendienst, 112
Kundenziel, 16, 17

L

LCM, siehe Life Cycle Management
Lebenszyklus, 69, 163
  aus Kundenperspektive, 25
  des Sachprodukts, 5
  Kosten, 21, 70, 71, 74, 163
  Modellierung, 25
  Phasen, 69
Leistungsbündel, hybrides, 67
Leistungsmessung, 101
Lernen
  arbeitsbezogenes, 151
  betriebliches, 153
  durch Handeln im realen Arbeitsprozess, 151
  durch Hospitation und betriebliche Erkundungen, 152
  durch Instruktion und systematische Unterweisung am Arbeitsplatz, 151
  durch Integration von informellem und formellem Lernen, 152
  durch Simulation von Arbeitsprozessen, 152
Lernformen, 153, 154
Lerninfrastruktur, 153
Lerninsel, 155
Lernprozess in Communities of Practice, 155
Lernstruktur, 153
Lessons-Learned Workshop, 65
Life Cycle Assessment (LCA), 9
Life Cycle Costing (LCC), 9
Life Cycle Engineering (LCE), 9
Life Cycle Management (LCM), 8, 163
  phasenbezogene Ansätze, 8
  phasenübergreifende Ansätze, 9
Life Cycle Performance, 163
Life Time Management (LTM), 9
Lösungsdatenbank, 109

M

Maslows Hierarchie der Bedürfnisse, 140
Master Case, 113
Methodenkompetenz, 120, 135, 136, 138, 158

Sachverzeichnis

Mitarbeitereinsatz, 141
Mitarbeitermotivation, 76
Mitarbeiterplanung, 148
Mobilitätsgarantie, 28
Modularisierung der
　Entwicklungsprozesse, 40

N
Non-Conformance Corrective Action (NCCA),
　27, 113
Novize, 155
Nullserie, 62
Nursing, 81

O
Onboardanalyse von Betriebsstoffen, 29
Organisationsgestaltung, 11
Orientierungsleistung, 129

P
Parametrisierung, 70
Parts Service, 78
Personalkompetenz, 120, 135, 136, 138, 157
Persönlichkeitsentwicklung, 120, 124
Planung, kundenbedarfsorientierte, 23
Planungsmorphologie, 20
Praktikergemeinschaften-Konzept, 151
Problemlösung, 119
Problemlösungsdatenbank, 105
Product Cycle Management (PCM), 9
Produkt
　hybrides, 67
　investives, 2
　konsumtives, 1
Produkt-Nutzer-Subsystem, 7
Produkt-Service-System (PSS), 3
　Abschluss der Entwicklung, 43
　Akte, 43
　Anbieter, 38
　Design Structure Matrix, 63
　Entwicklung, 12, 31, 60, 65, 99
　　Hauptphasen, 32
　Entwicklungsprojekt, 38
　Entwicklungsprojektantrag, 22
　Grobplanung des Entwicklungsprojekts, 39
　investives, 7
　Life Cycle Management, 10
　Kennzahlen, 100
　Konfiguration, 10, 12, 67, 72, 99
　kontinuierlicher Verbesserungsprozess
　　(KVP), 103, 104
　Lastenheft, 38
　Lebenszyklus

　Aufgabenverteilung, 98
　lebenszyklusorientierte Konfiguration, 70
　Leistungsbewertung, 100
　Leistungsfähigkeit, 100
　Managementsystem, prozessorientiertes, 5
　marktspezifische Varianten, 43
　Messung der Leistungsfähigkeit, 104
　Planung, 12, 15, 23, 32, 60, 99
　Realisierung, 12, 95, 99
　Varianten, 74
Produktdesign, 118
Produktionsnetzwerk, 7, 98
Produktionsprozess, 1
Produktlösung, 114
Produktverbesserung, kontinuierliche, 107
Projekt, 164
Projektablauf, 42
Projektleitung, 39
Projektstrukturplan, 39, 42
Projektteam, 17, 39
Prototyp, 62
Prozessbaustein, 35, 36, 41, 164
Prozesskennzahlen, 102
Prozessmanagement,
　lebenszyklusorientiertes, 9
Prozessmodell, 36
PSS, siehe Produkt-Service-System

Q
Qualifikation, 117, 119, 120
　aufgabenbezogene, 134, 140
Qualifikationsaufbau, 141, 148
Qualifikationsmatrix, 142, 145, 146, 148, 149
Qualifizierungsanalyse, 126
Qualifizierungskontrolle, 149
Qualifizierungskonzept,
　arbeitsprozessorientiertes, 118
Qualifizierungsprojekt, 118

R
Ranking, 26
　Rechner, 27
Regelkreis Qualifikationsmatrix, 142
Reklamation, 108
Rendite, 17
Ressourcenkennzahlen, 102
Ressourcenmodell, 36
Rückkaufgarantie, 29
Rückkopplungsprozess, 150

S
Sachprodukt, 3, 16, 24, 68, 165
　Entwicklung, 10, 51

Analyse, 48
Funktionskonzentration, 128
Systematisierung, 32, 33
Konfiguration, 71
kundenindividuelle Anpassung, 84, 86
Lebenszyklus, 5, 16, 25, 69
materielles, 2
Nutzen, 2, 18, 35
Planung, 10
Schnittstellenmanagement, 128, 130, 131
Second-Hand-Value, 29
Seminare, 76
Serienbetrieb, 62
Service-Auftragsabwicklung, 82
Service-Blueprinting, 58
Servicebericht, 57, 103
Servicekompetenz, 78
Servicekonfiguration, 72
Servicelösung, 114
Servicemanagement, Schwächen, 2
Servicemitarbeiter, 132, 133
Servicenetzwerk, 7, 85, 97
Serviceorganisation, 80
Serviceprodukt, 3, 24, 68, 165
   Eigenschaften, 35
   Entwicklung, 10, 31, 33, 47
      Funktionsstreuung, 130
      Gestaltung, 58
      Systematisierung, 32, 45
   finanzielles, 20
   Flottenmanagement, 79
   Ideen, 18, 22
      Bewertung, 20
   immaterielles, 2
   informatorisches, 20
   investives, 2
   kundenbedarfsorientierte Planung, 15
   kundenindividuelle Anpassung, 84
   lebenszyklusorientiertes, 4
   logistisches, 20
   Modellierung, 36, 51
      des Entwicklungsprozesses, 36
   Module, 68
   Planung, 10
   Portfolio, 32
   prozessbezogenes, 19
   qualifizierendes, 19
   technisches, 19
   unternehmensspezifisches Modell, 57
Serviceproduktmodell, 49
Sozialkompetenz, 120, 135, 136, 138, 158
Steckbrief, 57
Structured Learning on the Job, 152

T
Tätigkeitsbewertungssystem-Geistige Arbeit (TBS-GA), 121, 123
Technical Support, 76
Teleservice, 80
Top Situation List (TSL), 27, 112
Trainerkenntnisse, 144
Trainerqualifikation, 148

U
uno actu Prinzip, 35
Unternehmensnetzwerk, 17, 55

V
VDMA Einheitsblatt, 21
Verbesserungsmaßnahme
   kundenspezifische (operative), 106
   kundenübergreifende
      operative, 106
      strategische, 106
   operative, 106
   strategische, 106
Verbesserungsprozess, kontinuierlicher, 48, 103
Verfahren zur Ermittlung von Regulationsanforderungen (VERA), 121
Verkäufer-Käufer-Beziehung, 3
Vernetzung
   bidirektionale, 41
   unidirektionale, 41
Vernetzungsanalyse, 22, 62, 63
Vertriebssystem, 108
Verursachung, persönliche, 148
Visualisierungsmatrix, 22

W
Warranty, 90
Wartungsprozess, 92
Wartungsvertrag, 90, 92
Weiterbildungspraxis, betriebliche, 117
Wertschöpfungsnetzwerk, 10, 11, 38, 96, 104, 165
   Partner, 97
Wertschöpfungsprozess, 3, 69
Wettbewerb, 1, 54
   globaler, 55
Wissensmanagement, 9, 136
World Wide Top Situatio List (WWTSL), 26

Z
Zeitmanagement, 135
Zielerfüllungsberechung, 21
Zielkonformität, 21
Zielorientierung, 135

The manufacturer's authorised representative in the EU is Springer Nature Customer Service Centre GmbH, Europaplatz 3, 69115 Heidelberg, Germany. If you have any concerns regarding our products, please contact ProductSafety@springernature.com

Printed and bound by CPI Group (UK) Ltd, Croydon, CR0 4YY
23/03/2026
02076445-0001